国际环境设计
精品教程

THE INTERNATIONAL COURSE
OF ENVIRONMENTAL DSEIGN

室内设计与住宅构造详解

Study of Interior Design and Residential Structure

[日]中山繁信/著

欧阳可文　朱波　董立惠/译

版权登记号：01-2015-2946

图书在版编目（CIP）数据

室内设计与住宅构造详解 /（日）中山繁信著；欧阳可文，朱波，董立惠译.
一 北京：中国青年出版社，2015.8
国际环境设计精品教程
ISBN 978-7-5153-3533-9
I.①室… II.①中… ②欧… ③朱… ④董… III.①住宅－室内装饰设计－教材
IV. ①TU241
中国版本图书馆CIP数据核字（2015）第170751号

国际环境设计精品教程：室内设计与住宅构造详解

（日）中山繁信　著
欧阳可文　朱波　董立惠　译

出版发行：中国青年出版社
地　　址：北京市东四十二条21号
邮政编码：100708
电　　话：（010）50856188 / 50856199
传　　真：（010）50856111
企　　划：北京中青雄狮数码传媒科技有限公司

策划编辑：张　军　马珊珊
责任编辑：张　军
助理编辑：王莉莉
封面设计：DIT_design
封面制作：吴艳蜂

印　　刷：北京时尚印佳彩色印刷有限公司
开　　本：787 × 1092　1/16
印　　张：10.5
版　　次：2015年8月北京第1版
印　　次：2015年8月第1次印刷
书　　号：ISBN 978-7-5153-3533-9
定　　价：49.80元

本书如有印装质量等问题，请与本社联系
电话：（010）50856188 / 50856199
读者来信：reader@cypmedia.com
如有其他问题请访问我们的网站：www.cypmedia.com

Mayumi Miyawaki Profile

宫胁 檀（简历）

1936年2月16日－1998年10月21日

东京艺术大学时期师从吉村顺三，东京大学时期师从做城市规划的高山英华，出于这一经历，宫胁以一名极有生活感又能照顾到街道整体的设计师而广为人知。他的代表作品有：清水混凝土的箱式结构与木结构组合的箱子住宅系列，其中“松川箱子”于1979年获得了第31届日本建筑学会奖的作品奖。他平生共设计了200栋以上的住宅。

目录

第1章

第2章

第3章

第4章

舒适空间的打造方式………77

第1章

思考住宅的重要关键词

1 在简单的箱子里过美丽的储物生活

箱式住宅系列

以简单的箱子形状为基础，加上造型的手法，设计出各种不同形态的住宅

从悬崖顶上凸出来的箱子/早崎住宅（蓝色箱子）

建筑家宫胁檀的口头禅是：“无论设计还是建筑都应该简洁”，而最能代表宫胁这一主张的设计就是他的“箱式住宅系列”。

人类的生活是复杂而多样的，要把这一切都放入一个方形的箱子里绝不是一件容易的事情。即使花费很大的工夫把所有生活所需的空间都放进去，所下的功夫也很难让人理解，常常会有人问“究竟哪里是你的设计？”要想满足宅基地的条件、满足各项法规的要求、满足房主的生活方式和期望，仅是一个方形的箱子是起不到任何作用的，我们需要把箱子切割、削开，同时再赋予其住宅的功能，这才是设计要点。也就是说设计不是为了在箱子上面添加什么装饰，而是要把多余的部分切除掉。

箱式住宅系列是以箱子的形状为原始形态，再根据需要将其设计成各种形态。通常切开的部分作为建筑的开口部分，采用清水混凝土墙面，或贴上木板、涂上鲜艳的颜色，这些外表装饰所用的建材和色彩就是这一系列突出的特点。大师根据选用的主要色彩基调，为住宅分别起名为“蓝色箱子”“绿色箱子”等。

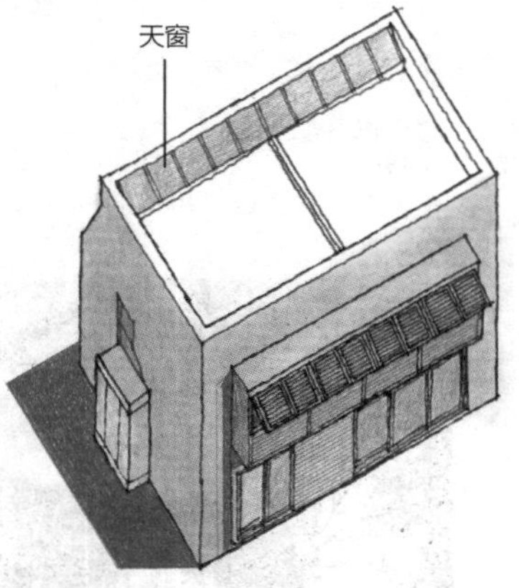

菅野住宅（菅野箱子）

北侧房顶的竖墙上设计了一列细长的天窗，可将阳光引入北侧的房间

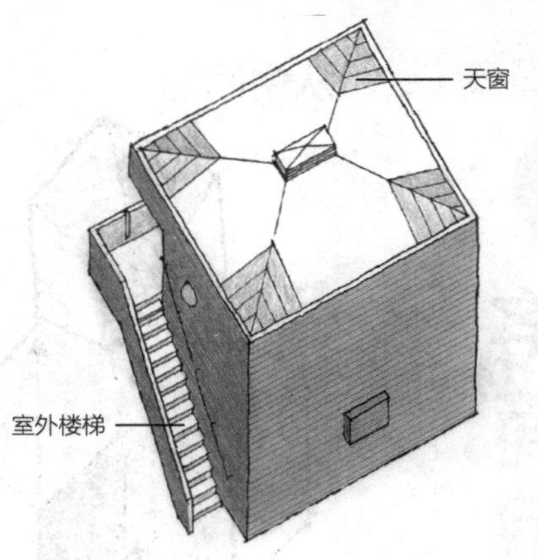

奈良住宅（绿色箱子1号）

通往 2 楼正门的室外楼梯和房顶四角打开的天窗是这一住宅的特征

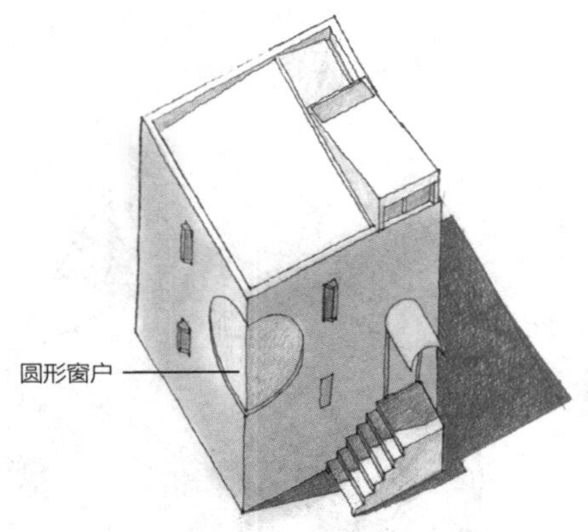

安冈住宅（绿色箱子2号）

住宅尚存箱子的部分形状，垂直相邻的墙面上打开的圆形窗户极有特点

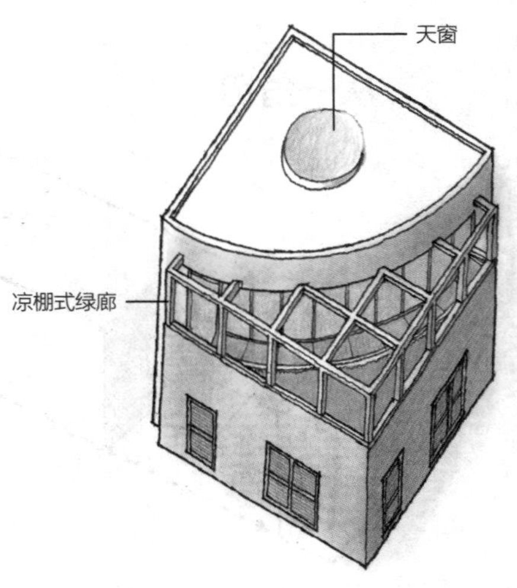

佐川住宅（BOX-A QUARTER CIRCLE）

2 楼部分被切割成 1/4 圆形（直角扇形），凉棚式绿廊也很有个性

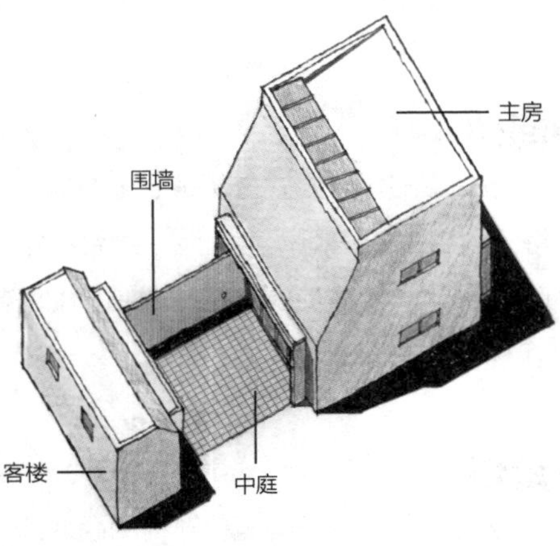

松川住宅（松川箱子）

两个互相对峙、被切成斜面的箱子构成 V 字形空间，扩展了从中庭眺望时所能看到的天空面积

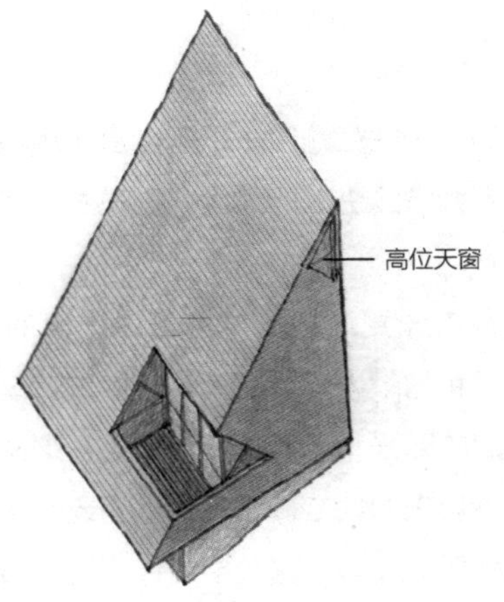

柴永别墅（三角箱）

这是四角箱子被切割后的形态。这种三角形态是建筑房顶最基本的形态之一

② 将简单的箱子制成多种形状

从中间切

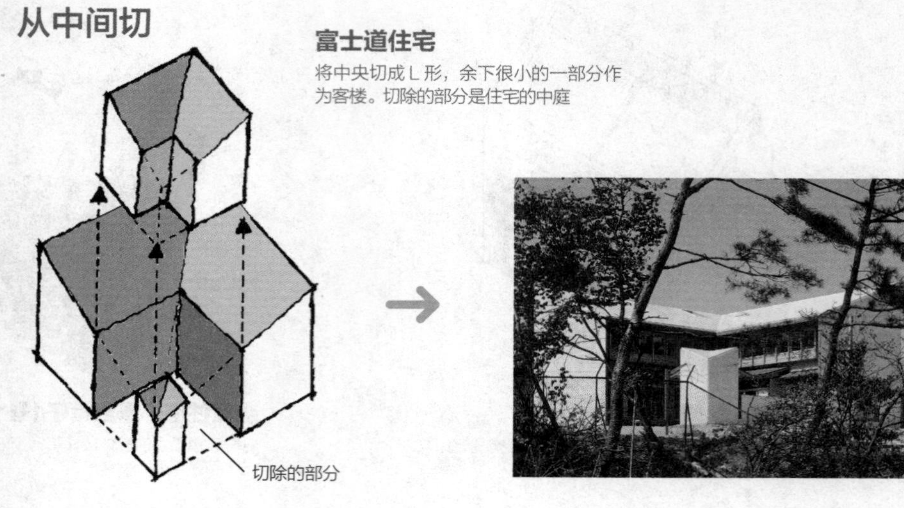

富士道住宅

将中央切成L形，余下很小的一部分作为客楼。切除的部分是住宅的中庭

从一角切

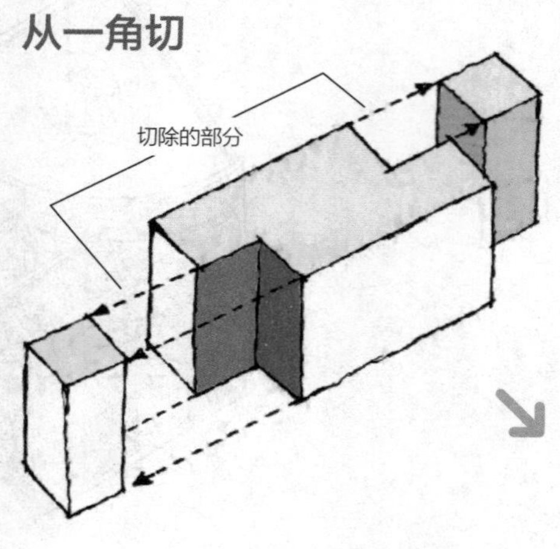

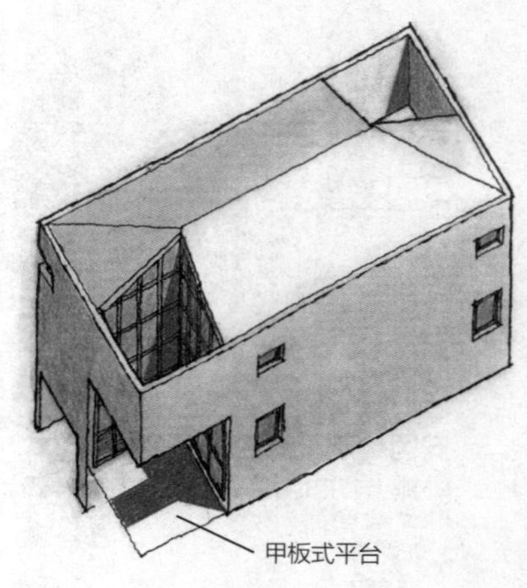

高畠家

在对角线上切开两处，作为建筑的开口部分。切开部分的地面做成甲板式平台或杂院

只是一个空空的箱子是不能直接用做住宅的。如果没有窗户或进入的大门，别说生活了，连进门都做不到。

所以首先要让箱子成为可以进出的空间，然后引入温和的阳光，让空气流通穿过，既可以抵挡夏日强烈的阳光，也可以抵挡风雨，这些都是设计时需要下功夫的地方。当然，人们还希望能够眺望到窗外美丽的风景。这些是设计建筑开口部分时需要考虑的，宫胁先生一边切割箱子，留下住宅的形状，一边创造出许多开口部分的设计。下面我们介绍一下宫胁先生设计开口部分常用的三种手法。

从中间切

富士道住宅的切开方式是从箱子上方插入一个L形，将分割出来的空间作为庭院，剩余的箱子部分作为客楼。这一手法使得生活空间和功能区都变得更为多样。

从一角切

高畠住宅则是切开东南角和对称的西北角，切除的部分作为甲板式平台，可以让住宅获得更多的光线和空气。

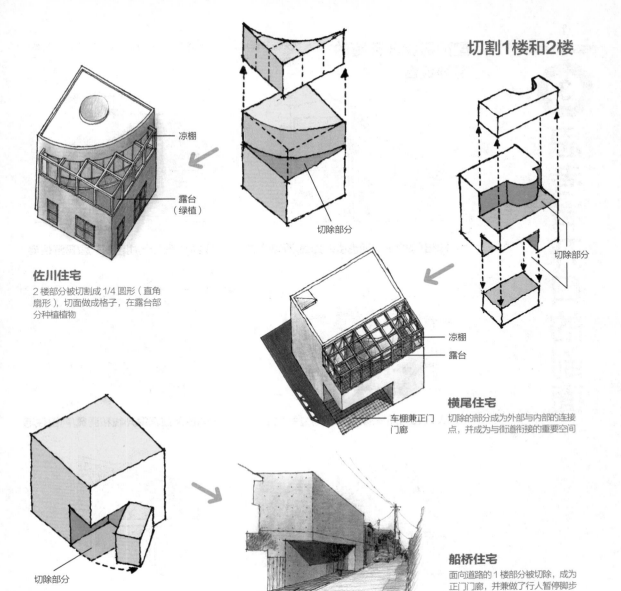

切割1楼和2楼

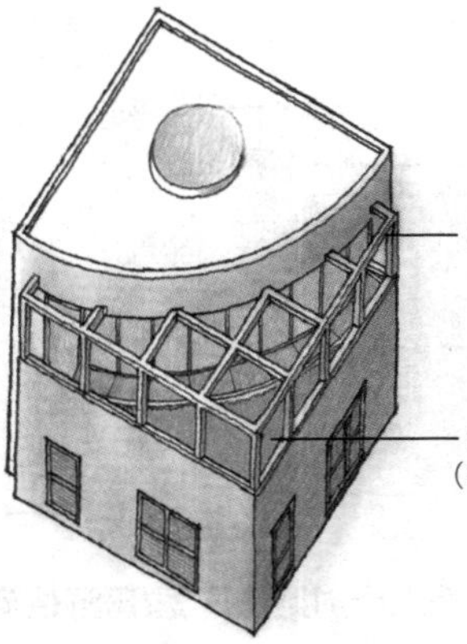

凉棚

露台（绿植）

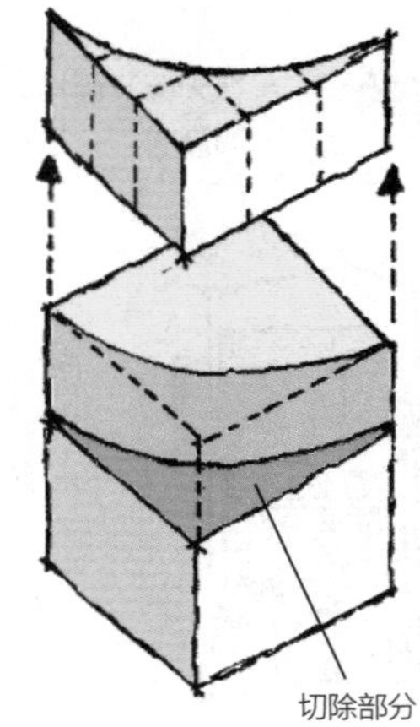

切除部分

佐川住宅

2 楼部分被切割成 1/4 圆形（直角扇形），切面做成格子，在露台部分种植植物

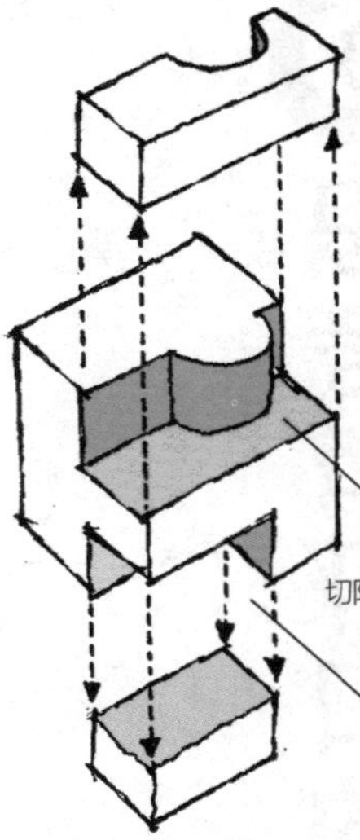

切除部分

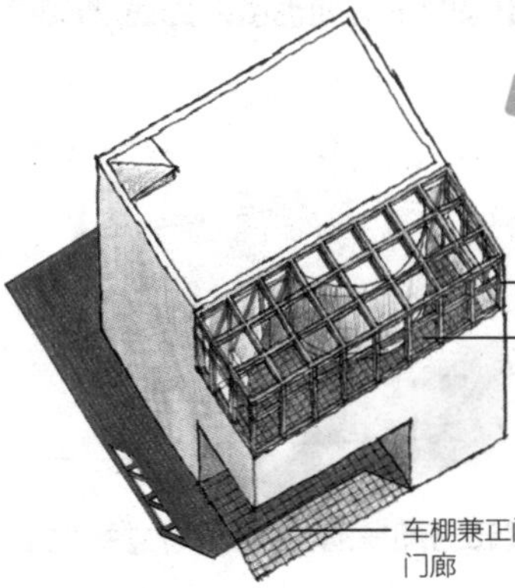

凉棚

露台

车棚兼正门门廊

横尾住宅

切除的部分成为外部与内部的连接点，并成为与街道衔接的重要空间

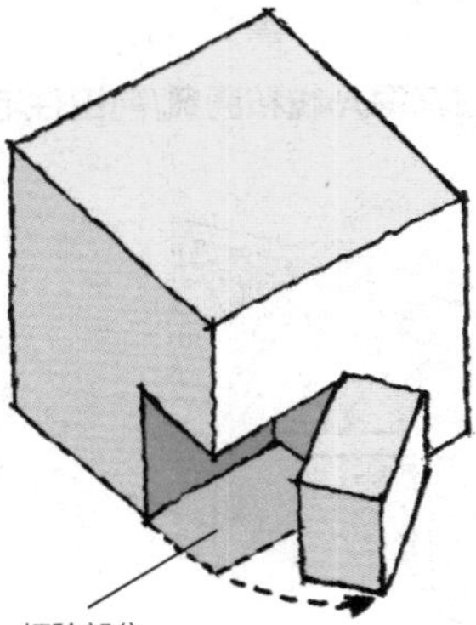

切除部分

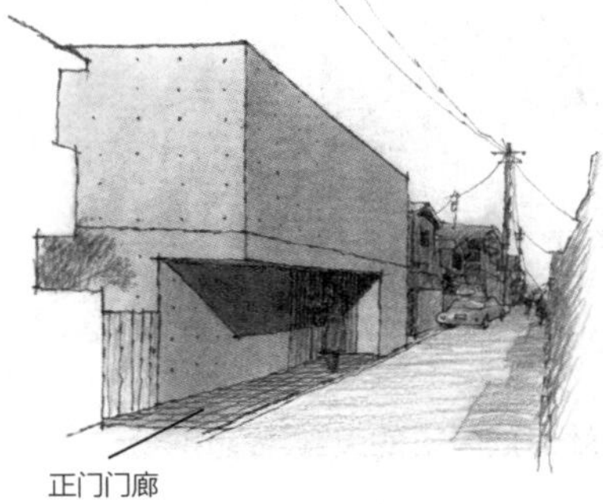

正门门廊

船桥住宅

面向道路的 1 楼部分被切除，成为正门门廊，并兼做了行人暂停脚步时的空间

绿色箱子 1 号（奈良住宅）外观

切割1楼和2楼

佐川住宅、横尾住宅的平面原本是正方形的箱子。两栋住宅都是在2楼进行切割，并将切除的部分搭上了格子架。格子的用料虽然不同，横尾住宅用的是木料，佐川住宅用的是混凝土结构，但它们都延续了正方形的形态。另外，在格子上挂上竹帘或草帘，可以遮挡户外强烈的阳光和外来视线，以保障私密空间。

船桥住宅则是将1楼面对道路的一部分切除，作为正门门廊。由于住宅位于人口密集的地区，有法规限制，开口部分通常很难自由设计，楼房外观大都看上去很封闭，而这栋住宅的设计手法使其看上去对街道呈开放形态，对过路行人更为亲切。

思考有开口的剖面

屋顶形状与天窗的各种组合

在天窗及窗户的位置上稍下功夫，就能够让室内获得较为均匀的光线。

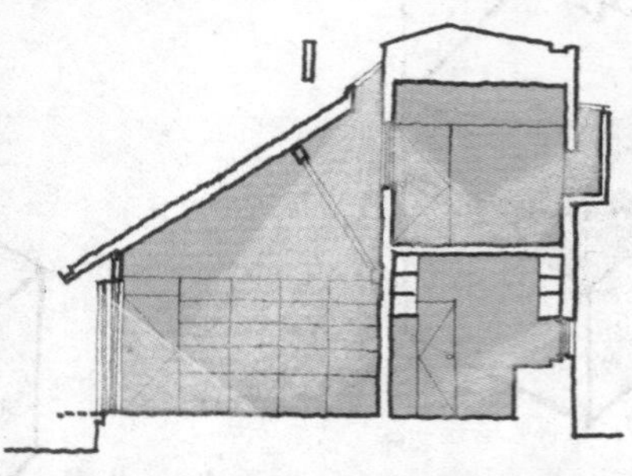

为分割出来的小房间也引入光线/河崎住宅

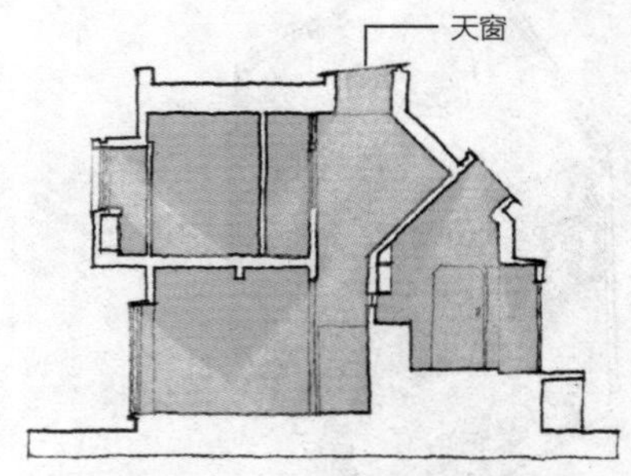

让光线从墙上反射到房间里/菅野住宅

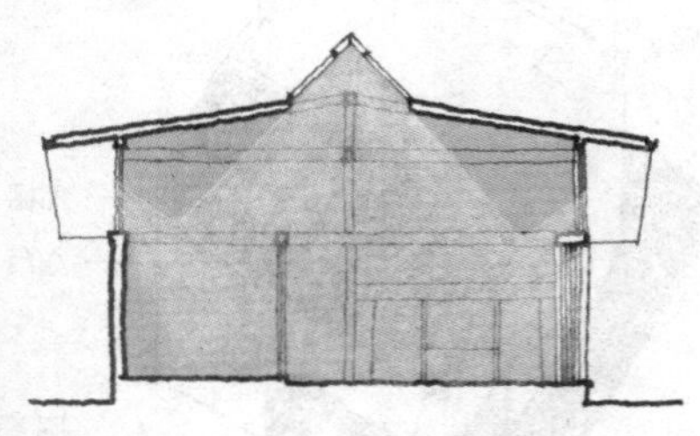

利用天窗让房间角落变得明亮/立松住宅

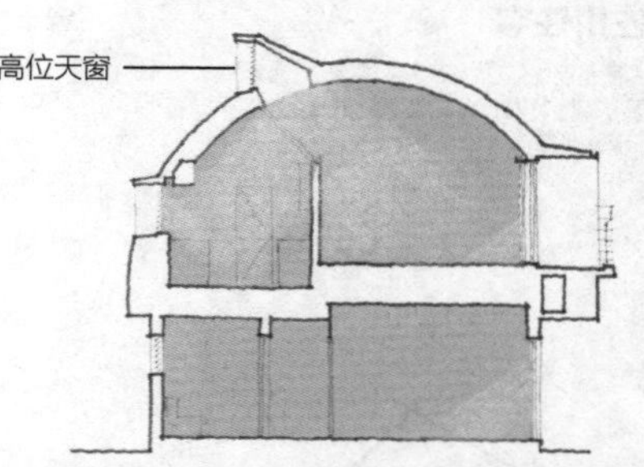

采用高位天窗获得光线和通风/前田住宅

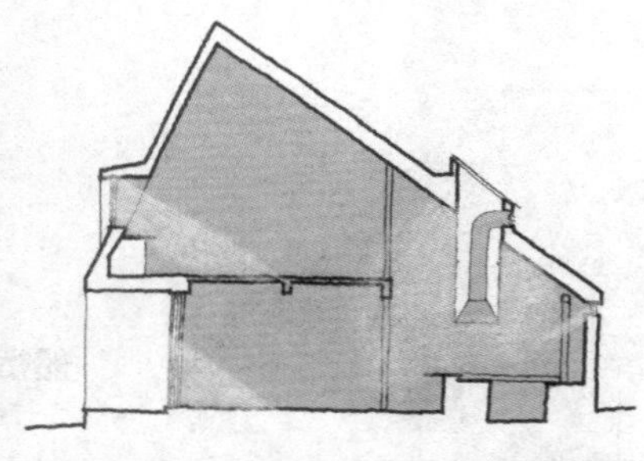

兼顾了灶台抽风机的天窗/佐藤别墅

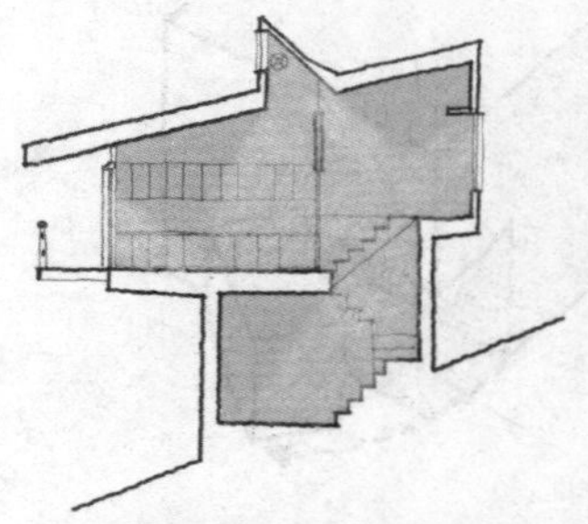

形成通风的开口/增田别墅

各种剖面

住宅的功能性、舒适性不能仅从平面上衡量。空间除了宽敞的平面以外，只有加上竖井空间等立体元素，才能最终决定空间的充实性、舒适性和功能性。

剖面形状还决定了屋顶的形态，而屋顶关系到住宅的寿命。同时，剖面形状还是决定空气是否流通的重要元素。

多样的天窗

在决定天窗的位置、形状和大小时需要十分慎重。光线不限于从南面引入，从北面也可以引入柔和、稳定的光线。在人口密集地带或小型住宅基地，能够保障光线的位置只有建筑的上方，因此天窗的设计与居住的舒适性有着很大的关系。

天窗的位置和形态是多种多样的。在宫胁先生设计的、可以称为豪宅的有贺住宅（右上图）中，天窗的剖面形状非常复杂。光线穿过竖井到达1楼的正门客厅，并利用1楼内的竖井将光线引入到客厅。这一设计所下的功夫在于：通过第2道、第3道的步骤，将光线引入建筑深处，光线通过复杂的反射，最终成为柔和的光线进入房间。

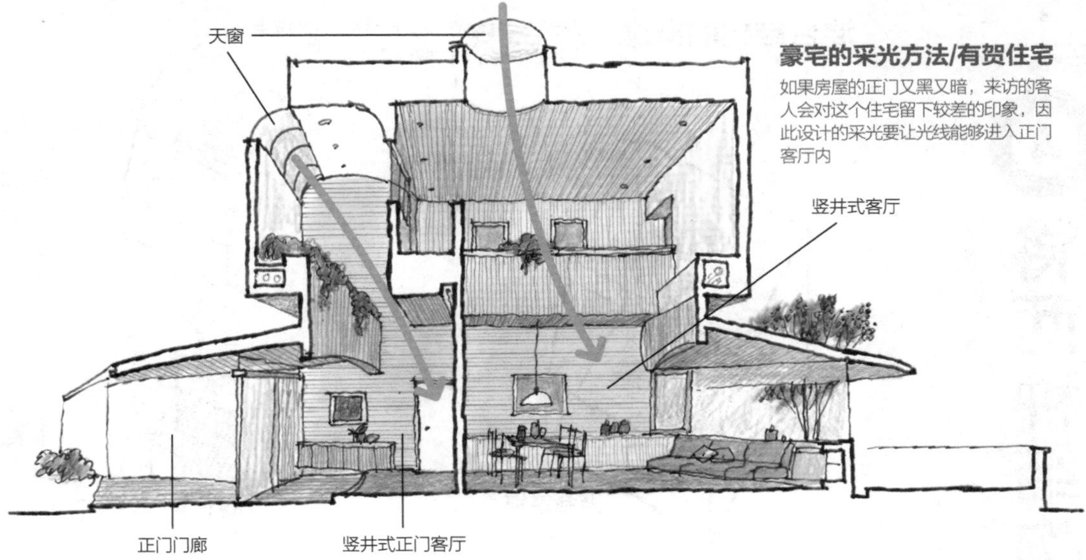

豪宅的采光方法/有贺住宅

如果房屋的正门又黑又暗，来访的客人会对这个住宅留下较差的印象，因此设计的采光要让光线能够进入正门客厅内

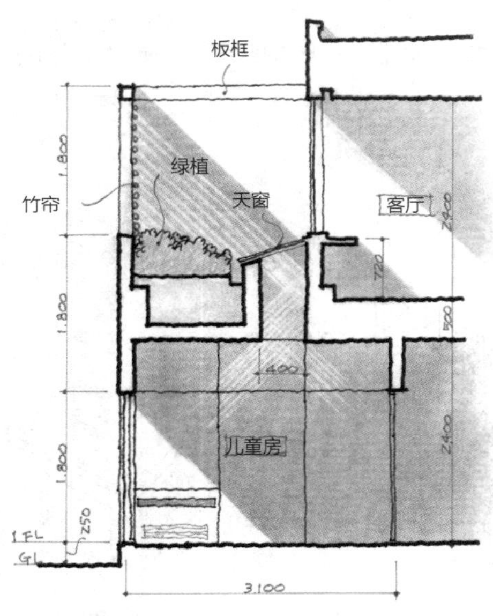

1楼同样明亮/佐川住宅

2楼窗户下面凸出的天窗，将光线引入1楼的卧室和儿童房

松川住宅 内观

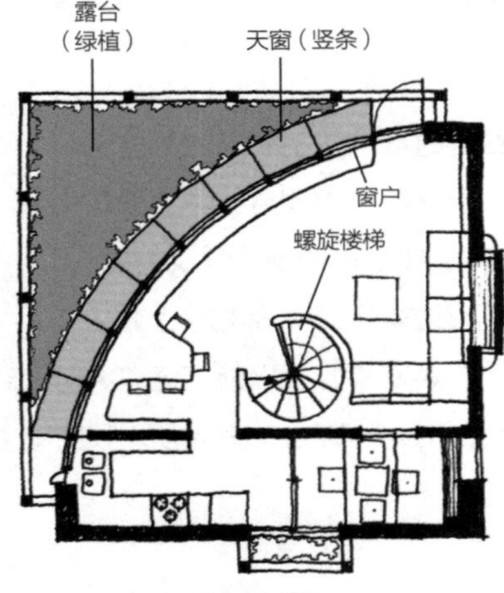

佐川住宅 2楼平面图

绿植与圆形的窗户之间有天窗

左图的佐川住宅中，中央的螺旋楼梯上有一个圆形的天窗，同时还有处圆弧状的窗户也可以采光。2楼有这两处采光已经足够了，但为了让1楼也能进入足够的光线，2楼露台的绿植部分还设计出弧形的切口作为天窗，使1楼可以从此处采光。

将两种结构混合在一起

混合结构的概念

将耐久性优越的混凝土箱式结构与给人以亲切感的木质结构相组合。

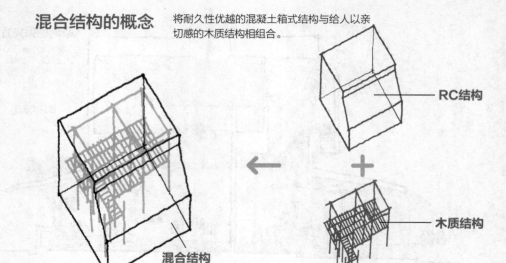

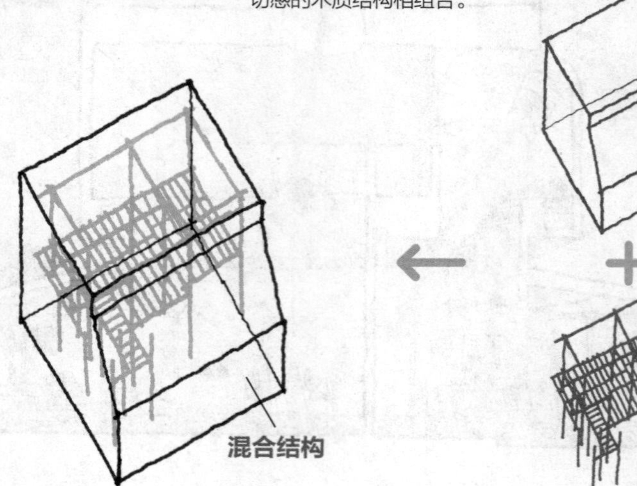

混合结构的种类

混合结构的方式，可以是在混凝土结构中嵌入木质结构，也可以是将木质屋顶盖在混凝土结构上方，还可以是各种手法混用的复合形态。

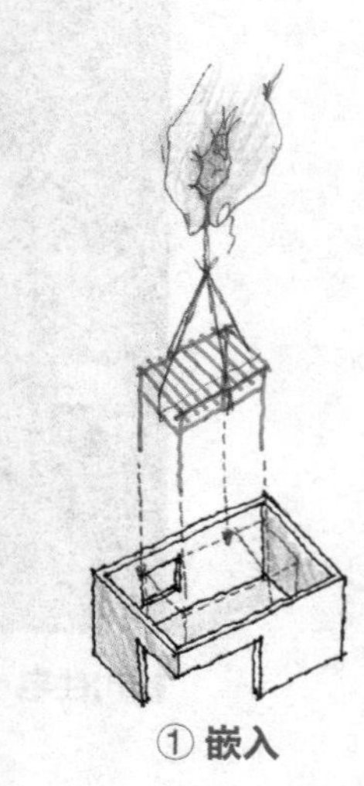

① 嵌入

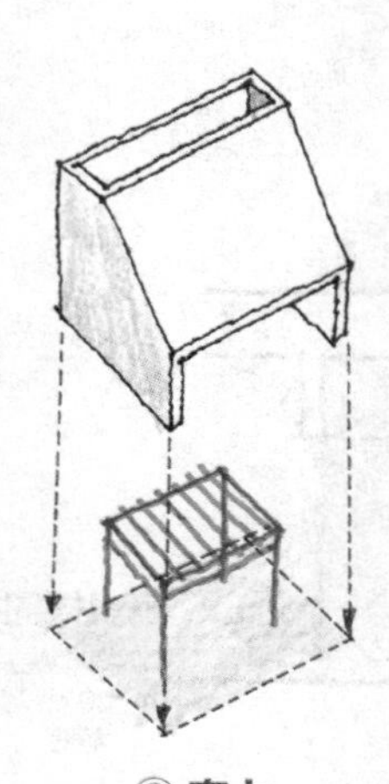

② 套上

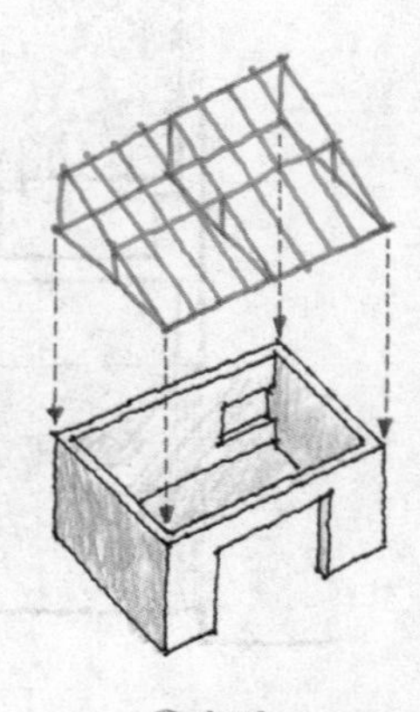

③ 架上

混合结构中的两种结构是钢筋混凝土结构（RC）与木质结构。

钢筋混凝土在结构上有很强的耐久性，但另一方面因为质地冰冷，缺少温馨感。相反，木质结构虽然在耐久性方面不如RC结构，但能让人感到温馨，且与肌肤的触感较好。此外，木材本身具有清新的香味，并且随着岁月的流逝其颜色会逐渐变深，变得更有韵味，从而深受人们的喜爱。将这两种结构混合在一起，既能突出彼此的优点，又能弥补彼此的缺点。

混合结构的方式可分为以下三种：

①在RC结构的外箱体中嵌入木质结构；

②在木质结构的外面套上RC结构；

③将木质结构架在RC结构的上方。

除了这三种基本方式以外，还有将①~③种方式混用，及在RC箱子的上方盖木质屋顶的做法。

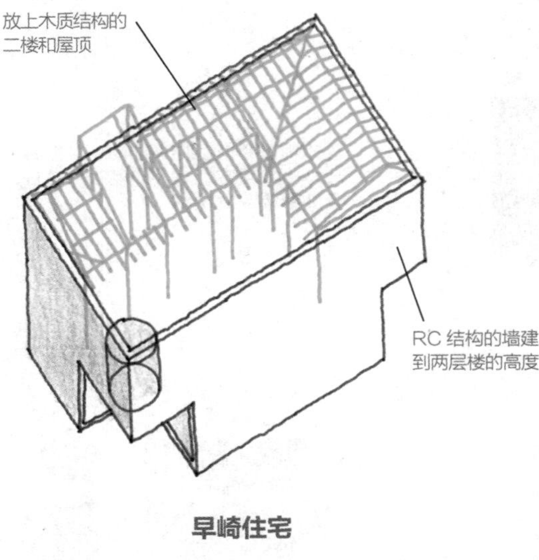
放上木质结构的
二楼和屋顶
RC 结构的墙建
到两层楼的高度

早崎住宅

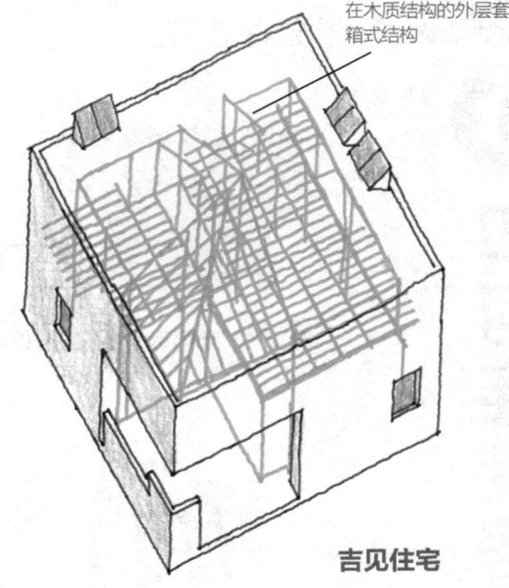
在木质结构的外层套上 RC
箱式结构

吉见住宅

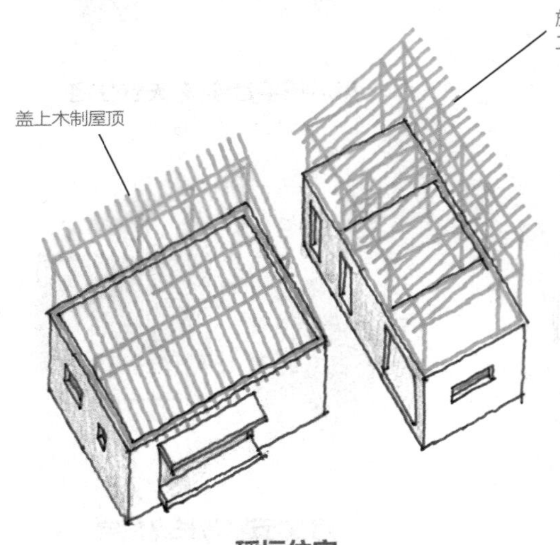
盖上木制屋顶
放上木质结构的
二楼和屋顶

稻垣住宅

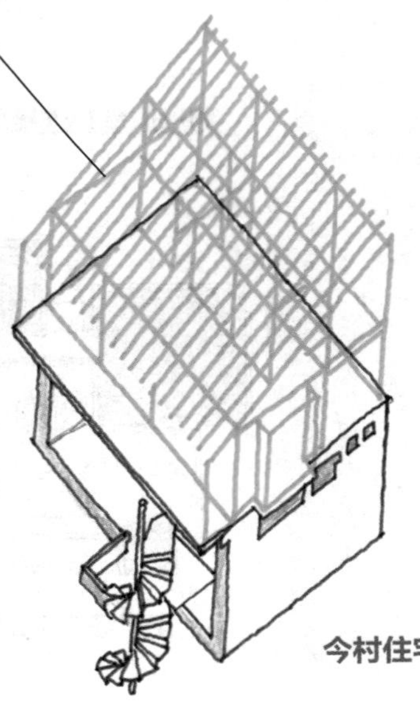

今村住宅

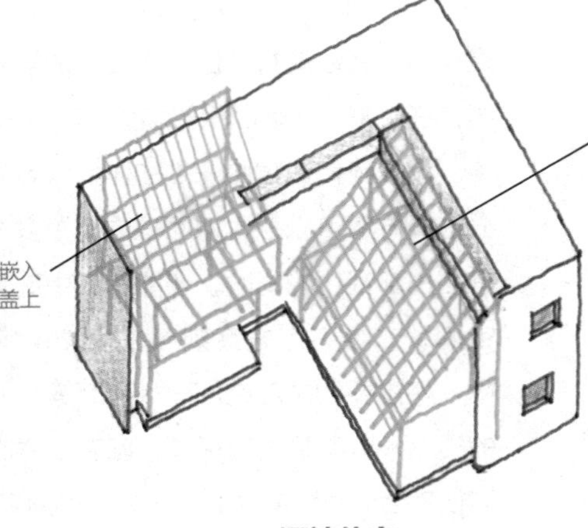
架上木质结构的屋顶
将木质结构的二楼嵌入
RC 箱式结构，再盖上
木质结构的屋顶

河崎住宅

混合结构的案例

RC结构与木质结构混搭成混合结构时，采用了“嵌入”“套上”和“架上”手法的作品集

如何连接房间、拆分房间

分栋式方案

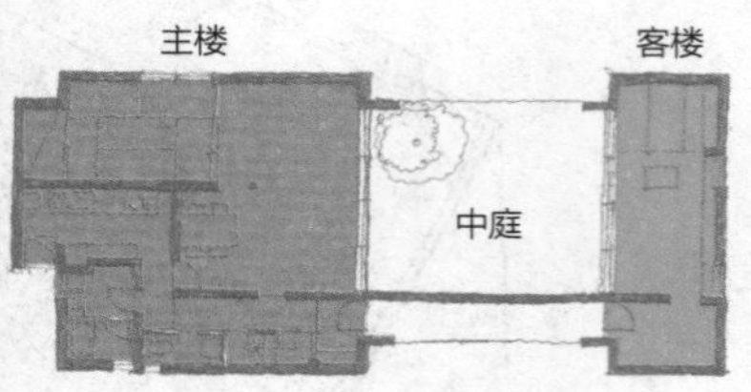

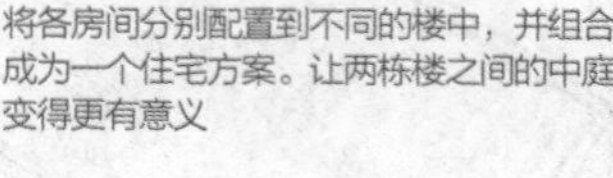

将各房间分别配置到不同的楼中，并组合成为一个住宅方案。让两栋楼之间的中庭变得更有意义

用中庭连接/松川住宅

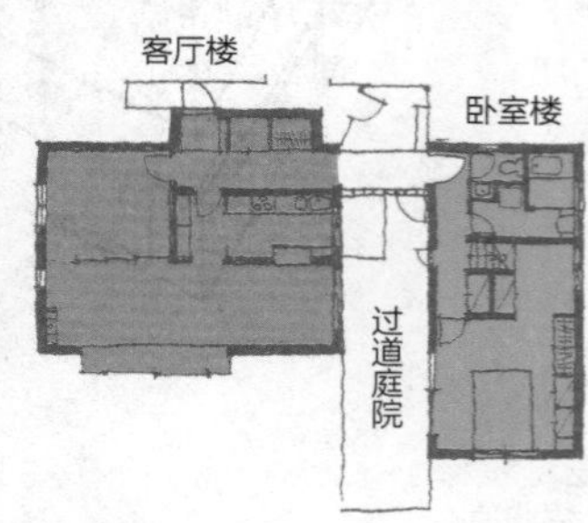

用过道庭院连接/稻垣住宅

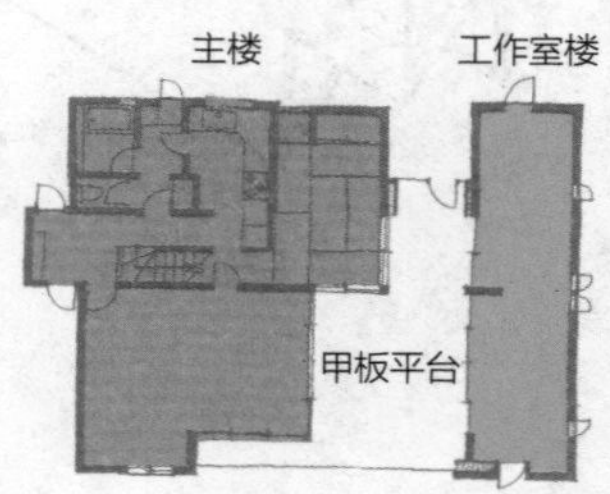

用甲板平台连接/天野住宅

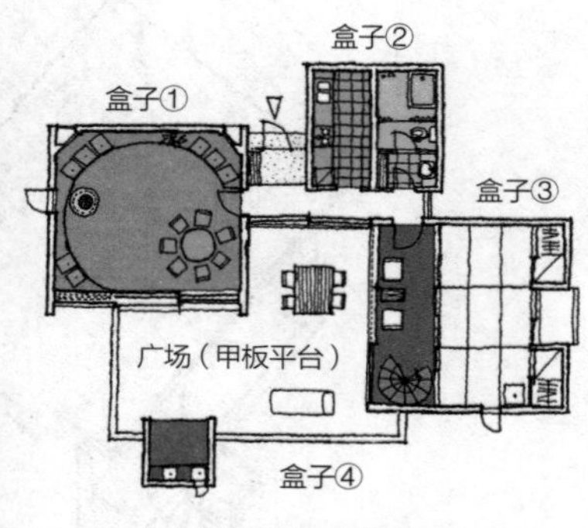

用广场连接/广场房

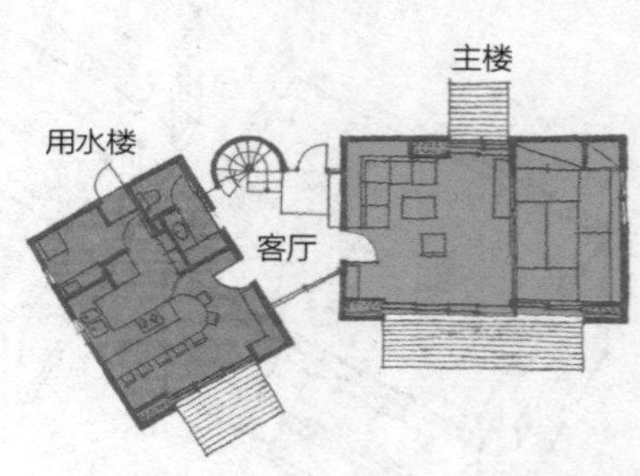

用客厅连接/长岛住宅

房间之间的相关性非常重要

考虑设计方案（户型）是设计住宅的基本。根据不同的地形条件、家庭人员构成以及生活方式等已知条件，才能决定所需的房间种类和大小。

其中更为重要的事情，不是根据用途将空间分割成无数小房间，而是要让每个房间都能具有多种用途，从长远的角度（家庭人员的变化）去考虑，使空间不会被浪费。相比房间的种类和大小，房间之间的连接方式（让房间之间具有功能相关性）越是丰富，就越能打造出富于变化的居住环境，并给居住者带来比实际面积更加宽敞的感觉。

这里我们把宫胁先生的作品大致分成了三类。分栋式方案可以在建地面积中配置多个建筑楼，在遮挡外部视线的同时，还能形成中庭等具有魅力的空间；二楼客厅方案则可在大城市密集的住宅区中，将主要的生活空间——客厅等，放在条件良好的楼上，以保障生活环境；回廊式方案在明确突出居住者活动路线的同时，对采光和通风都很有利。

回廊式方案

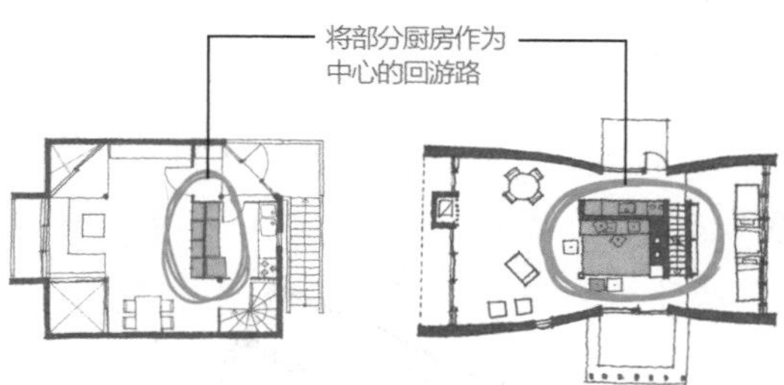

奈良住宅/2楼

石津别墅/1楼

（又叫莫比迪克，取自小说《白鲸记》）

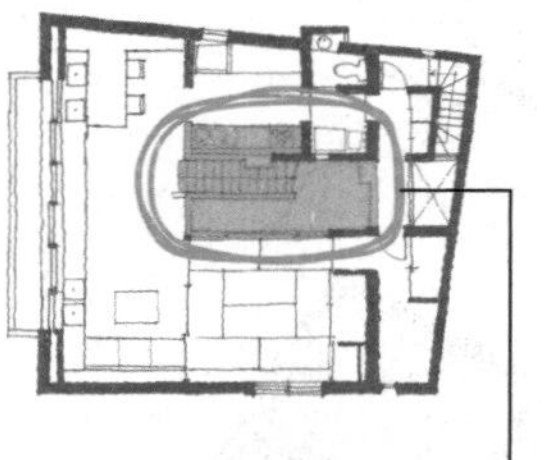

船桥住宅/2楼

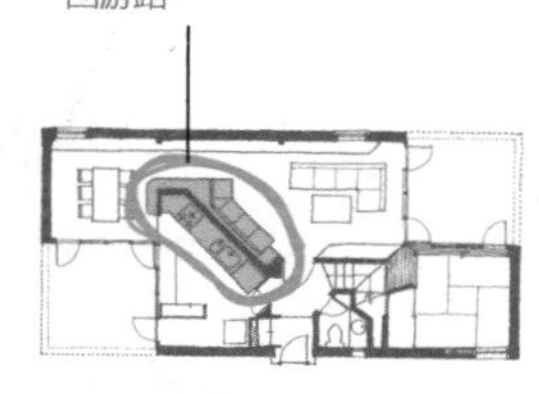

高畠住宅/1楼

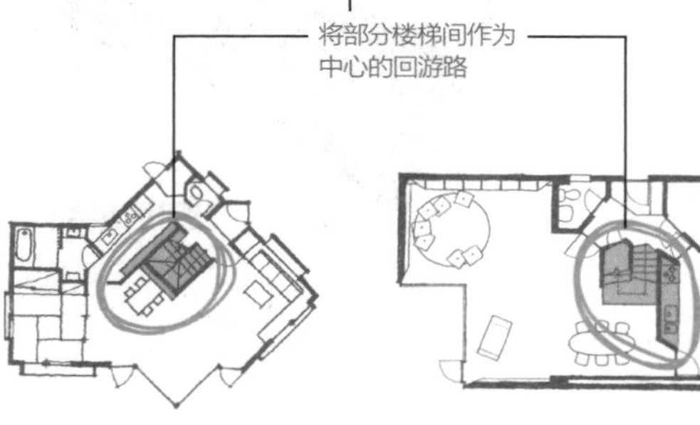

山住住宅/1楼

早崎住宅/1楼

以厨房为中心的回游路方案较多，当然也有像船桥住宅这种以竖井式的楼梯间为中心的方案

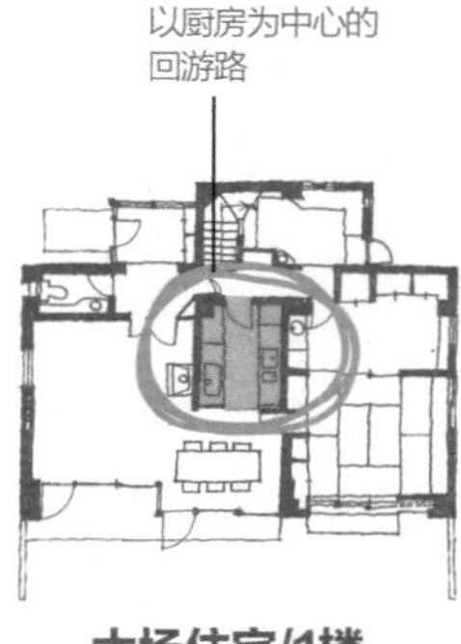

大场住宅/1楼

二楼客厅方案

客厅（含餐厅和厨房）是粉色的部分。
用水部分是蓝色，卧室是绿色，门厅是黄色

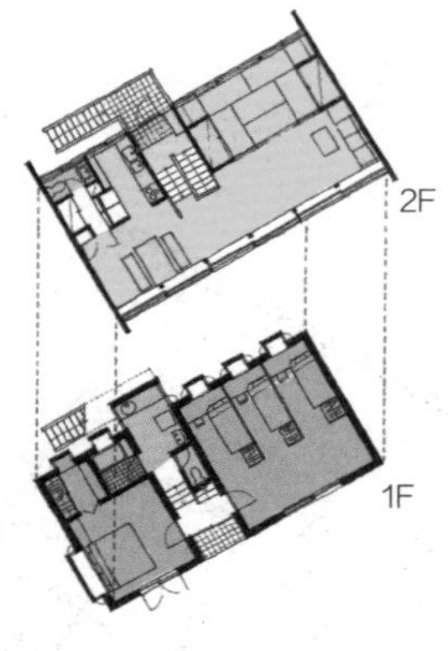

三宅住宅

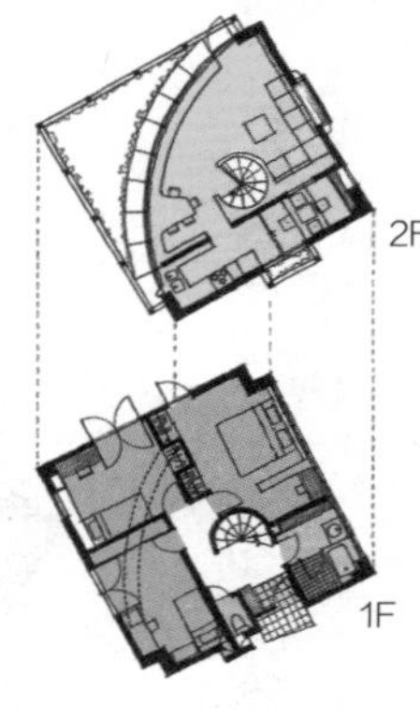

佐川住宅

内山住宅

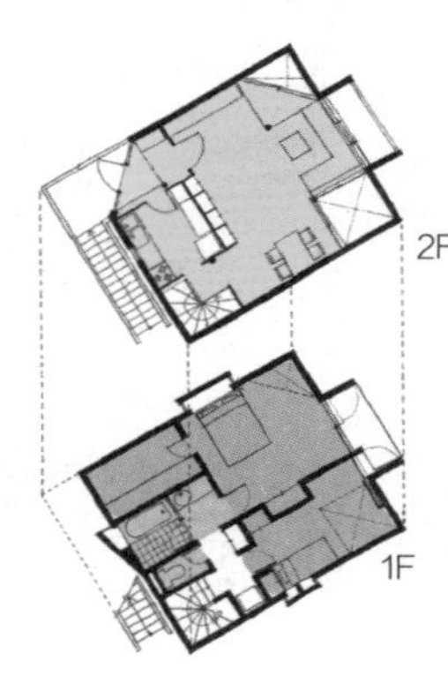

奈良住宅

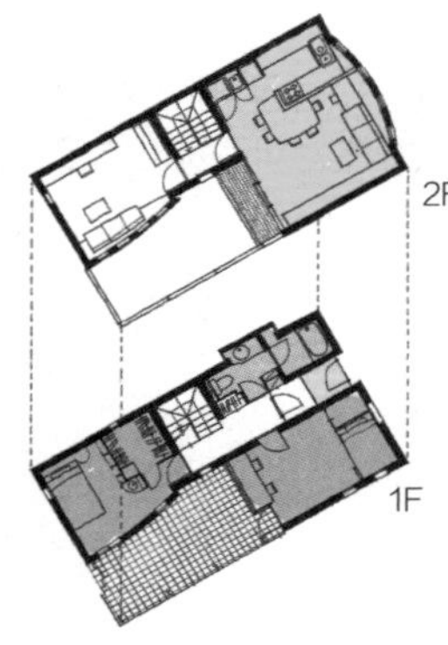

崔宅

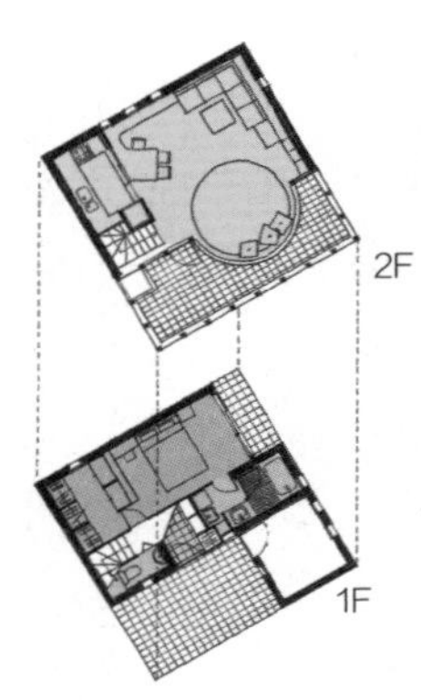

横尾住宅

将住宅中较为重要的客厅安排在居住环境较好的二楼的设计方案

让客厅漂浮在空中

明亮且通风好的二楼客厅

将生活中最重要的客厅或厨房等空间，放到采光和通风都较好的上层来。

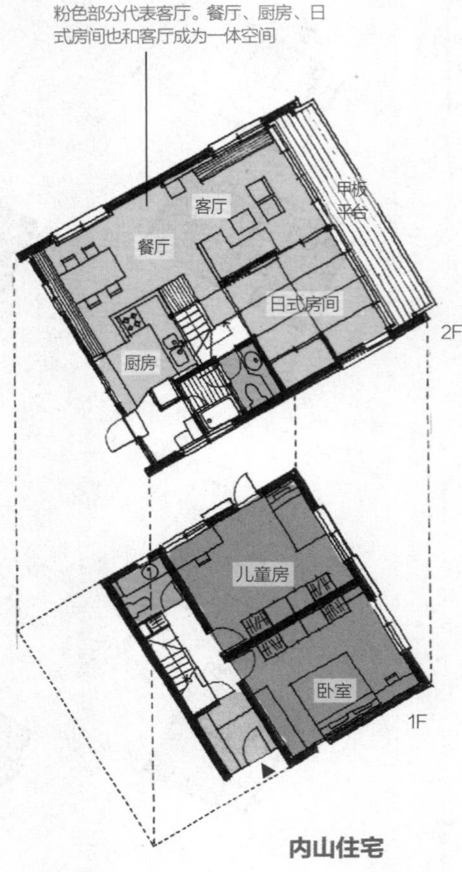

内山住宅

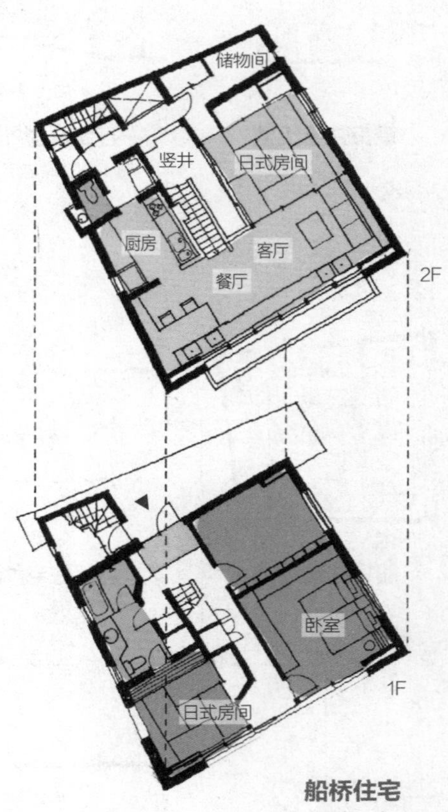

船桥住宅

在住宅的空间构成中，通常以门厅等公共空间在前方，浴室及卧室等私密性较高的空间在后方的顺序排列，因此与庭院间关联性较高的客厅就自然被放在了一楼。

但在城市的密集地区或狭小的建地面积上，很难为庭院留出较大的空间，周围的建筑让居住空间变得压抑，若将作为生活主要场所的客厅放在一楼，无论是日照、通风，还是私密性和防盗方面，都不能算是十分合适。因此，将客厅放到环境较好的上层（二楼）这种设计方式就是二楼客厅方案。在住宅中最受重视的客厅，其日照、通风、观景都要好，采用二楼客厅这种设计方案，可以利用房顶采光或高处侧面采光，让光线和通风都更容易满足需求。

同时，将私密性需求较高的浴室、洗漱间等放在一楼，大门口像崔宅（右图）那样做成飘窗形式，不仅可以让光、风进入房间，还能保证房间的私密性，从而成为安静而舒适的住所。

密集地区在二楼安排LDK（客厅、餐厅、厨房）更好
崔宅的一楼、二楼、屋顶构成图

一楼为私密空间，二楼为 LDK 等公共空间，属于典型的二楼客厅方案

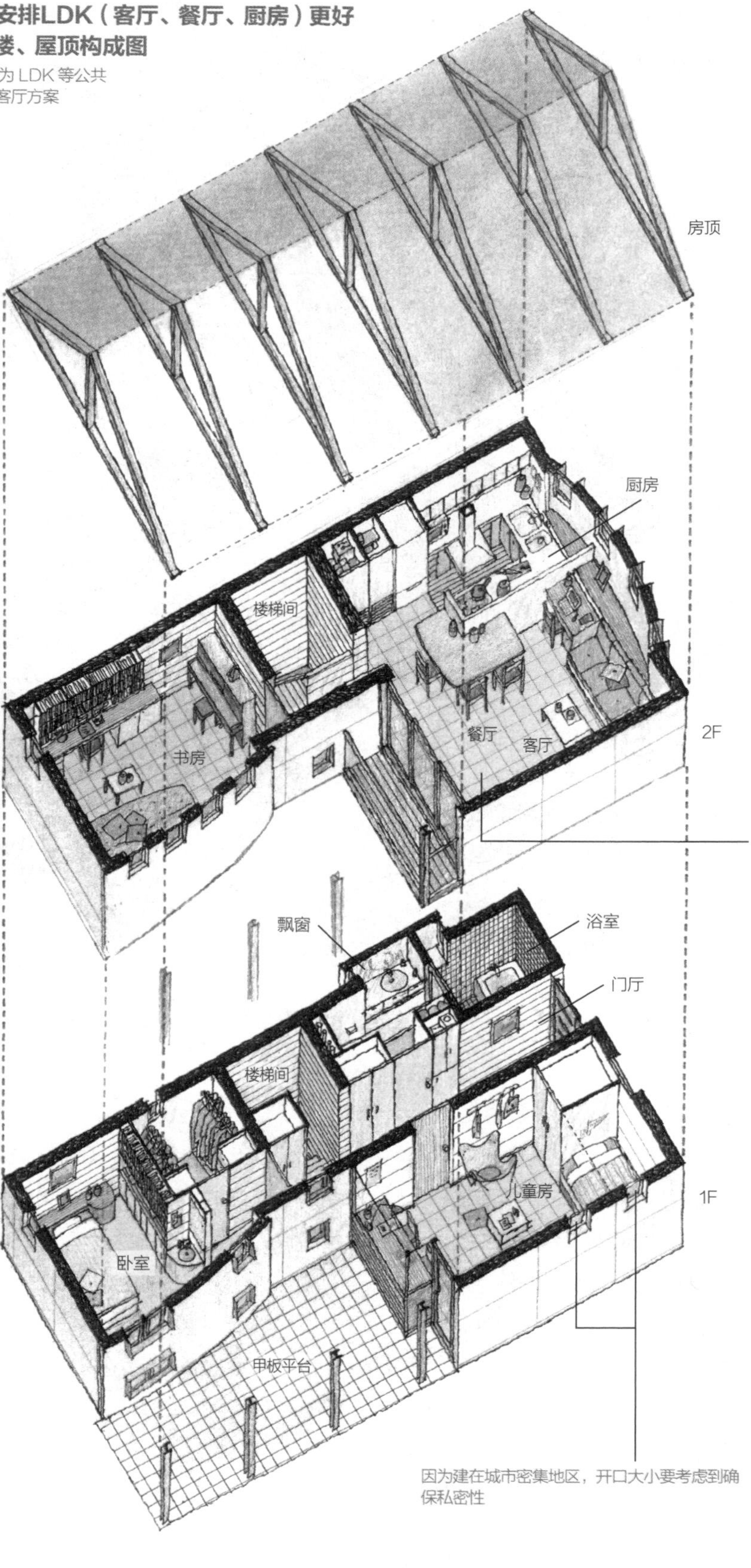

房顶

厨房

楼梯间

书房

餐厅

客厅

2F

客厅设计在环境良好的二楼

飘窗

浴室

门厅

楼梯间

儿童房

卧室

1F

甲板平台

因为建在城市密集地区，开口大小要考虑到确保私密性

7

可以回游的空间才是舒适的证明

好的住宅是回廊式方案

方案中具有可以回游的动线，不仅居住者的行动更加方便，光线和风也能顺畅流通。

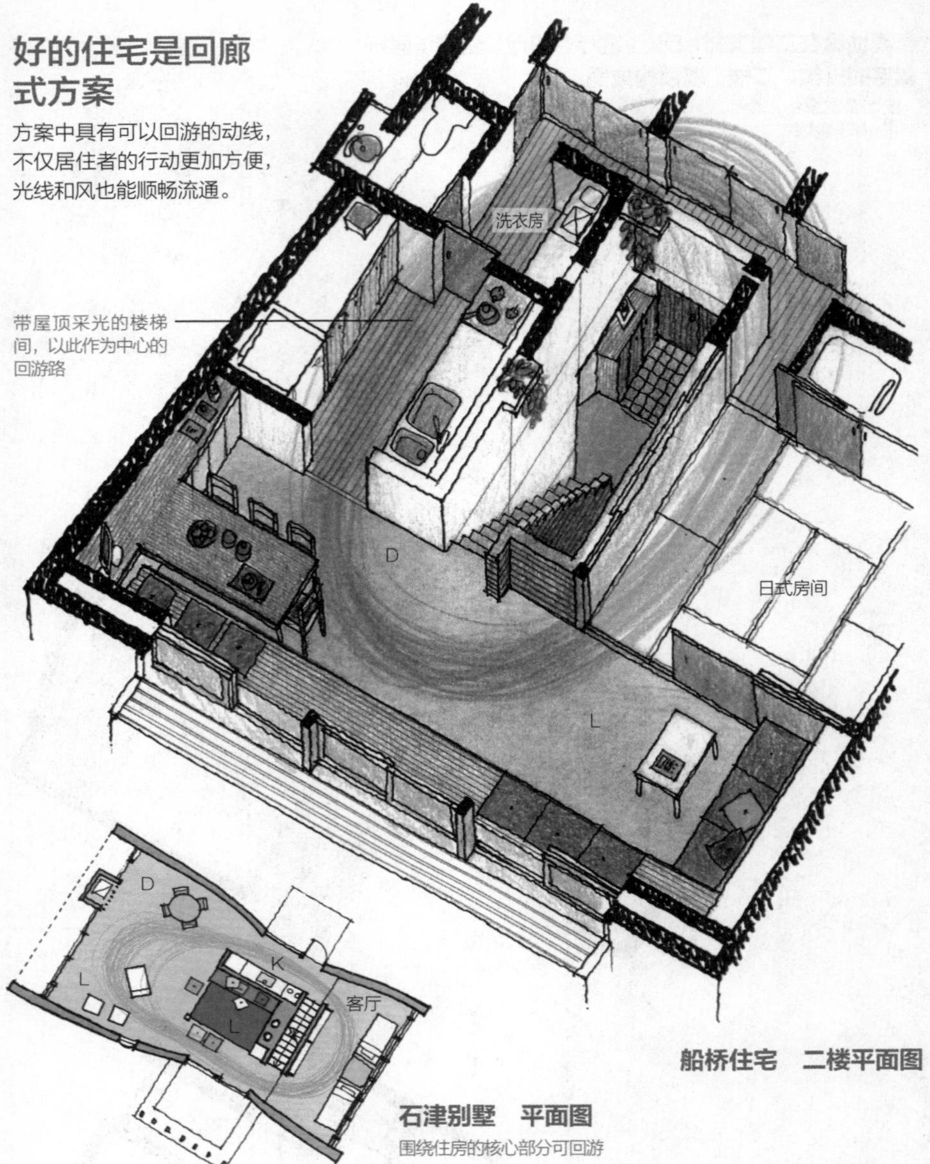

船桥住宅　二楼平面图

石津别墅　平面图

围绕住房的核心部分可回游

判断居住环境好坏的标准之一，就是家中是否有能回游的动线。只要有回游性，不仅生活起来不会感到有压力，对其带来的便利以及让居住者爱上自己的居住空间也起着很大的作用。具体的手法就是通往各个房间的路线有多种，形成活动顺畅而且通风也顺畅的空间。同时，在采光方面也和通风一样，光线顺着风的走向沿回游路线深入到房间的越内部越好。

最明快的回游性方案，要数上图中的石津别墅了。这一建筑因为是作为山景别墅，不需要太复杂的功能，方案单纯明快，厨房、楼梯和凹陷的客厅组成了室内的核心部分，并以此为中心形成了具有回游性的空间。

另外，上图的船桥住宅则是以带有房顶采光的竖井式楼梯间为中心，使客厅、日式房间、洗衣房和厨房形成回游路线。因为竖井空间可以回游，站在不同的位置可体验不同的视觉景象，打破了视觉的单调感。这一方案使得房顶采光与回游性都得到了良好的发挥。

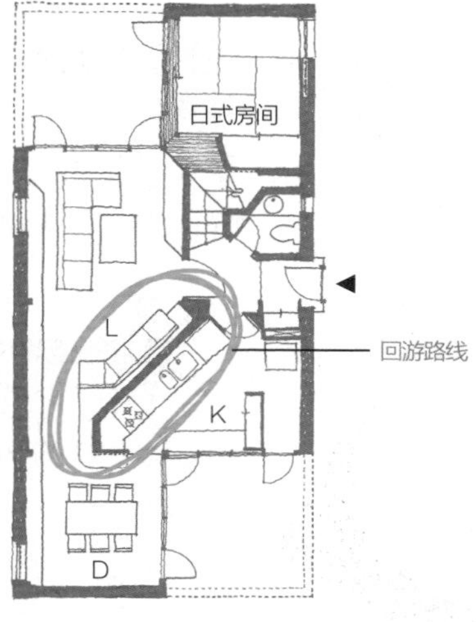

高畠住宅/1楼

以厨房为中心回游

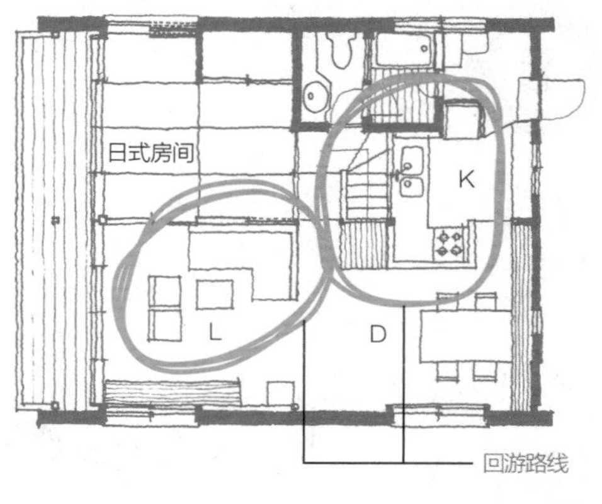

内山住宅/2楼

有两处回游路线的方案

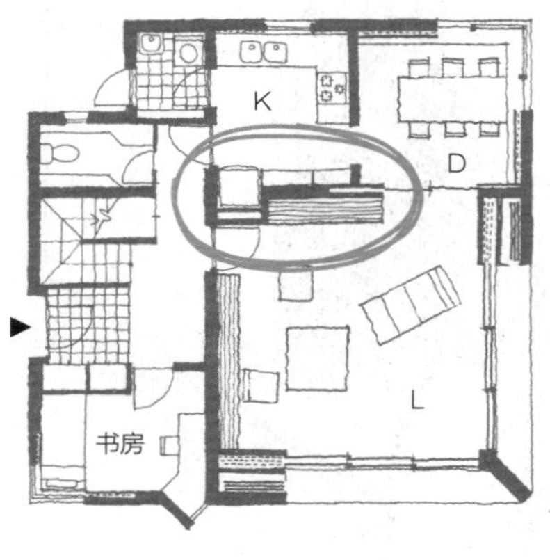

木村住宅/1楼

连接各房间的回游方案

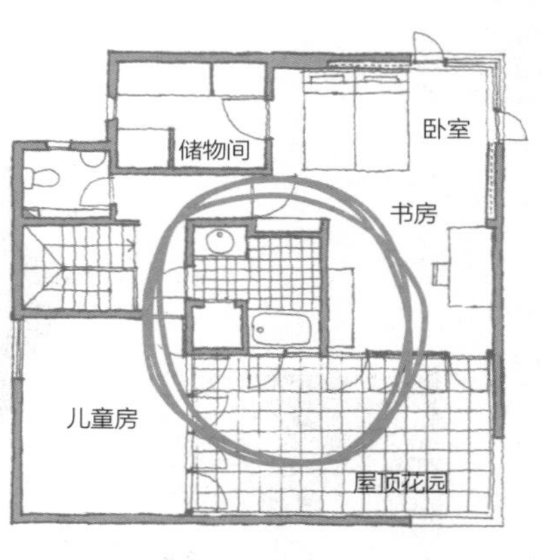

木村住宅/2楼

将室外也设计成回游的一部分

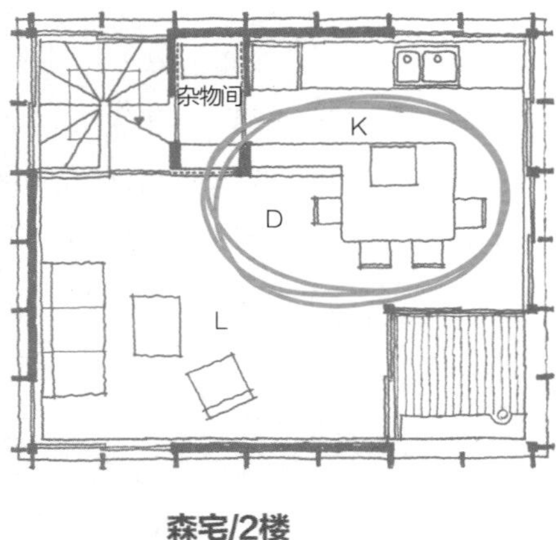

森宅/2楼

以餐桌为中心的回游路线

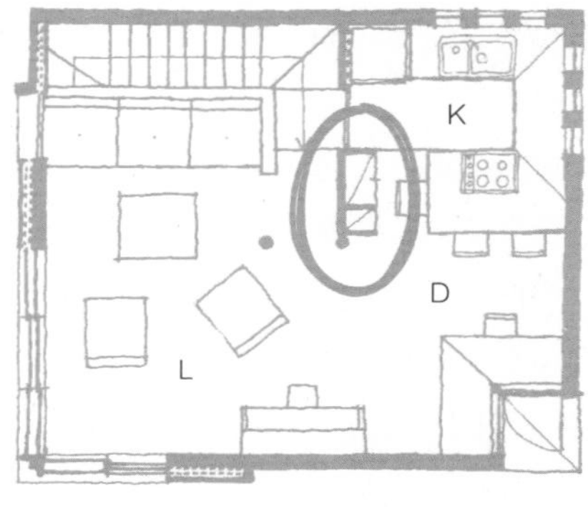

渡边住宅/2楼

高效紧凑的回游方案

8 将多个箱子组合

分栋式方案

用多个建筑组合成为一个住宅的方法。因为楼与楼之间形成的空间是半室内、半室外的空间，这使得居住者的使用方式更加多样。

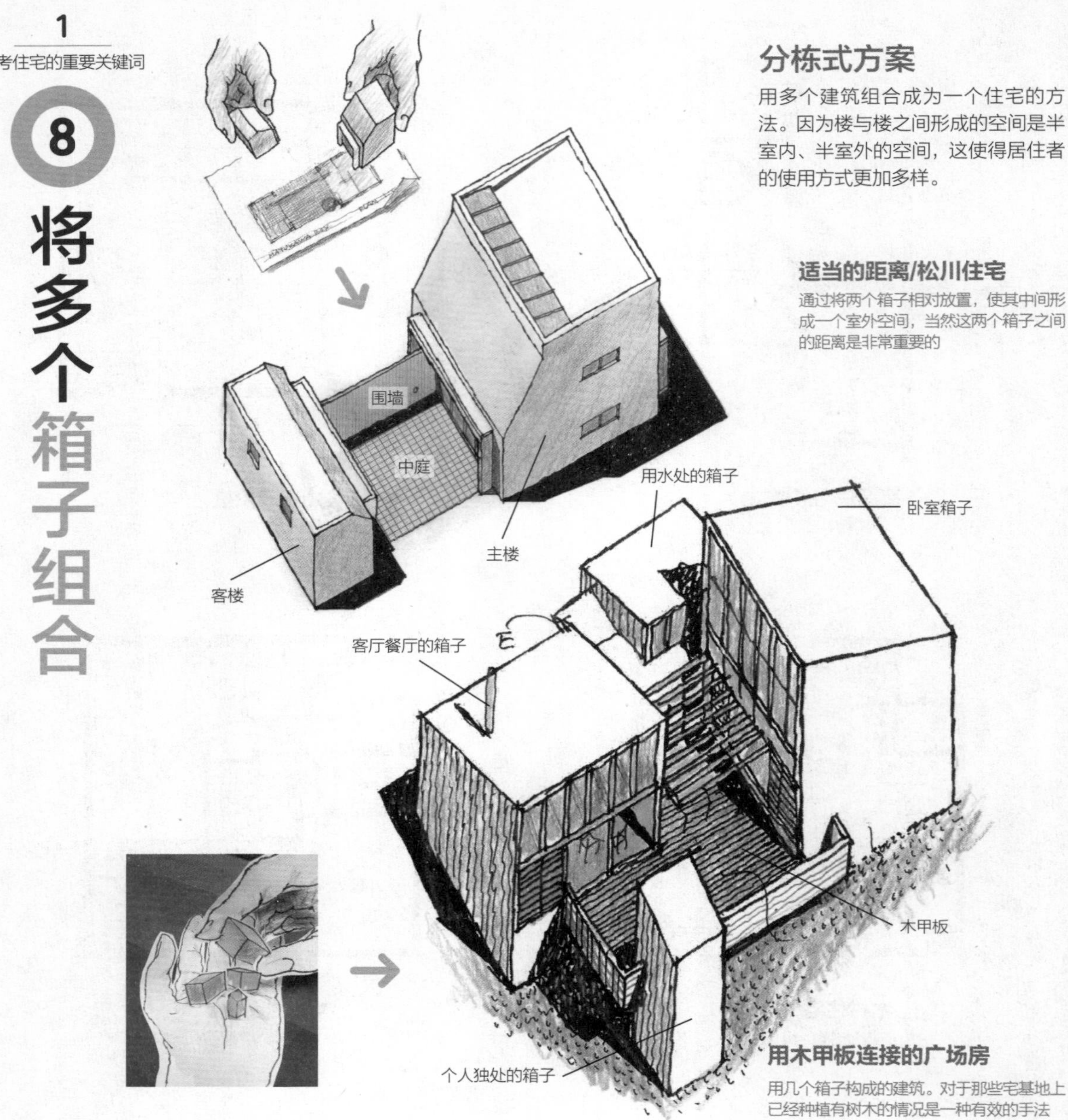

适当的距离/松川住宅

通过将两个箱子相对放置，使其中间形成一个室外空间，当然这两个箱子之间的距离是非常重要的

用木甲板连接的广场房

用几个箱子构成的建筑。对于那些宅基地上已经种植有树木的情况是一种有效的手法

将多个箱子组合，无论是空间还是生活方式，都将变得更加丰富。

松川住宅是将“主楼”和“客楼”这两个大小不同的箱子正对着配置，两栋楼之间就形成了中庭空间。中庭容易让人觉得是从室内延伸出来的空间，从而间接使室内显得更加宽敞。

山中别墅的广场房是由四个箱子组合成的建筑。为了实现别墅所提供的非日常生活，其中，一个箱子用于多人聚会，一个箱子用于安静睡眠，一个箱子作为做菜、沐浴的用水处，此外还有一个小箱子用于个人放松、独处，这些箱子按照意大利广场的构成原理被配置在一起，因此叫做广场房。四个箱子的配置方向都略微错开，从任何一角都无法对铺满木甲板的广场一览无余，这样就构成了一个可避开视线的复杂空间。

这种手法的关键在于如何用一个“连接词”连接多个箱子，让它们成为看上去是一个整体的建筑。松川住宅中运用了一堵红墙，而广场房则运用了木甲板铺成的广场，两者无疑都起到了“连接词”的作用。

专栏

解读宫胁檀设计住宅的三个关键词

1 摩登主义

建筑师的生活态度和外表都应具有美感

宫胁先生喜欢的捷豹老爷车（JAGUAR MARK 2）

宫胁先生绝不认可外形丑陋的东西，即便是使用方便的。他喜欢的物品，哪怕是用起来稍有不便也必须漂亮。他的口头禅是“只要够漂亮就好”，代表了他极其彻底的爱美意识

对宫胁先生的评价，有说好的，也有说不好的，但总体来说他是很有人情味的，这一点让人至少无法讨厌，而且他的人情味和性格都直接反映在其作品中，他作品的特点大致可分为以下三点。

①作品和人品都是“摩登主义”

大家一致认为宫胁先生是一名很绅士的建筑师，不仅外表好，品位也极好，因此可概括地称他为“设计摩登住宅的绅士建筑师”。

②原创“箱式住宅”=原始主义

所谓原始指的是最早的、原生的形态，宫胁风格的说法指的就是单纯的箱子。把住宅的各种复杂功能巧妙地装入箱子并不是一件容易的事，但能装得巧妙且漂亮就是宫胁先生的箱式住宅系列了。

③挡风避雨的居所+温馨=混合结构

住宅应该兼备耐久性和舒适性。有意识地将牢固的混凝土箱子与质感温和的木质结构相结合，以实现耐久性和舒适性的就是宫胁先生的混合结构。

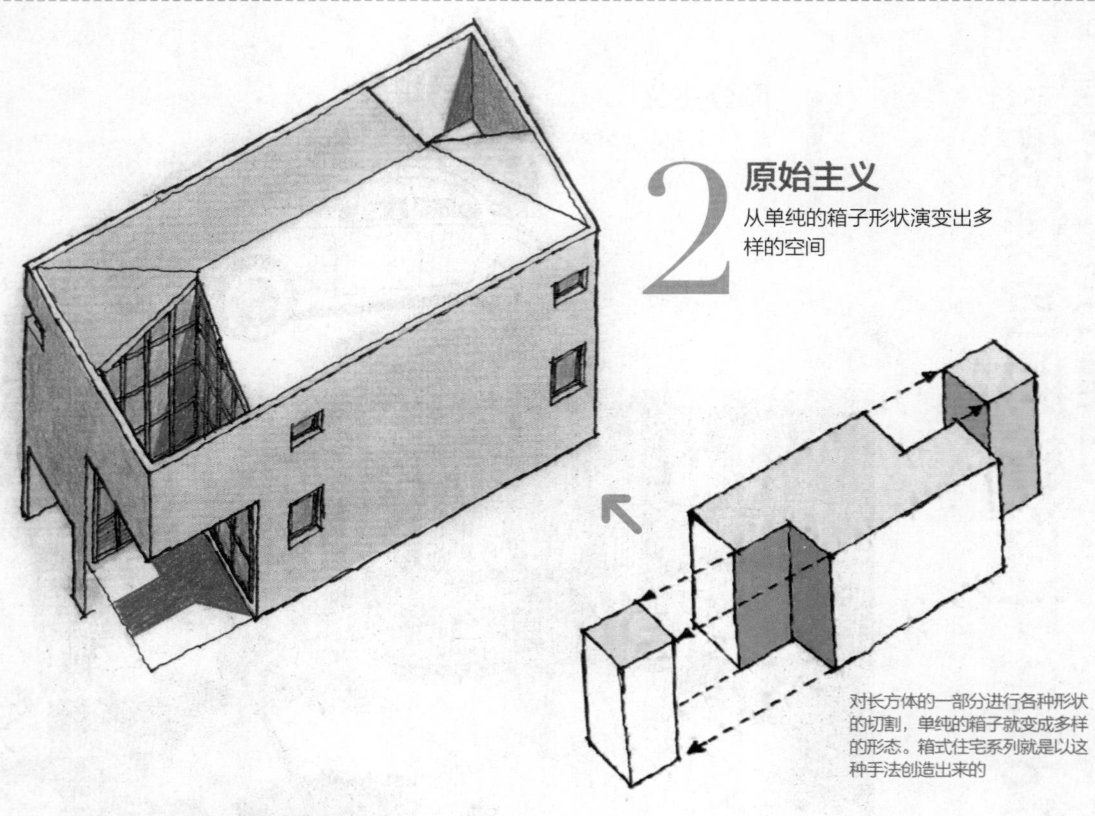

2 原始主义

从单纯的箱子形状演变出多样的空间

对长方体的一部分进行各种形状的切割，单纯的箱子就变成多样的形态。箱式住宅系列就是以这种手法创造出来的

3 混合结构

混合两种不同的结构，就能打造出兼具牢固性和温馨感的建筑

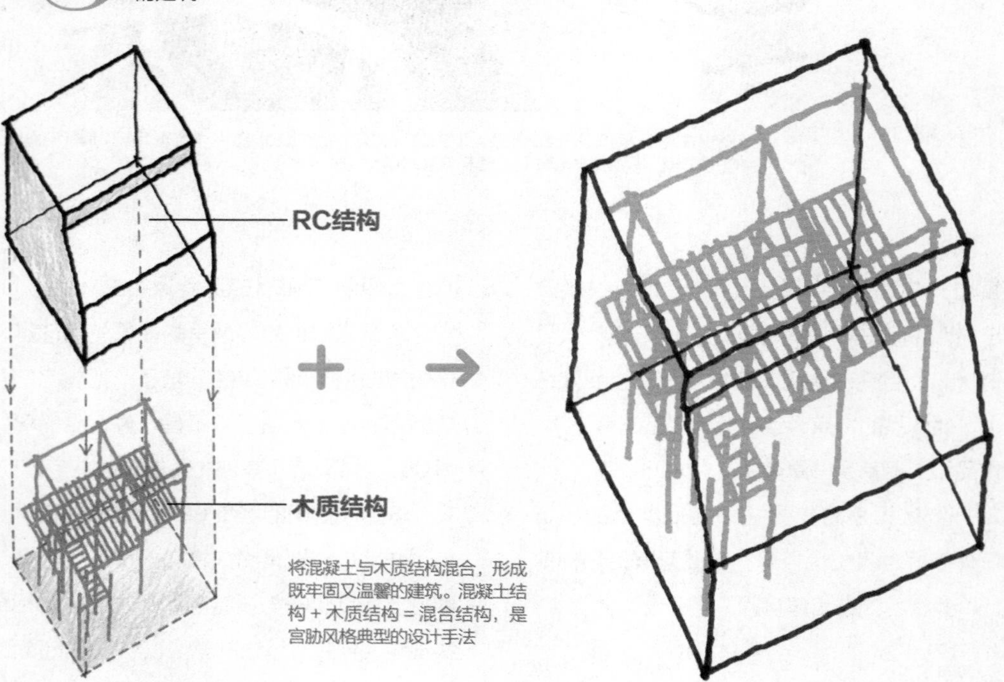

将混凝土与木质结构混合，形成既牢固又温馨的建筑。混凝土结构＋木质结构＝混合结构，是宫胁风格典型的设计手法

第2章 有效利用宅基地

① 抓住宅基地的特征

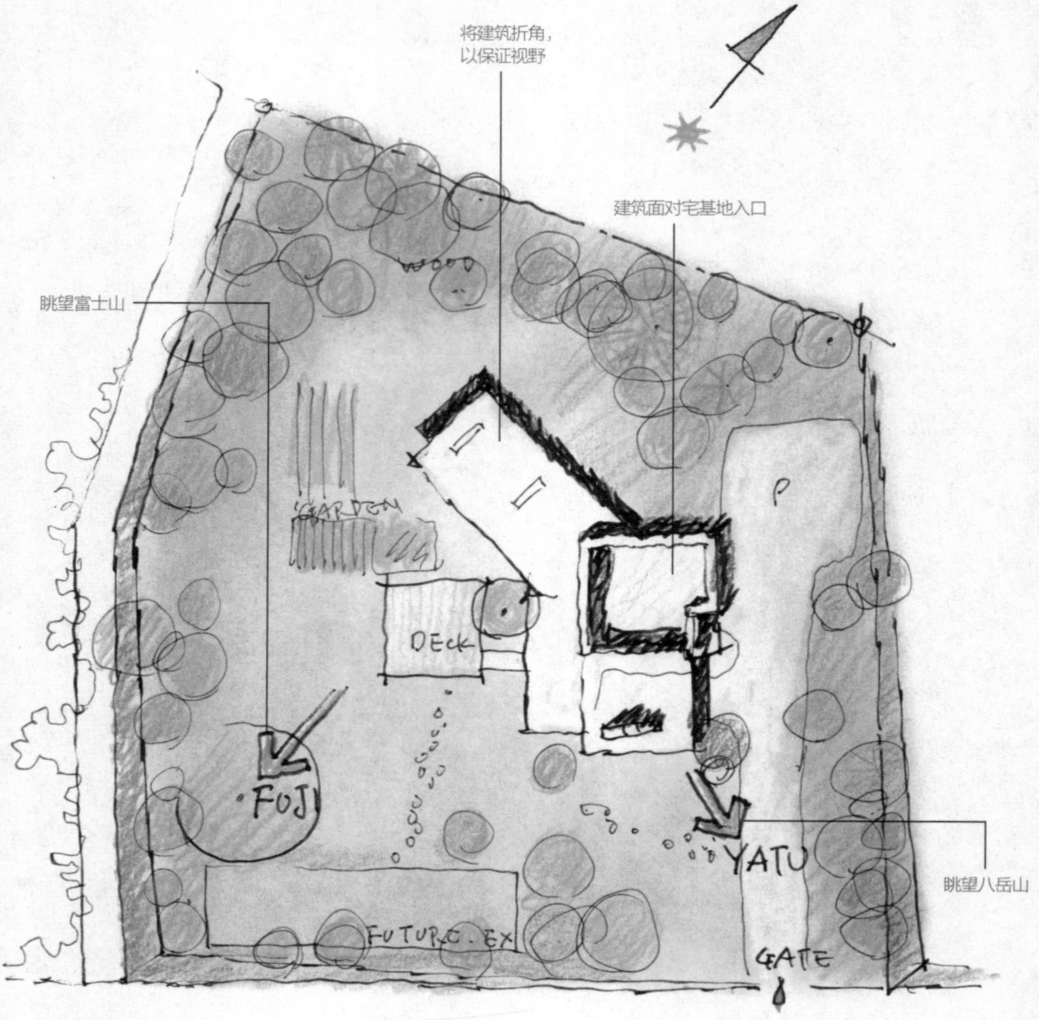

将建筑折角，
以保证视野

建筑面对宅基地入口

眺望富士山

眺望八岳山

有效发挥眺望功能的大町别墅
布局图　S=1:400

沿宅基地入口配置的部分和特意让视线对着富士山的部分形成一个折角

盖房先要有宅基地，无论是具备何种功能的住宅，其周围的宅基地都应与其功能相符合，才能称为是良好的居住环境。如果是建在城市狭窄的场地上，就需要尽量在绿化方面下功夫；如果是建在绿植丰富的场地上，设计方案最好是能与地形、植被等自然环境共存。当然，最不可取的就是为了盖房子，而损坏周围的景观，这种设计方案是一定要避免的。

上图是一处叫做“白萩庄”的大町别墅，建在长野县某个离村庄较远的山里。建筑外形被折了一个角，配置方位时考虑到了眺望景观，把可以眺望到南阿尔卑斯山、富士山和八岳山的地形特点发挥到了极致。

右图的有贺住宅是改建了一处很有味道的古屋。改造方案中尽量保留了原有的树木和植被，有意识地保护了经岁月流逝建立起来的外部环境，不仅做到了环境保护，也成为了舒适的宜居住宅。设计师对旧房屋及土地培养起来的历史文脉做了认真仔细的解读，并将其反映到了改造方案中。

RC结构的建筑

木质结构的低层部分

从西侧入口通往建筑

将木质结构嵌入RC结构的有贺住宅
布局图　S=1:400

这是一处略向南倾的宅基地，面向南侧的混凝土箱子，以及面向西侧宅基地入口的木质结构的低层部分，非常和谐地搭配在一起

屋后看到的是一直以来就在此生长的宅第林，设计师尽最大努力保留下了更多的林子

新建的建筑周围也栽种了不少树木，预期将来可与原有的林子完美融合

2 将传统与现代融为一体

布局图 S=1:500 在拥有壕沟及宅第林的名门望族的宅基地上建房，需要巧妙地保留原有的环境

中山住宅是城市近郊的一处老宅子。从上图中沿着宅基地建起的壕沟以及旧式长屋才有的大门，就能看出这里曾经居住的是当地属于统治阶级的名门望族。可惜的是这类老宅子的结构，已经不再适合现代生活。比如壕沟不仅仅是用来御敌的，当时也曾用于农田灌溉，现在这两种功能都已不再需要。宅第林曾用于防御北来的大风，落叶和树枝也曾作为堆肥和燃料，但到了落叶季节，清扫则成为一个大问题。对于这些“传统的”东西不要简单粗暴地考虑如何去除，而要将其应用到设计中去，这样更能让住宅焕然一新，发出更强的光辉。

在这个中山住宅的宅基地改建方案中，尽量保留了原有的环境，采取了将建筑分割成小块，再将每个小楼连接起来的设计手法，由此产生了几处采光和通风都极好的中庭。采用这种手法的原因是旧的主楼曾经是一个较大的建筑，里面多个房间都很难有好的采光和通风。

另外，所有建筑都设计成了平房，这样不仅减少了阴影部分，同时让房屋整体成为水平方向更加宽阔的空间。

存旧换新的中山住宅

方案中尽量保留了壕沟内侧的宅第林和旧式庭院。将房屋排成大雁形，使得各方向的每个房间都可以看到多种多样的景色（右图）
在保留原有宅第林的同时，考虑让空间与自然融为一体（下图）

3 用绿植来遮挡视线

从客厅眺望庭院 因为绿植刚刚栽种好，拍摄时庭院呈尚未完成的状态

木村住宅宅基地的大小与普通宅基地的大小相似，它的外院设计方案非常典型，可以作为一般住宅外院设计的标准参考答案。

看了大多数住宅与宅基地之间的关系后，发现大家都认为按照建筑基准法中规定的面积设计房屋时，在其规定范围内能取得越大的面积就越好，也就是说不少人认为室内是可以使用的空间，而室外是不能使用的空间。其实我们完全可以通过设计，让室外空间成为辅助室内空间的工具，使其变得更加舒适。在外围设计中，能够充分利用宅基地的每个角落才是设计中的关键。

如右图所示，可以看出是如何运用建筑与宅基地界限之间的狭窄空间的。而且还能读出，根据空间的不同用途，从地板的材质到每个种植绿植的位置都被准确地设计了出来。

去往大门的道路和做家务的院子都铺上了地砖。树木和绿植则从遮挡外来视线和成为室内景观这两个角度来考虑设计的位置和种类。前庭种成草坪，不仅使客厅看上去得到延伸，还柔和了强烈的阳光。

巧妙布局以有效利用宅基地/木村住宅

正面的门是房屋的正门，右侧能看到车棚

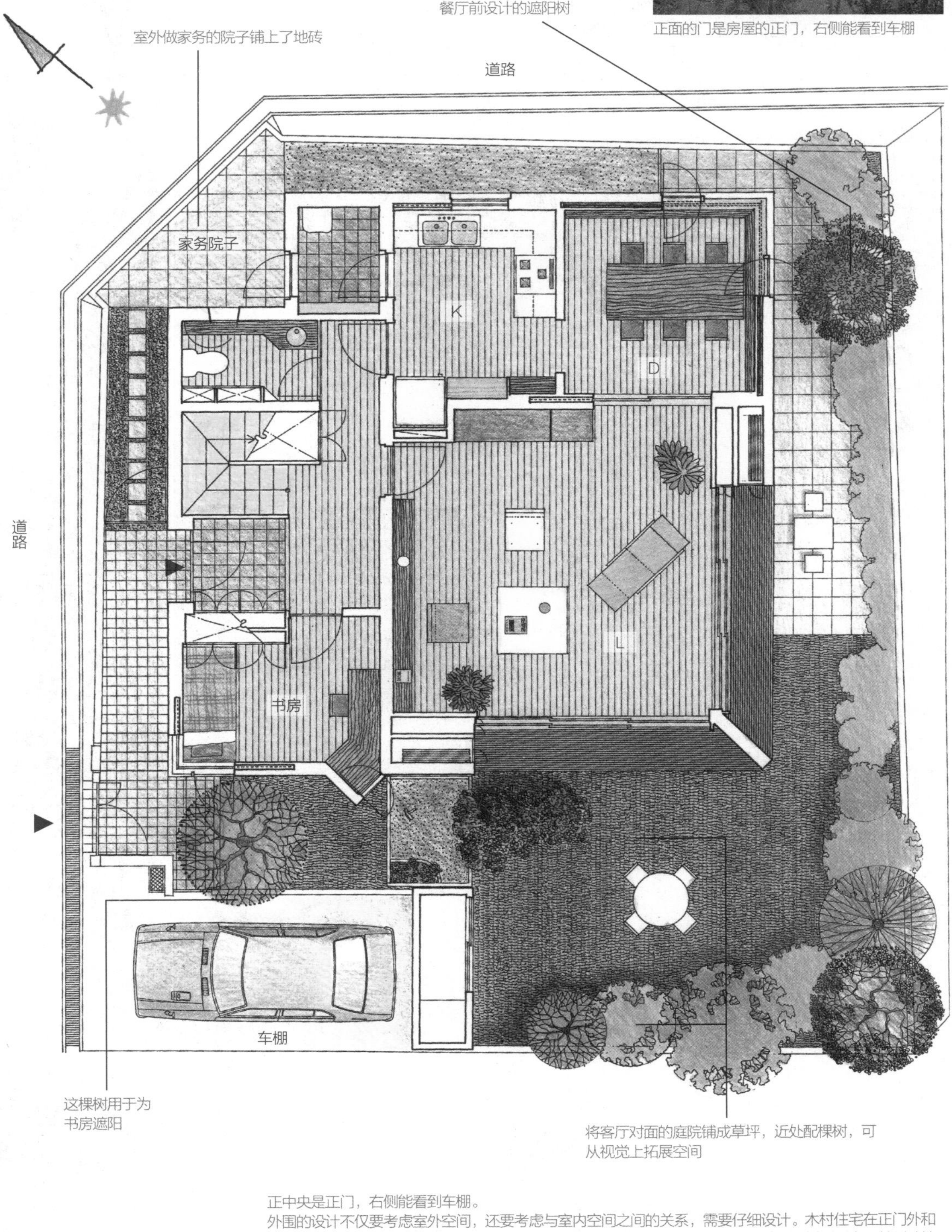

餐厅前设计的遮阳树

室外做家务的院子铺上了地砖

道路

家务院子

K

D

道路

L

书房

车棚

这棵树用于为书房遮阳

将客厅对面的庭院铺成草坪，近处配棵树，可从视觉上拓展空间

布局图　S=1:100

正中央是正门，右侧能看到车棚。

外围的设计不仅要考虑室外空间，还要考虑与室内空间之间的关系，需要仔细设计。木村住宅在正门外和做家务的院子中都采用了地砖这一合适的材料，书房和餐厅前的室外考虑种植遮阳的树木，客厅前则种植草坪，如此，每块地方都考虑到了适合室内空间的绿植

4 庭院的绿植决定了住宅的品质

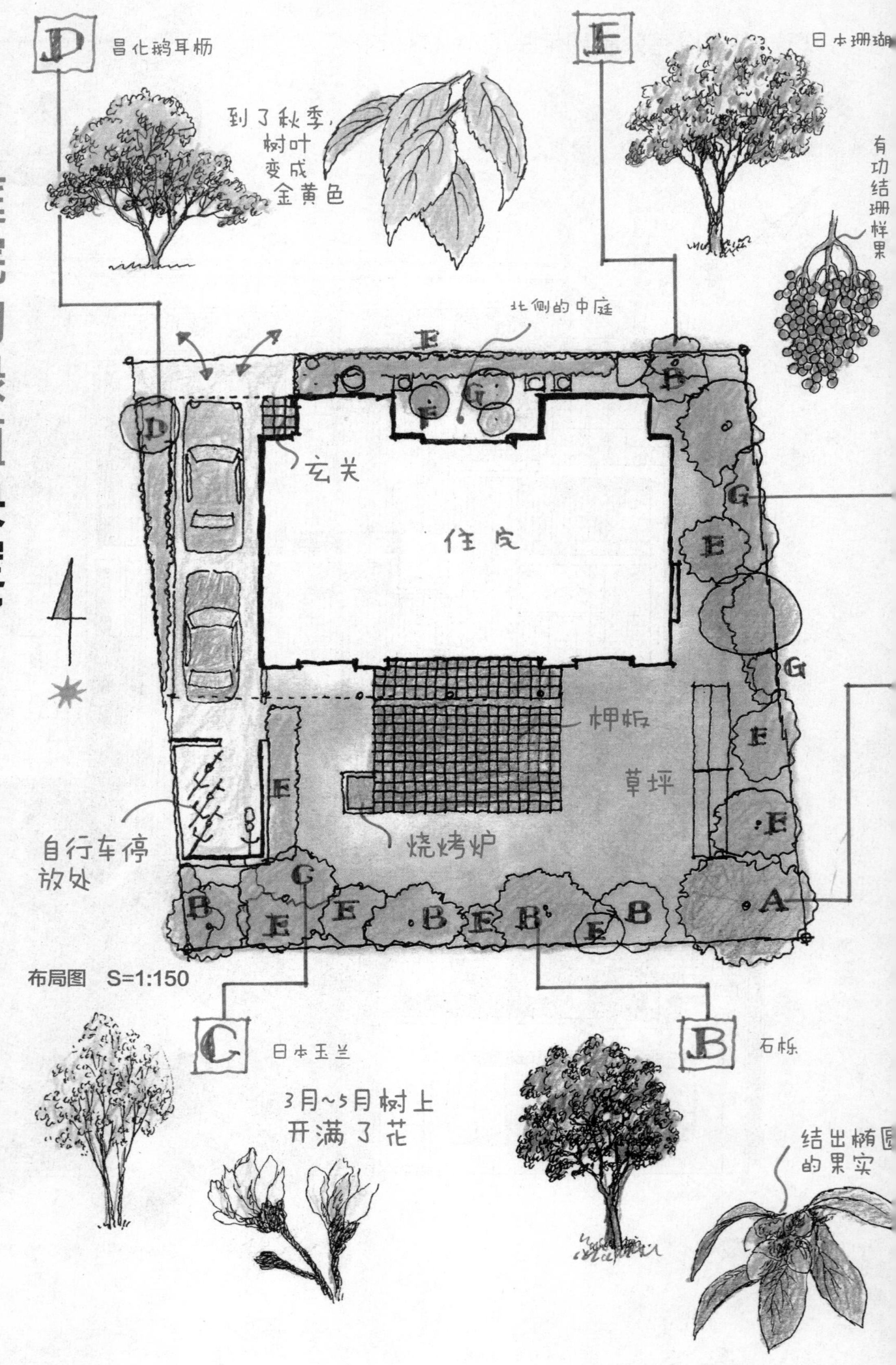

布局图 S=1:150

在庭院品味四季
植树住宅

春天到秋天开出白色的花

	树种	乔木/灌木	常绿/落叶	备注
A	樟树	乔木	常绿	日本本州西部离村落较近的植被
B	石栎	乔木	常绿	日本原生，生长在本州太平洋侧的温暖地区
C	日本玉兰	乔木	常绿	春天开白花，日本全国都有分布
D	昌化鹅耳枥	乔木	落叶	花期在4月~5月，秋天树叶变黄
E	日本珊瑚树	乔木	常绿	分布在千叶县以西，作为防火树种植
F	卫矛	灌木	落叶	红色的叶子十分美丽，喜阳
G	六道木	灌木	常绿	花期在春天至秋天，适合做绿墙

A 樟树

樟树花

绿植

绿植不应以个人喜好决定，而应根据在此地种植的目的和当地种植的植被来决定

庭院的绿植方案，也就是外围方案，需要结合住宅设计一起考虑。因为每个房间的用途和功能与室外空间之间具有不可分割的联系。

客厅外的庭院应该栽种些姿态优美的树种，或是能开花的树木，而私密性较高的卧室外面的绿植则应该采用常绿树种。而且，要选择一年四季都能让庭院看上去美丽的树种，还要考虑采用乔木还是灌木、采用落叶还是常绿植物，这些与绿植的形状和性质有关的部分也很重要。还应考虑到，不符合当地风土的绿植肯定也不易生长，选择居住者不喜欢的花草树木更不是良策。选择一种标志性树木，用来象征这栋住宅人家的个性，也不失为一种好的手法。

还有更重要的一点，设计时不应仅限于这户人家的外围部分，选择的绿植还应考虑到是否与周围人家、同一排的人家吻合，是否能成为其中一个形成美观感的因素，以及植物的存在对地球环境的影响等，这些都可以作为思考的内容。而且植物的开花、结果，都会起到陶冶人的情操的作用。

5 宽敞的木甲板露台是客厅的延展空间

左侧是带顶棚的露台 在右侧的客厅外铺上了木甲板，使得室外的庭院也有室内的感觉

一说起庭院，大家最容易联想到的就是铺满了草坪的地面，其实利用木板条铺成的木甲板平台在日常生活中的方便性更高。因为这样的地面容易从视觉上被看做是客厅的延展空间，让人感到空间更加开阔。当然，如果天气很好，这块地方就可以当做是室外客厅来使用。设计木甲板平台的关键，就是要让它的高度与室内客厅地面的高度保持一致。

上图是伊藤明住宅，在木甲板平台边种植了一棵小树，作为点缀庭院风景的亮点。再往前，又设计了一块带顶棚的露台，将室外空间改为半室外的空间，使得庭院的功能更加丰富。

这块带顶棚的露台因为在外侧用木板围成了矮墙，可以遮挡邻人直接看到客厅的视线，形成了私密性较高的中庭式室外空间。同时，因其又与客厅相对，坐在露台上还能看到自家客厅内的情形，丰富了视觉角度的多样性。设计中正因为考虑到了在露台的生活场景，因此可以更自如地使用室内和室外空间。

开放性与视线隐蔽性/伊藤明住宅

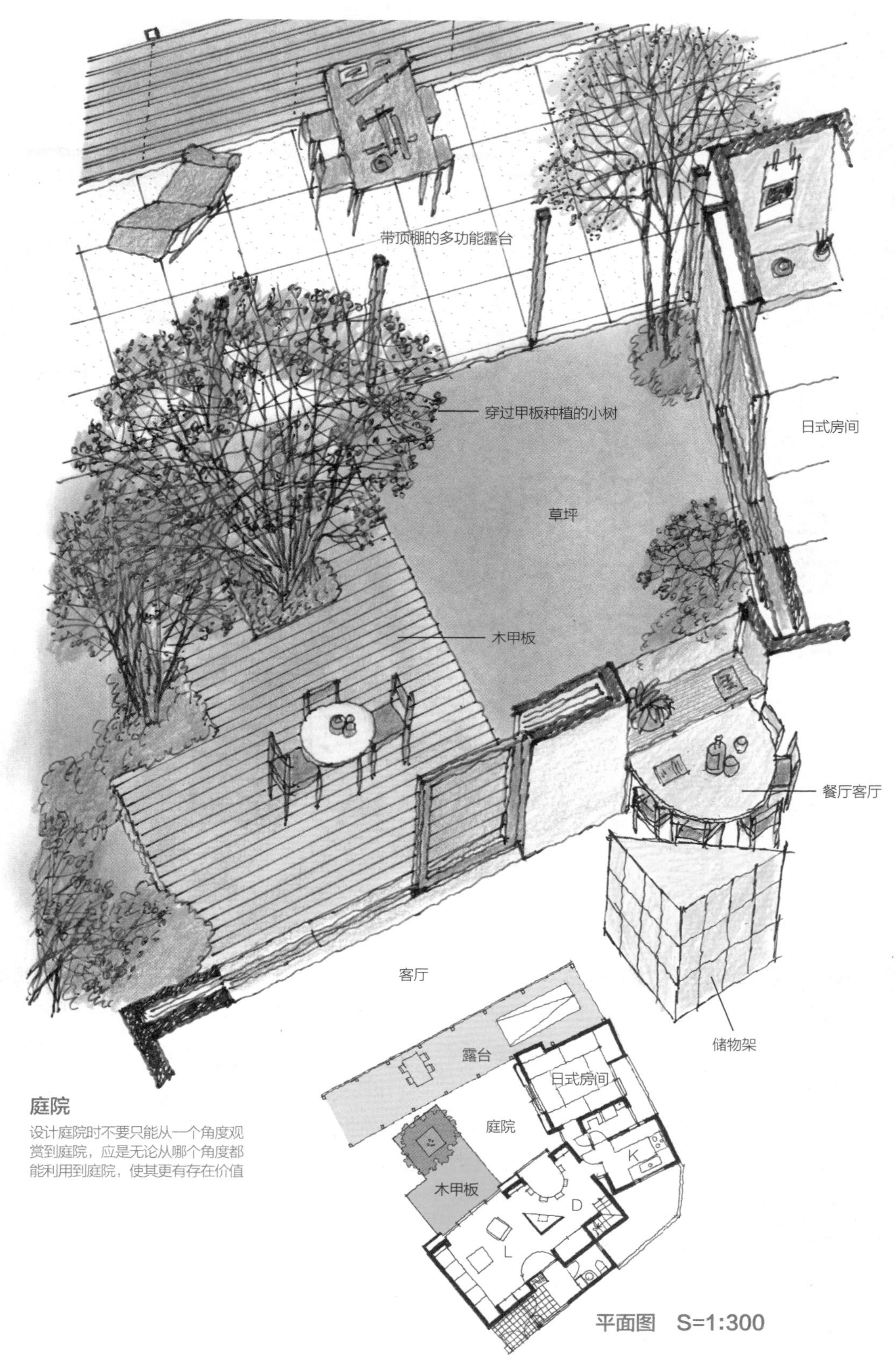

庭院

设计庭院时不要只能从一个角度观赏到庭院，应是无论从哪个角度都能利用到庭院，使其更有存在价值

住宅应该随着生活的变化而变化

不断成长的住宅/松川住宅

1期施工建成了主楼和客楼两栋楼，2期施工新加盖了一栋二层的公寓楼（用于出租），3期施工拆掉客楼，增加了出租房。住宅就这样随着家庭生活的变化而变化着。

1期平面图　S=1:200

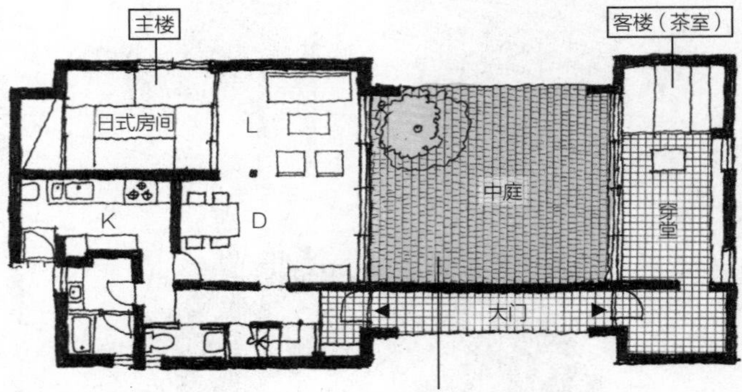

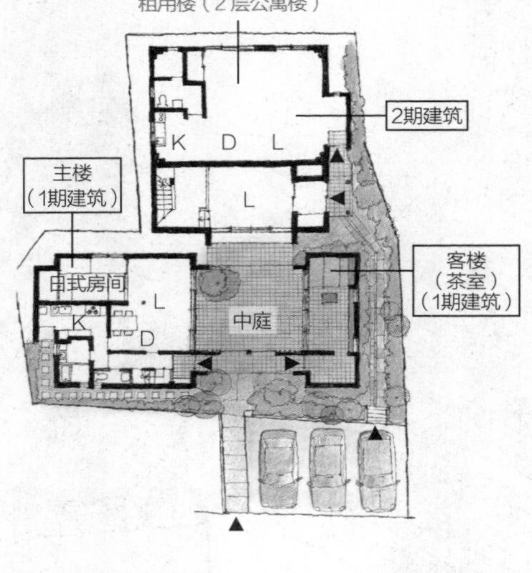

2期平面图　S=1:300

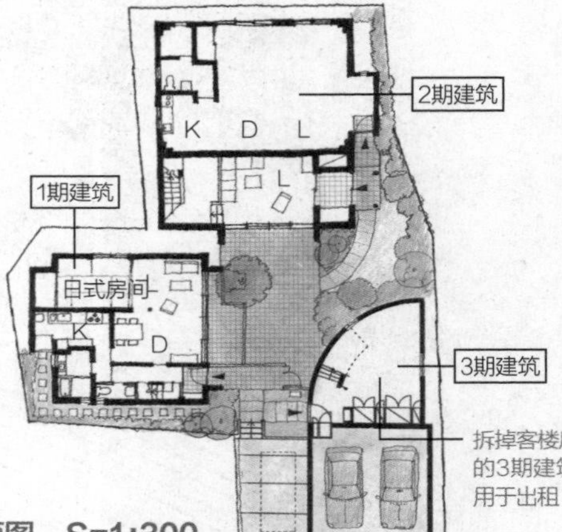

3期平面图　S=1:300

主楼与客楼代表着亲子关系

住宅是家人生活的地方，如果家庭成员的构成或生活方式有所改变，住宅的使用方式也会有所改变，有时候可能不得不改变住宅本身的形状。

这一节案例中的松川住宅，在竣工时是主楼和客楼的两栋楼之间拥有一个中庭的结构。两栋楼的配置就像是亲子面对面的感觉，很好地表现出了这个住宅的特征。相对于主楼是一般住宅的结构，客楼则设计成茶室，在这里招待客人，给客人上茶，客人一定会有宾至如归的感受。当客厅、中庭与茶室这三个完全不同的空间用来举办家庭宴会时，更是对客人最好的殷勤款待。将枕木锯成木块儿，铺满整个中庭，主楼与孤立的客楼隔着中庭遥相对望。枕木含有一定的水分，具有防止夏季强烈的阳光照射到地面形成反射的效果。两栋楼之间可通视线，使得看似只是一处的住宅，却能眺望到不同的两处建筑，丰富了视觉的欣赏范围。

从客楼隔着中庭眺望主楼

1期/建筑是主楼＋客楼

由主楼和客楼构成。用红色的围墙将两栋楼连接，中间的中庭又将两栋楼统一在一起。

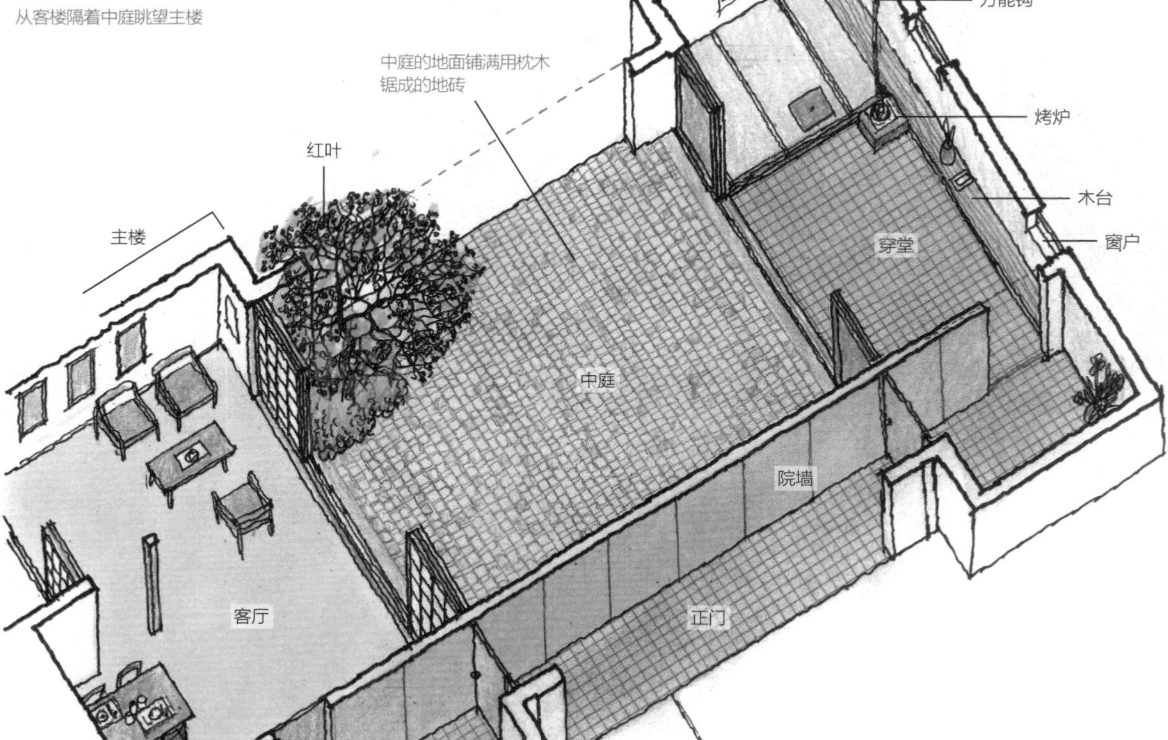

1期建筑透视图

采用视觉效果强烈的红墙连接主楼和客楼

松川住宅的变迁

黄色为1期建筑，橙色为2期建筑，红色的3期建筑是拆掉1期建筑的一部分建成

2期建筑与1期建筑之间用中庭连接

面对中庭增建出租楼，主楼与2层的出租楼之间保持了合适的距离。

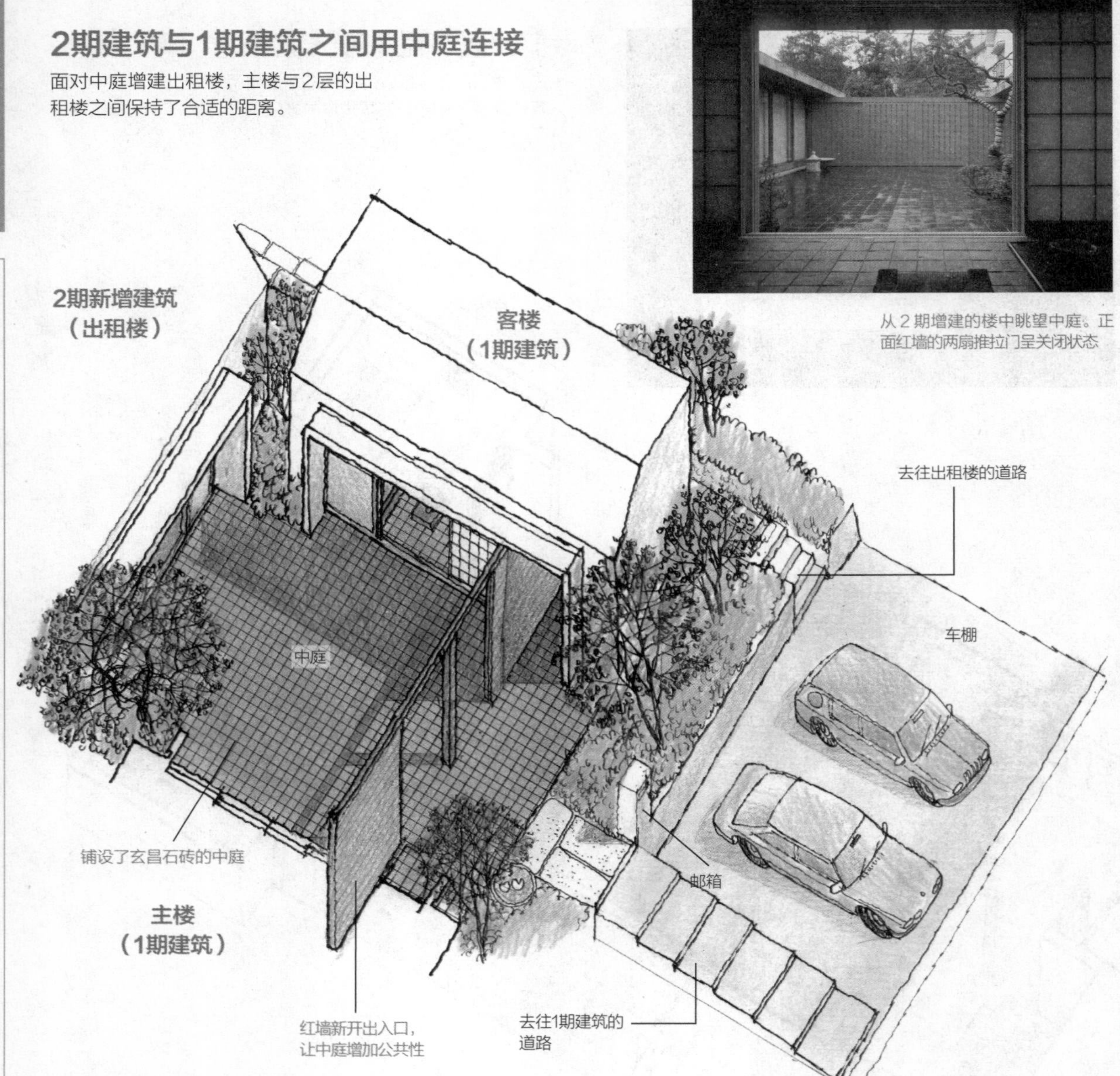

从2期增建的楼中眺望中庭。正面红墙的两扇推拉门呈关闭状态

独立住宅中增建2层公寓楼

松川住宅后来在宅基地中增建了一栋2层楼作为出租用楼（2期增建的建筑）。在同一个宅基地上增建另一栋楼时，很容易设计成彼此孤立的形式。但宫胁先生则让中庭承担起将各楼连接起来的任务，让中庭成为每栋楼的延续空间，成功地将各栋楼连接在了一起。

去往增建楼的道路，从马路一侧穿过客楼后面去往大门和正门，不会与主楼的主人（房东）有直接的接触，但出租楼的客厅设计为面对中庭，又能让租房的客人与房东之间保持着良好的距离。距离使得彼此之间互不干涉对方的隐私，又形成了较为理想的相关性。

增建时，将中庭的枕木改成了玄昌石砖，并在主楼和客楼之间的红墙上新开了一个出入口，让私密性较高的中庭变化成为公共性较强的空间。

3期/建筑面对主道

拆除旧的客楼和车棚，增建出租楼，此时将中庭变成了主道，使得各栋楼在保证私密性的同时又不显得太孤立，保持了一定距离的空间。

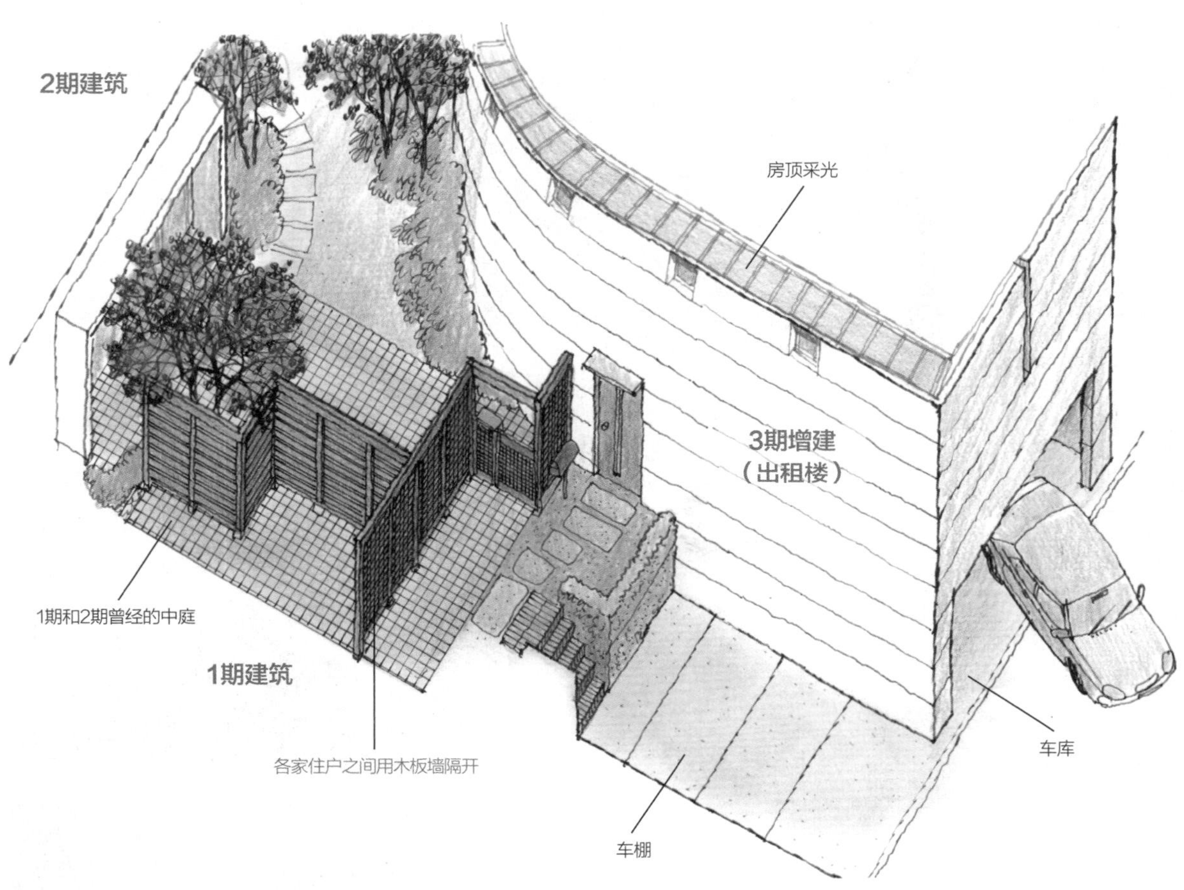

各栋住户的独立

十几年后，由于财产继承的问题，最开始建成的客楼（1期）和车棚（2期）被拆掉，并在这块地上又新建了出租楼。利用这一机会将1期和2期建成的两栋楼独立起来，以备未来分别单独使用。也就是说，新旧三栋楼，将来将变化为供三个家庭所居住。

曾经用于承担家人间联系的中庭，用木板墙和门隔开，以保证去往三栋建筑的独立道路。去往大门的道路成了彼此见面的空间，木板墙用于保证隔开其他人的视线，在保障彼此私密性的同时，仍具有一定弹性的公共性。独立并不意味着要孤立，就像之前中庭所担负的任务，就是保持合适的距离。

松川住宅继承了最初的建筑理念，又随着时间的流逝不断变化着。这所建筑最终形成的面貌，应该是认真考虑了房主的家庭成员换代这些难题以后，给予的一个较好的解决方案。

阅读周围的风景

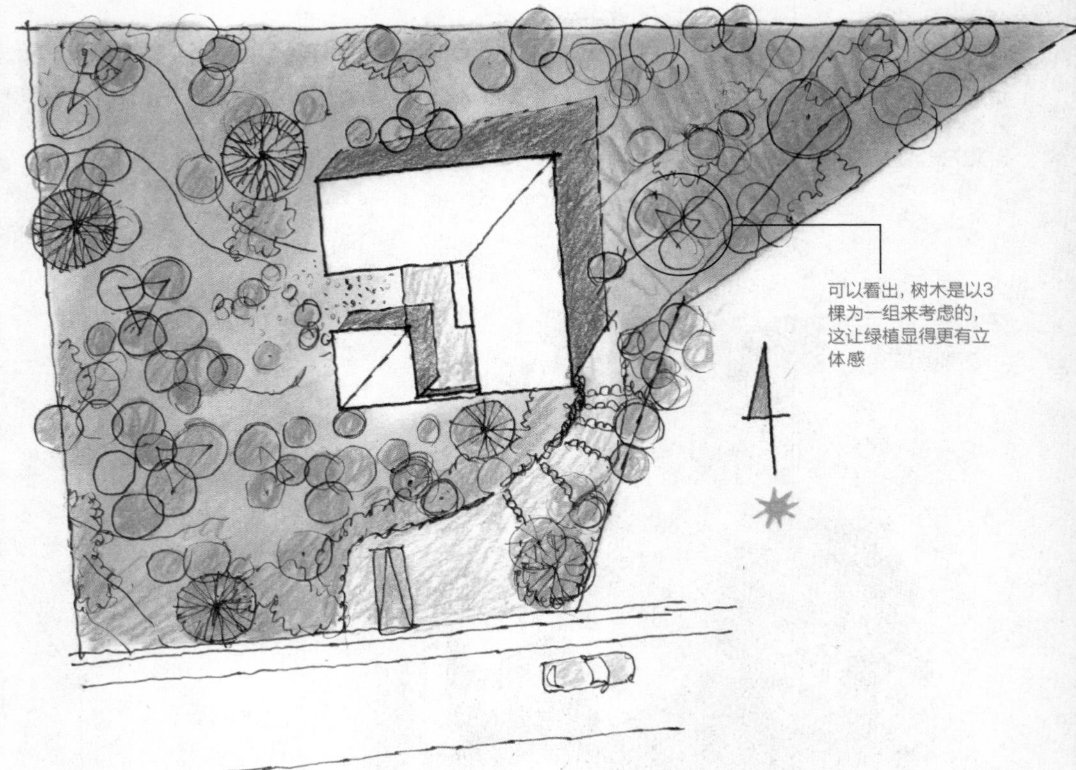

可以看出，树木是以3棵为一组来考虑的，这让绿植显得更有立体感

考虑到10年后情形设计的绿植
富士道住宅
布局图　S=1:300

植物以 3 棵为一组是本案例的特点。从草图上我们可以看出设计师的设计思维

用 360° 全景照片来帮助想象

制作建筑方案或设计时，仔细观察周围环境，并预测未来环境将作何变化，是可以左右建筑保鲜期（寿命）的重要工作之一。

宫胁先生最初围绕宅基地的周围拍摄了一组照片，再将照片连接成360° 全景照片后摆在制图板前，以便更好地想象完成后的建筑面貌。住宅施工虽然只要半年到一年就能完成，但庭院中的树木和覆盖地面的植物距完成景观可能要花费几十年的时间。宫胁先生一边看着360° 全景照片，一边想象着几十年后的未来图景。

制定建筑的外围方案需要具有先见之明，方案应该使建筑外围在历经岁月后能够变成良好的居住环境。外围、庭院和住宅建筑一样，需要沿着时间轴，将可能发生的变化也设计到方案中去。刚竣工时种上的树木，作为庭院的景观看上去似乎还尚缺活力，但在不远的将来则会形成与建筑相和谐的美丽环境，因此要特别注意到周围的植物是在不断成长和变化的这一事实。

第3章 住宅的设计方案

1 彻底遵循模板尺寸 就不会产生空间死角

匀称整齐的南侧外观 以1:1、1:2、1:$\sqrt{2}$的比例形成美妙外观

横尾住宅的外形尺寸为7.2m × 7.2m，有着箱形的外观，是典型的箱式系列住宅。其家庭成员为夫妇二人和一只猫咪。建筑总面积约为52平方米，二楼向外延伸的部分占地面积约为71平方米（约21坪）左右。从规模上讲，这当属小型住宅。

从形态特征看，这可谓是宫胁风格的直方体箱子，以缺一角的手法造就了整个住宅的外观，成为本设计的主要特点。

这里要着重介绍的是立面的比例。注意观察南面的立面图，这里有3条相互平行的直线：车棚的天棚线、二楼阳台的扶手线以及最上部的凉亭线。各线之间的间隔为1800mm，这是混凝土架构的高度。也就是说，本设计充分利用了架构构造。

无论是凉亭还是车棚，全由900mm × 1800mm的模块（标准尺寸）构成，这就赋予了外观以规整和秩序感，形成无赘之美。

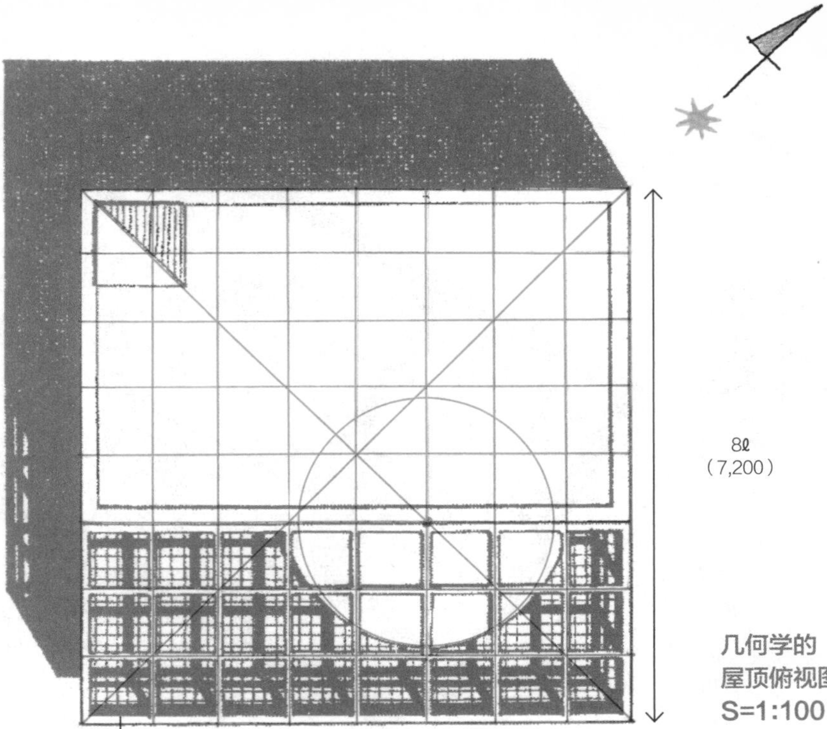

几何学的
屋顶俯视图
S=1:100

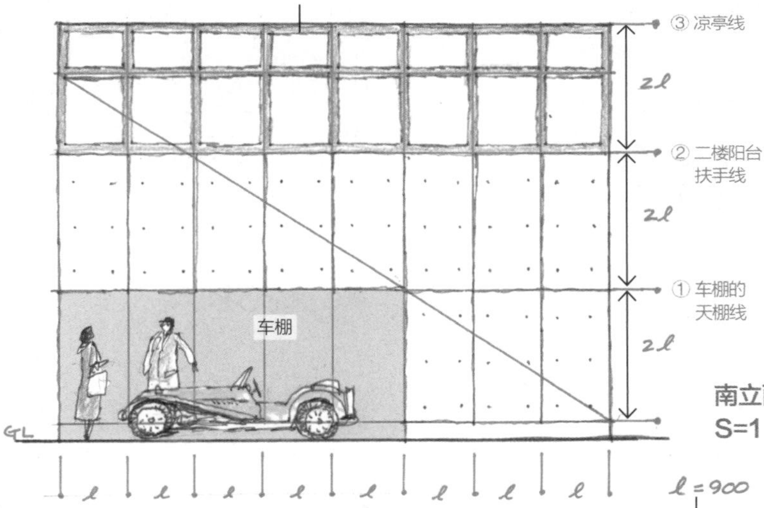

南立面图
S=1:100

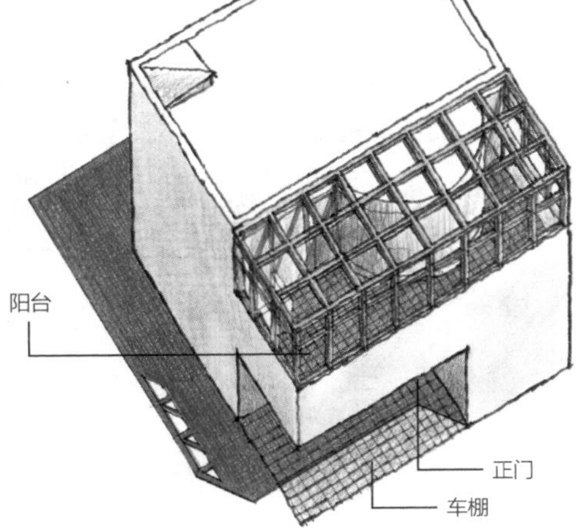

外观

正方体切割了一角的造型。切割的部分成为其与外部的连接点

美妙比例的秘密/横尾住宅

平面和立面均由900mm的标准尺寸构成。因属小型住宅，所以不仅最大限度地利用了空间，还在避免浪费材料、摒弃无用空间等方面下足了工夫。

2 极致的小型紧凑住宅的秘密

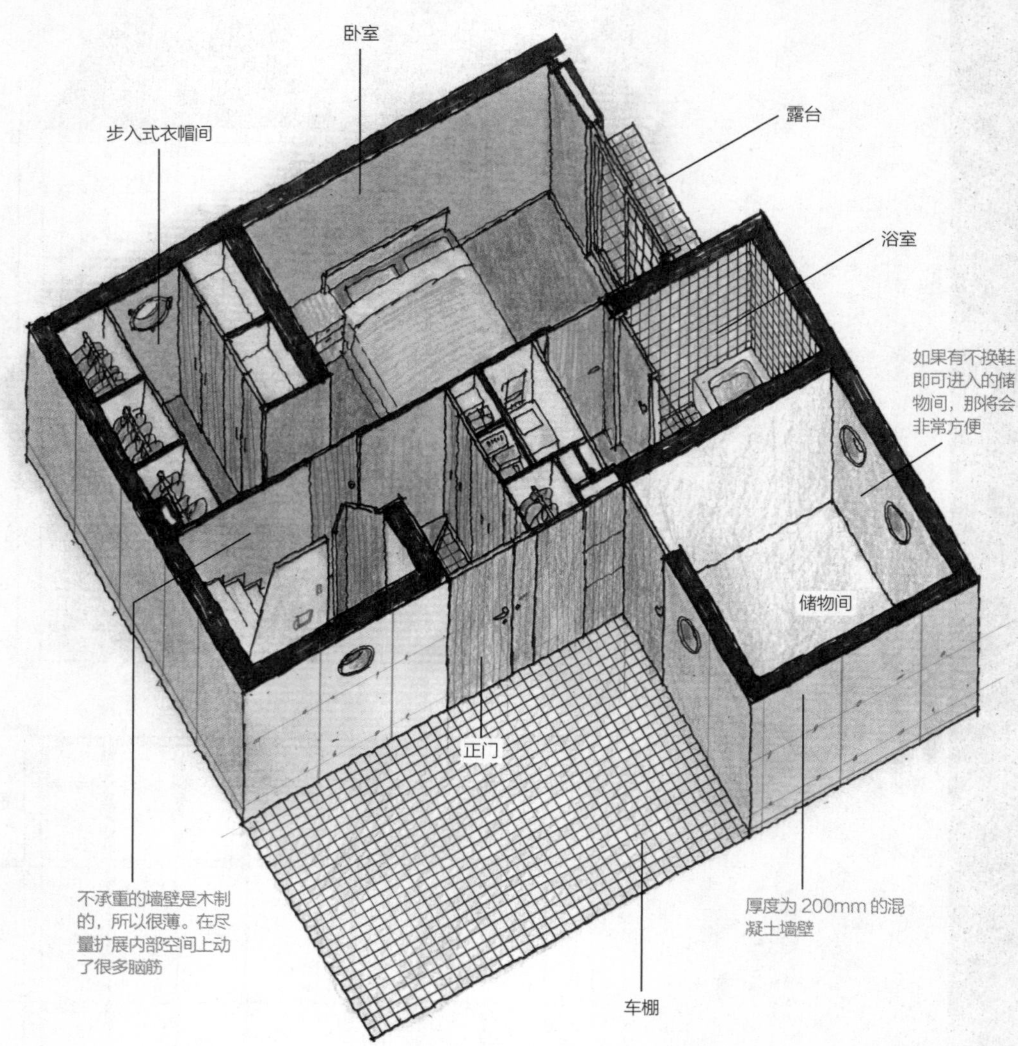
卧室
步入式衣帽间
露台
浴室
如果有不换鞋即可进入的储物间，那将会非常方便
储物间
正门
不承重的墙壁是木制的，所以很薄。在尽量扩展内部空间上动了很多脑筋
厚度为 200mm 的混凝土墙壁
车棚

1层平面俯视图 1层是卧室、浴室等私密空间。虽然采用水泥墙，墙壁结构较厚，但内侧墙采用了较薄的木板材质，以便尽量获得宽敞的空间

我们再看横尾住宅的室内规划。着重观察这些涂黑墙壁的厚度，不同的地方其厚度均有所不同。厚墙是混凝土结构的墙壁。横尾住宅的墙壁是无柱结构。经计算，达到200mm左右厚度的墙壁皆可承重、耐外力冲击。薄墙为厚度30mm左右的木制面板，是不承重的间壁墙。使用薄面板，是出于尽可能扩大内部空间的考虑。

设计图中下层是卧室及浴室等私人空间。上层配有餐厅、厨房和客厅。可以说这就是在密集地区狭小住宅中常运用的宫胁风格之“上层客厅”的空间结构。

二楼的厨房为可通过门的开关实现的半独立型设计，餐厅和客厅构成一体，餐桌、固定的沙发和地坑浑然一体。阳台被打造成为凉亭式，令人感觉舒适，其中一角是为猫咪留出的空间，体现了爱猫的宫胁先生的用心。

横尾住宅的紧凑线

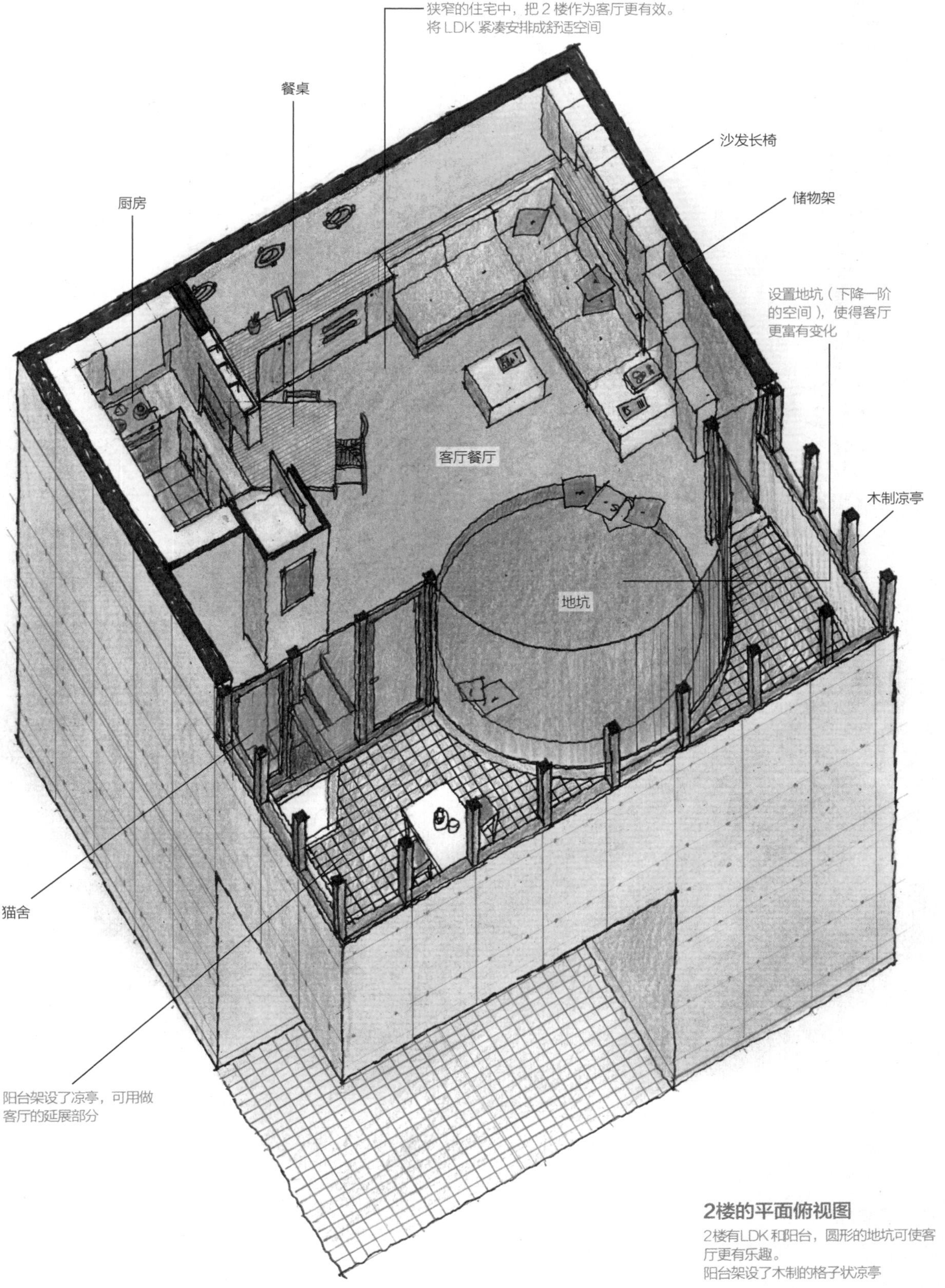

狭窄的住宅中，把2楼作为客厅更有效。
将LDK紧凑安排成舒适空间
餐桌
厨房
沙发长椅
储物架
设置地坑（下降一阶的空间），使得客厅更富有变化
客厅餐厅
木制凉亭
地坑
猫舍
阳台架设了凉亭，可用做客厅的延展部分

2楼的平面俯视图

2楼有LDK和阳台，圆形的地坑可使客厅更有乐趣。
阳台架设了木制的格子状凉亭

3 小型紧凑住宅的储物也足够精细设计

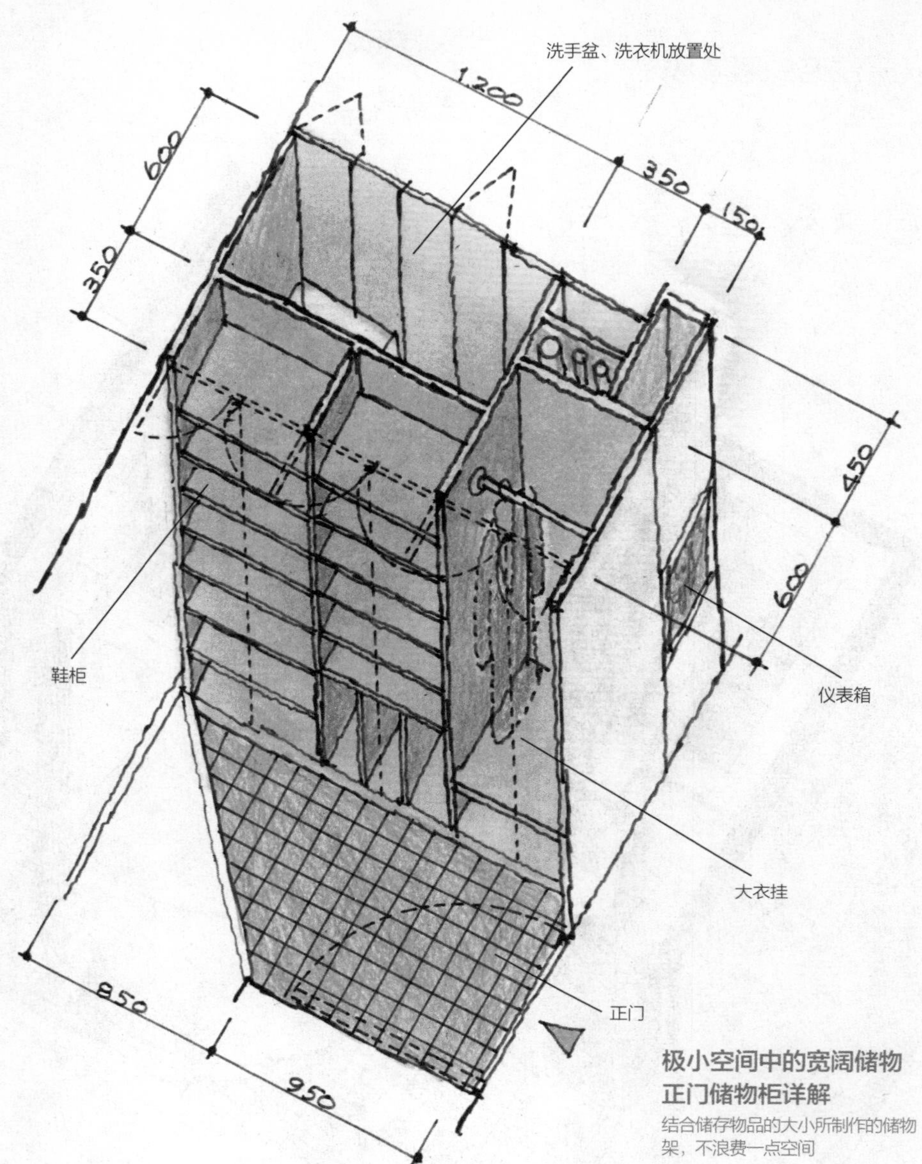

极小空间中的宽阔储物
正门储物柜详解
结合储存物品的大小所制作的储物架，不浪费一点空间

横尾住宅使用很薄的面板作为间壁墙，以获得更宽阔的内部空间，当然如果制作出的空间没有用途则毫无意义。为整理、保管各种物品，必须把现有的、现在需要的和将来需要的各种物品盘点出来，作详细的规划。观察一下横尾住宅的储物间，定好物品储存的位置，以此设计储物架的高度和宽度。正门的鞋柜处，由于夫妇鞋子的大小不变，所以，只要储物的种类和数量定好，就可以算出架子的高度和宽度。 另外，和卧室相邻的步入式衣帽间的储物架，也是根据要保管的衣物的种类先量好尺寸，然后再对架子进行仔细分配的。

有效使用狭小空间的关键就在于事先做好这些缜密的测量，在此基础上才能有详细慎重的设计。固定家具是指对储物架的量身定制。如果购置现成的柜橱，只会制造出一些无用的空间，恐怕无法令业主满意。

易用的横尾住宅的储物家具

一楼的平面图　S=1:200

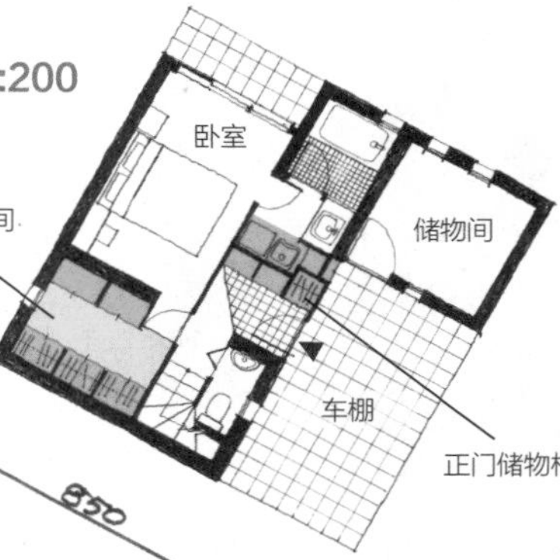

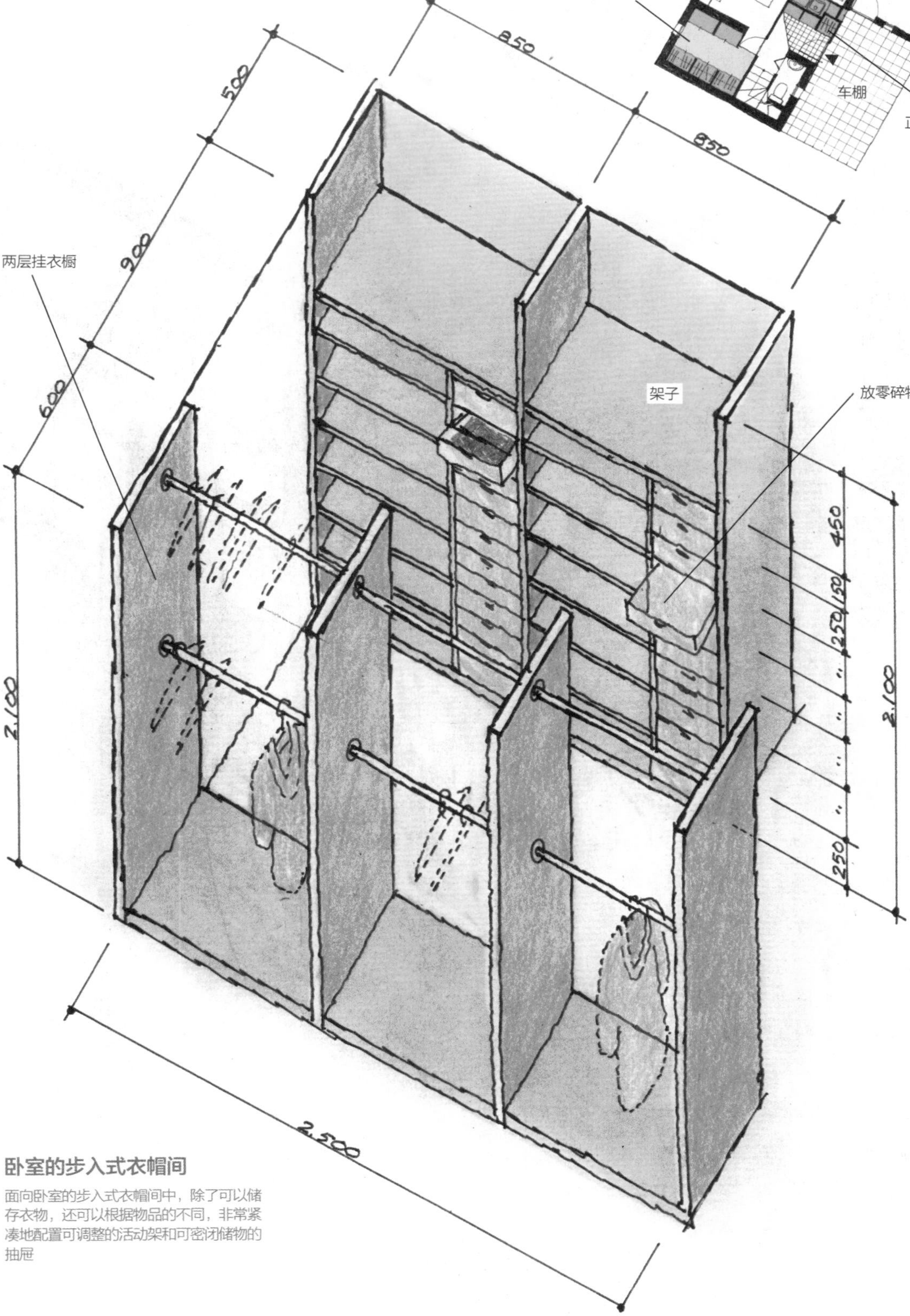

卧室
储物间
步入式衣帽间
车棚
正门储物柜

两层挂衣橱
架子
放零碎物件的抽屉

850
850
500
900
600
2,100
450
150
250
250
2,100
2,500

卧室的步入式衣帽间

面向卧室的步入式衣帽间中，除了可以储存衣物，还可以根据物品的不同，非常紧凑地配置可调整的活动架和可密闭储物的抽屉

4 密集地带的楼房最好将二楼作为生活中心

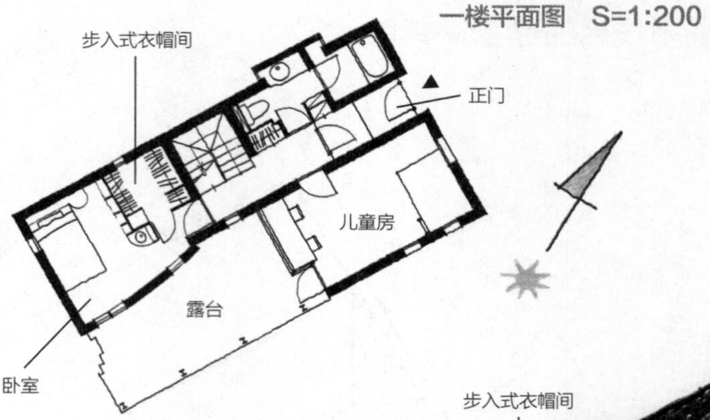

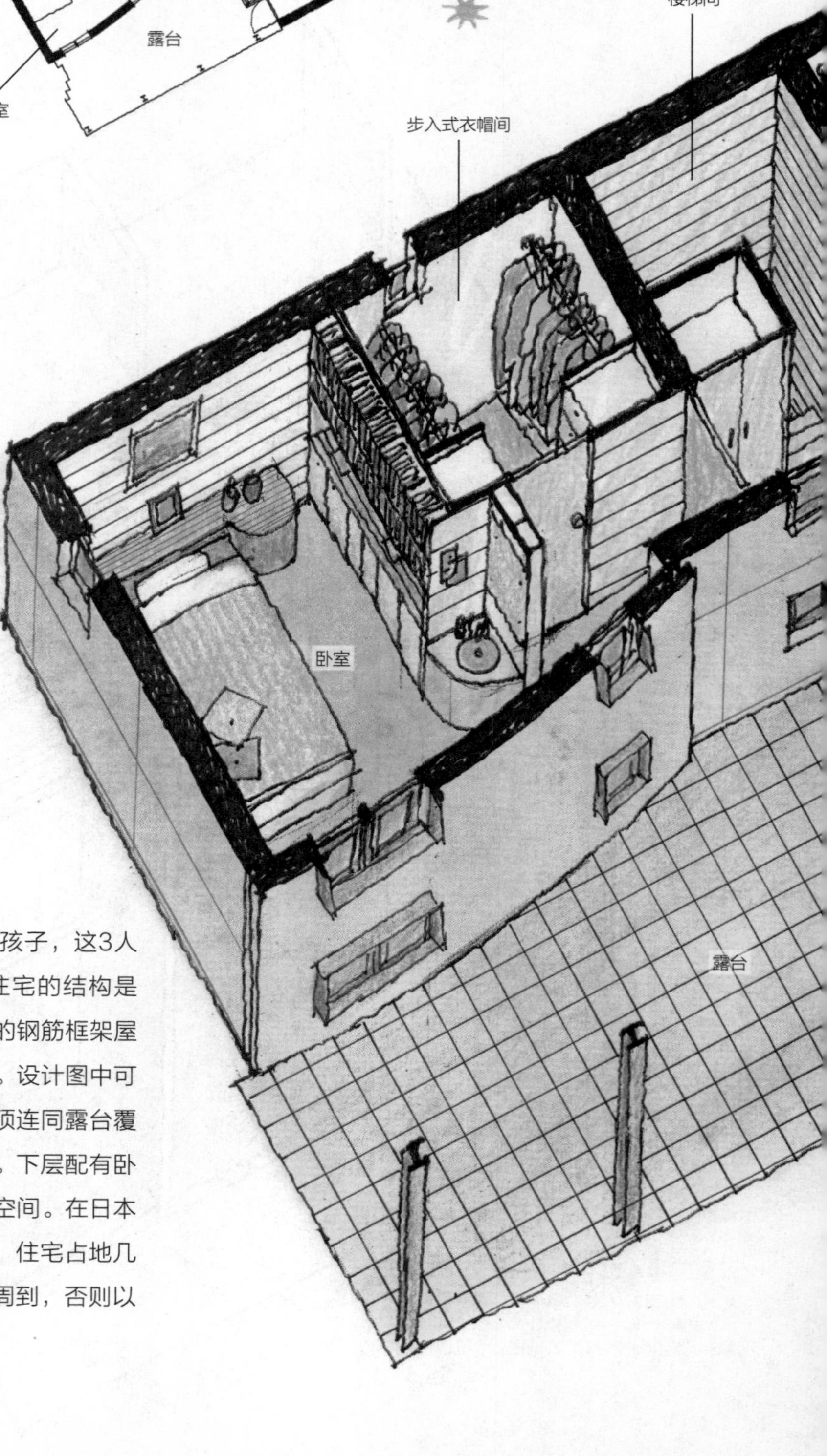

一楼平面图 S=1:200

崔宅中有位当医生的妈妈和两个孩子，这3人构成了一起生活的家庭成员。这栋住宅的结构是一个混凝土的箱子，上面盖有凉棚式的钢筋框架屋顶，屋顶下既有房屋也有竖井式露台。设计图中可以看出，混凝土箱及从它上面直到屋顶连同露台覆盖的钢筋框架凉亭，组成了这个结构。下层配有卧室等私人空间，上层配有LDK等公共空间。在日本相比现在，未来居住环境想必会更糟，住宅占地几乎再无可能。所以设计时一定要想得周到，否则以后会让客户后悔：怎么会这样！

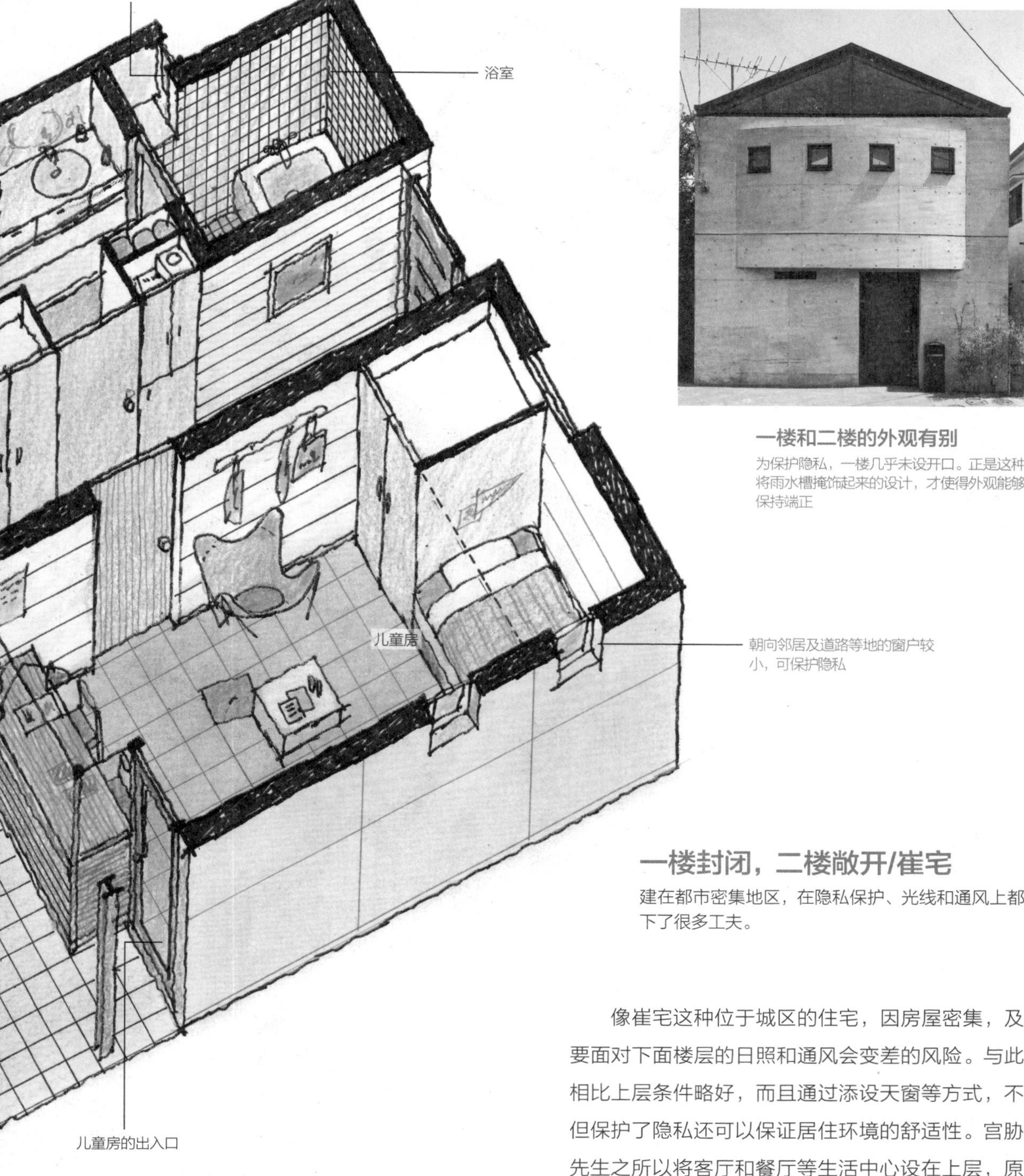

一楼和二楼的外观有别

为保护隐私，一楼几乎未设开口。正是这种将雨水槽掩饰起来的设计，才使得外观能够保持端正

一楼平面俯视图

一楼集合了卧室、浴室等私密空间

一楼封闭，二楼敞开/崔宅

建在都市密集地区，在隐私保护、光线和通风上都下了很多工夫。

像崔宅这种位于城区的住宅，因房屋密集，及要面对下面楼层的日照和通风会变差的风险。与此相比上层条件略好，而且通过添设天窗等方式，不但保护了隐私还可以保证居住环境的舒适性。宫胁先生之所以将客厅和餐厅等生活中心设在上层，原由正在于此。

放眼未来，要保持良好的居住环境，那么将公共空间设在楼上，当是一个有效的方法。

5 客厅餐厅厨房（LDK）是生活的核心部分

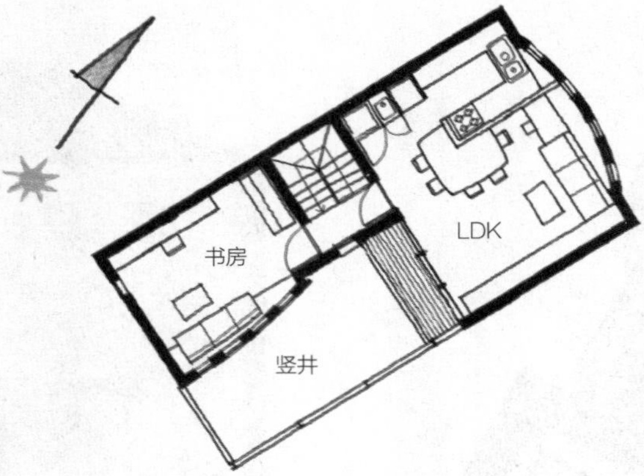

书房

LDK

竖井

二楼平面图　S=1:200

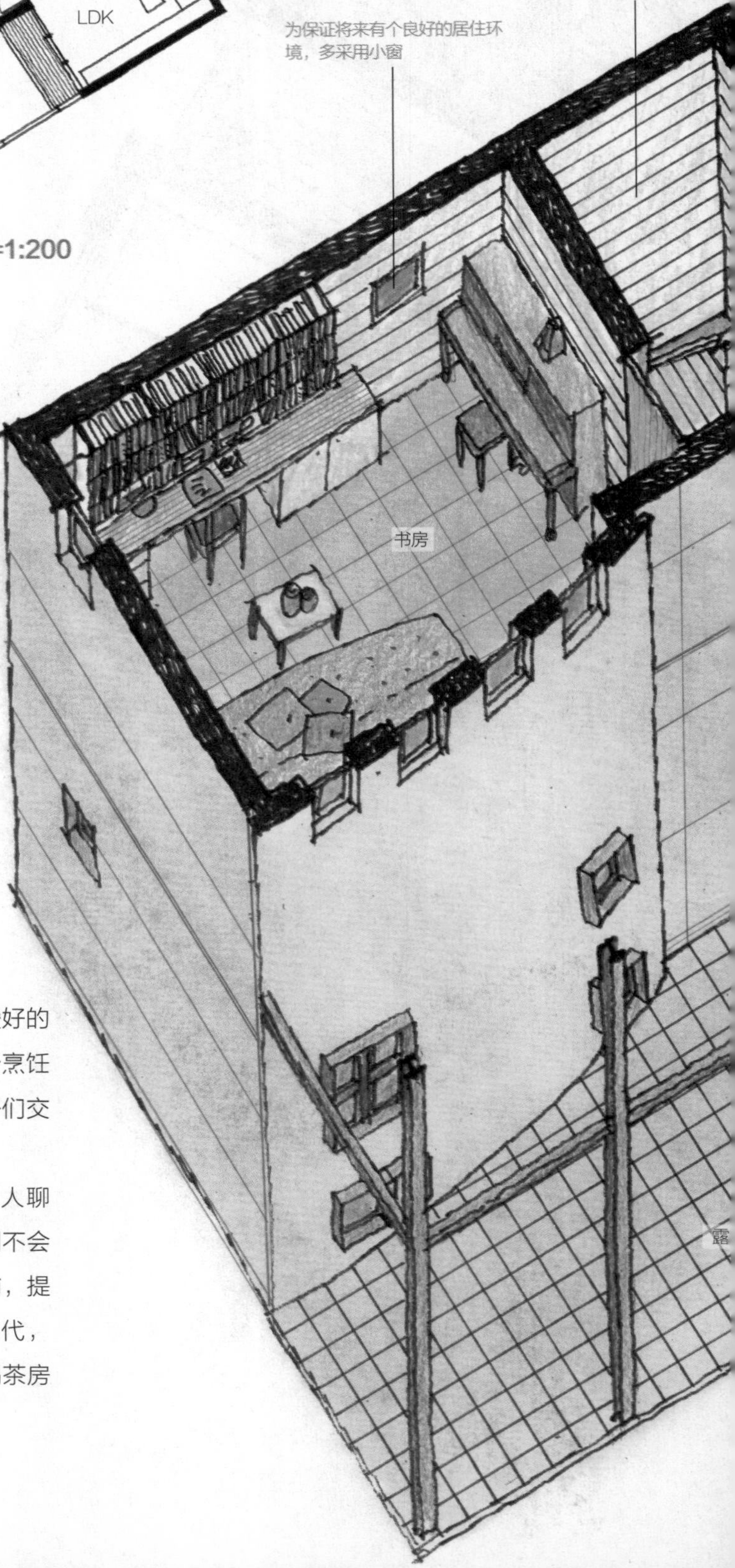

楼梯间

为保证将来有个良好的居住环境，多采用小窗

书房

露

崔宅的二楼有LDK，还有作为妈妈兴趣爱好的书房。该设计图营造出结束一天繁忙工作开始烹饪的妈妈，与在客厅及餐桌边做家庭作业的孩子们交谈的氛围。而且还可以一同享受烹饪的乐趣。

生活空间并不是面积越大越舒适。人和人聊天、共处的这种家庭意识，若彼此距离过远则不会产生，过近则彼此反而会感觉烦躁。回顾从前，提到客厅就想象到“一家团聚”这一词语的年代，可以发现当时的客厅也就是四个半榻榻米的喝茶房间，这种距离最容易拉起话题。

非烟罩的帽盖
（→第124页）

有着恰到好处的距离感的LDK/崔宅

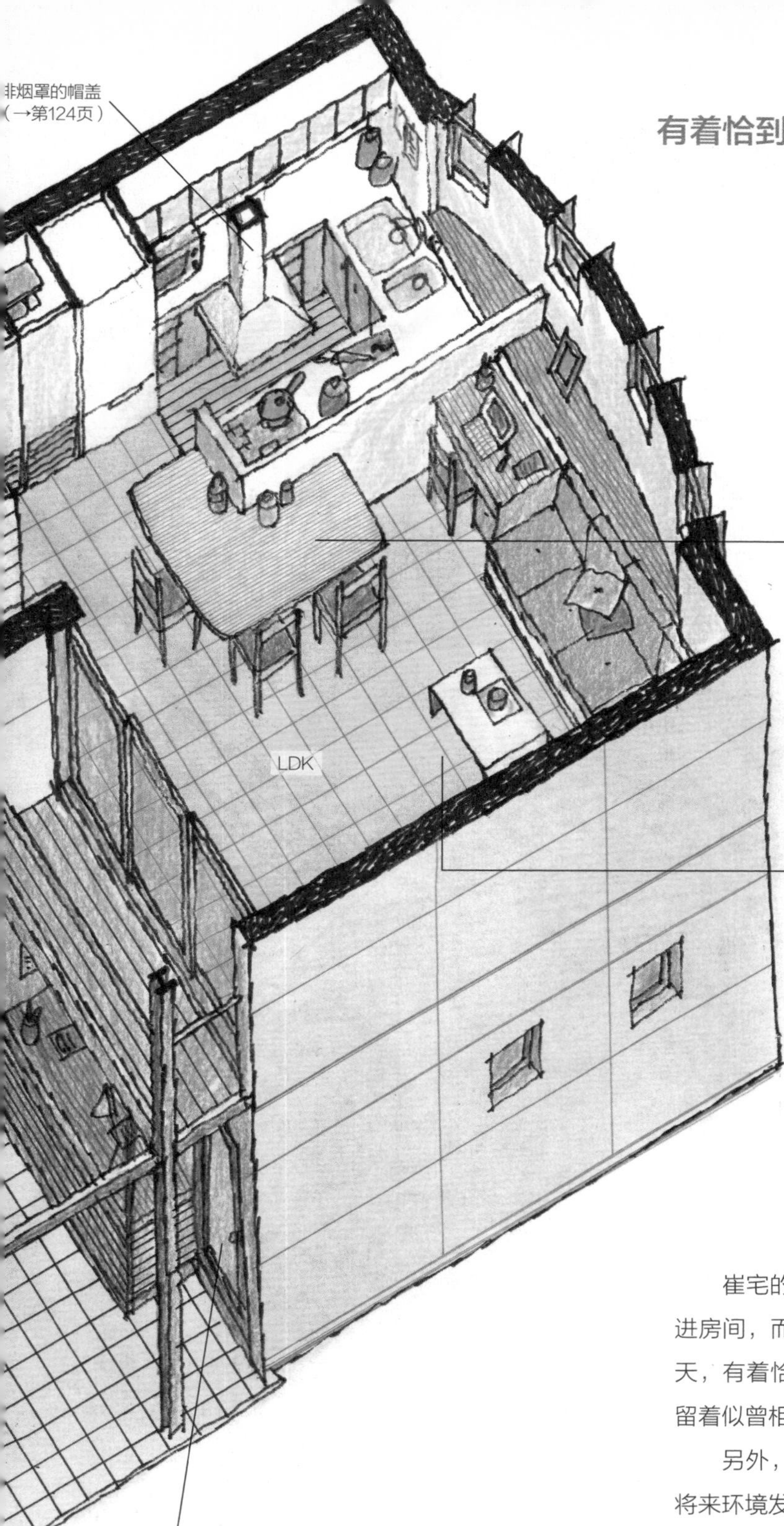

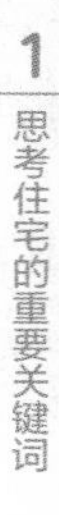

定制的大餐桌，是家庭成员团聚的场所

LDK

紧凑的 LDK 中有各式各样的逗留场所。舒适且又有恰到好处的距离

二楼平面俯视图

二楼有 LDK 和书房 2 个房间。LDK 的中心配有大餐桌，体现出家庭成员具有很强的团聚意识

崔宅的LDK中，小孩子不是饭后立即把自己关进房间，而是歪在近处的沙发上和其他家庭成员聊天，有着恰到好处的距离。略大的固定餐桌，还保留着似曾相识的全家团聚的温暖。

另外，从整体上分出一些小窗。这样是考虑到将来环境发生变化时可少受影响。

儿童房
出入口

6 让光线和空气也动起来

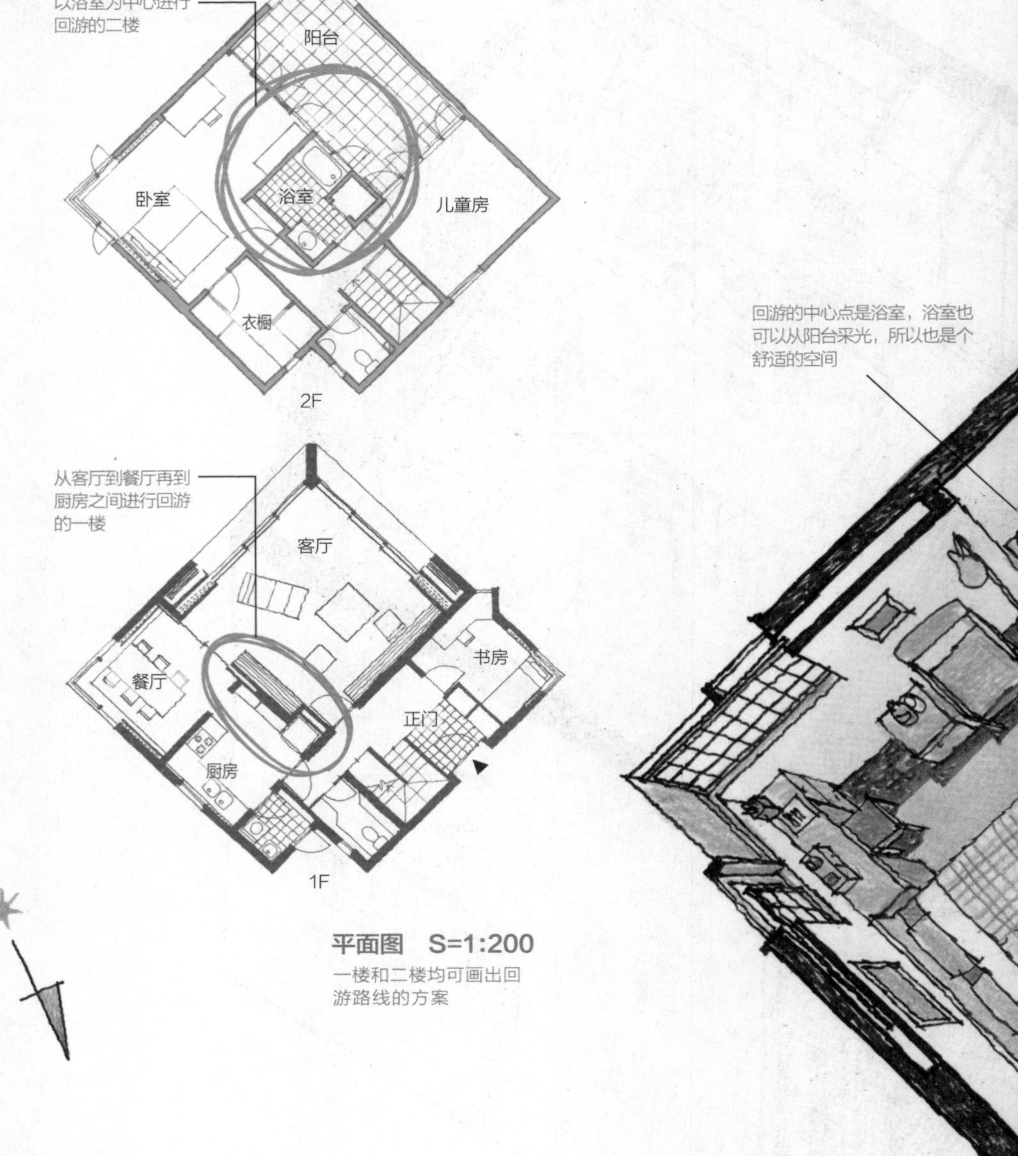

平面图 S=1:200
一楼和二楼均可画出回游路线的方案

该设计为平面结构，据说，能在家里随意转来转去的设计更易于居住。日常生活中可采用的活动路线有很多，加上人们各有去往的方向，本来人和人之间就不易碰头，所以各式各样的通道会给生活带来很多变化。设计图中的这种转来转去的圈圈能画出多少，生活的快乐就能多出几分。简而言之，要走到相反一侧的尽头，如果左转或右转都可以到达，那么就可以有两种体验。甚至还有那些不具备意识的光和风，也会随着季节的变化，沿着这些丰富多样的活动路线把明亮和通风送到最里面。同时，生活的气氛也在旋转，所以，可以经常感知家庭成员的意识，共享同样的心情。

这栋木村住宅的活动路线并没有达到可以画出许多条的程度，但确有一个中心部分，可以此为中心回游。此处这个平面俯视图中，二楼可以浴室为中心回游，一楼则可以厨房的一部分为中心回游。

一路畅通无阻/木村住宅

如二楼的平面俯视图所示，此设计是以中央浴室为中心回游的方案。
阳台为卧室、浴室、儿童房的采光及通风发挥着作用。

大阳台不但保护了隐私，还可为各房间导入光亮

阳台

浴室

儿童房

楼梯间

衣橱

2楼平面俯视图

7 定义模糊的空间 能丰富人的生活

通过轮廓造出箱子

架在阳台上的木制凉亭框架，无论是挂上帘子，还是爬满垂吊型植物，均可起到遮光和保护隐私的作用

很多人顽固地认为外部空间不可使用，仅将内部视做生活空间。屋外冬寒夏热，还要下雨等，其环境在很大程度上受季节及气候的左右。而屋内环境稳定，睡觉的地方和存放东西的地方都有，确实用起来没有问题。

但是，人若只是一成不变地重复着日常生活，厌倦就会找上门。所以要经常赋予日常生活一些变化，要去体会这些变化。无论是想在屋外享受一下烧烤的快乐，还是想体验一把露天洗浴的感觉，充分利用好外部空间，是满足这些欲望的捷径。此外，阳台和露台空间还可以起到缓冲天气影响的作用。可用垂帘遮挡视线，以防止日光直射；还可让植物爬上凉亭，营造出背阴效果，并欣赏该季节美丽的花朵。

横尾住宅一楼的遮雨檐营造出背阴效果，二楼的凉亭让人意识到它是一个半室外的空间，同时还呈现出一个箱子状的房子。

曲线营造出的中间区域/横尾住宅

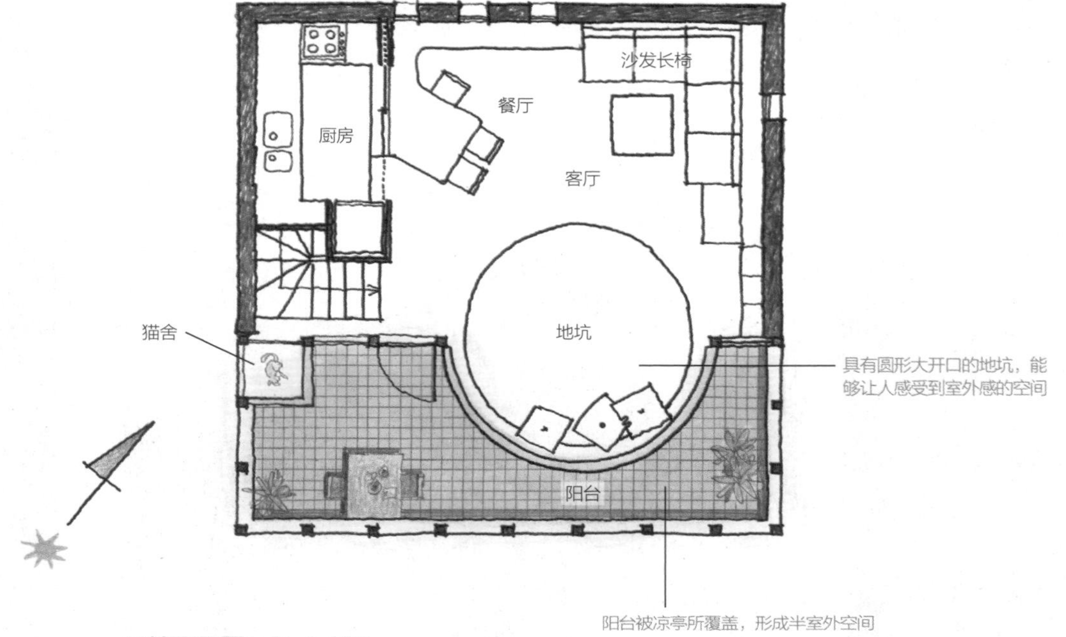

沙发长椅
餐厅
厨房
客厅
猫舍
地坑
具有圆形大开口的地坑，能够让人感受到室外感的空间
阳台
阳台被凉亭所覆盖，形成半室外空间

二楼平面图　S=1:100

突出到阳台的半圆形地坑，有着如同室外般的氛围

圆形地坑和阳台的构造

二楼阳台，左侧为圆形地坑

8 享受『不方便』的放松心境

二楼阳台的绿植和凉亭。凉亭上挂苇帘等物品，在保护隐私的同时，还有将外部空间室内化、增补狭窄空间的功能

节能观念逐步深入人心，不失为好事一桩。使用空调的前提是住宅要具有高气密性和高隔热性能，为此必须使用高价位的建材，从而造成建设费用又有增加。而且这种建材在制造过程中会大量消耗能源。换个角度看会发现，本想建造一所节能住宅，结果反而为此消耗了更多能源。

对能源依赖到不能自拔的生活也确实舒适，但仅有舒适就代表全部吗？在日本曾经的生活中，即便承受着不便，但也享受着不便，那时人们的心情是更为放松的。

从佐川住宅的设计中，可以看出这种思维的表达。如照片所示，若在二楼的凉亭挂上帘子，那么即使打开窗子，来自外部的视线也会被遮挡住。这样就可充分保证通风性和采光性。而现代住宅中窗帘紧闭、室内照明耀眼、房间里冷气开足，这不应该是人们度过夏天的方法。

几何学营造出的舒适佐川住宅

由四分之一圆形的二楼和正方形的一楼部分构成。其特点是，设在二楼的圆形天窗和设在阳台的顶灯帘子等，保证了良好的采光和通风。

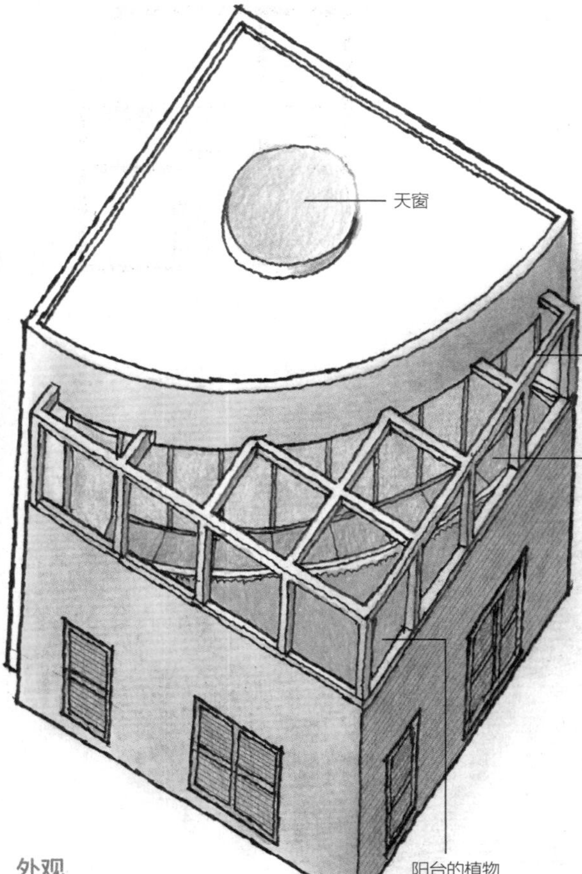

天窗
凉亭
天窗
阳台的植物

外观

通过有效的窗口设计，建造出采光、通风俱佳的住宅，也是一种节能方式

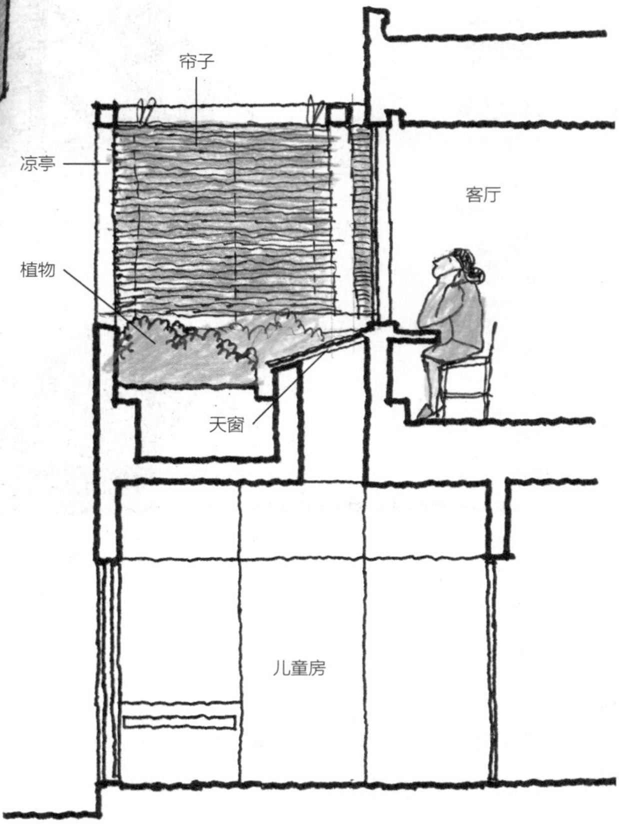

帘子
凉亭
客厅
植物
天窗
儿童房

截面图　S=1:60

阳台部分，由将光线导入一楼的天窗和经过修剪的低矮植物构成，通过凉亭垂帘的方式，可以保护隐私，还可以将阳台空间看做室内的延伸，体会与室内一体的感觉

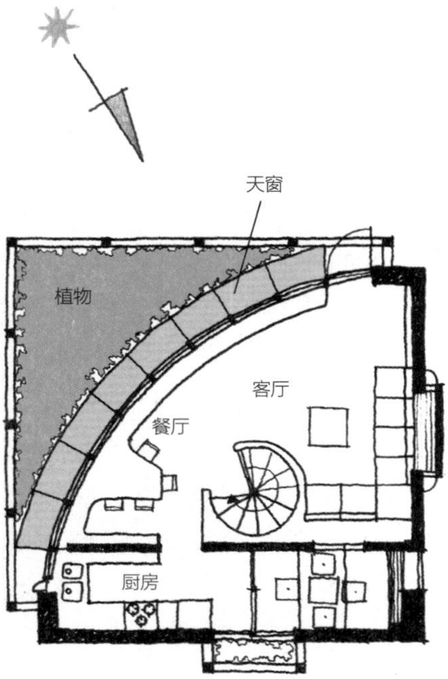

天窗
植物
客厅
餐厅
厨房

二楼平面图　S=1:150

因南侧设有较大的开口，所以也要考虑遮光的方法

为行人提供避雨空间等便利

向街开放/横尾住宅

将箱体的一部分凹进去而产生的空间，可以兼做车棚和正门的引道。对路过的行人来说，这也是一个在酷暑时小憩或是突发降雨时避雨的空间。

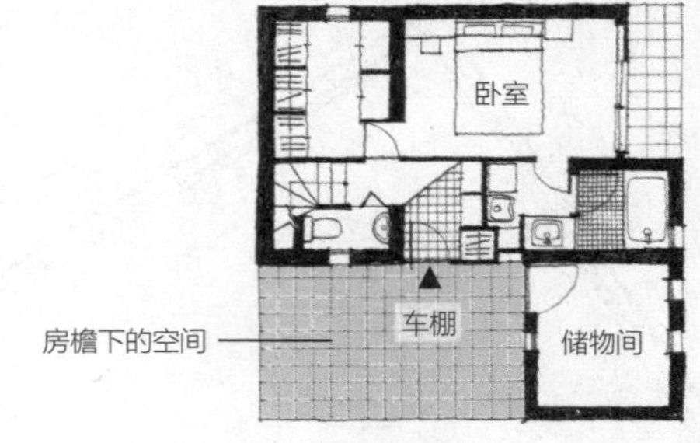

一楼平面图　S=1:200

外观

从箱体上凹进去的这部分正门和车棚的空间，为街道发挥了积极作用

现在的街道上，常可听到这样的声音：街道对过往的行人没以前那么友善了。随着城市化的发展，人们的交流在减少，随着地价上升而来的是宅地变得更小，这些问题叠加起来，无论是心理上还是空间上，都使得人们对他人友善的胸襟从街道上逐渐消失了。

住宅狭小，如果不能在所占的地面上建满建筑，则无法满足住宅应有的要求。从防盗及隐私角度考虑不得不设置围墙。这种情况下，横尾住宅和船桥住宅的外观，可以说是为街道建设提供了一个新思路。这两家的外观都是封闭的，但右图的船桥住宅是将建筑物的一部分切去作为通往正门的道路，而上图的横尾住宅则制造出了一个兼做车棚的房檐空间，缓和了街道的压迫感，为过往的路人提供了方便，例如可以作为避雨空间。

住宅虽是个人所有，但为共同建设一个氛围良好的街道，还是希望能够多行善举，替行走在烈日下的路人考虑，为他们提供阴凉；或者替突遇大雨的人考虑，为他们提供避雨场所。

将楼下凹入的部分用做交流场所/船桥住宅

在没有人行道的路上，步行者无法安心走路，此时，建筑物凹进去所形成的空间，就能为站着聊天或躲避车辆的人提供场所。

一楼平面图
S=1:200

卧室
老人房
储物间
通往正门的道路
房檐下空间

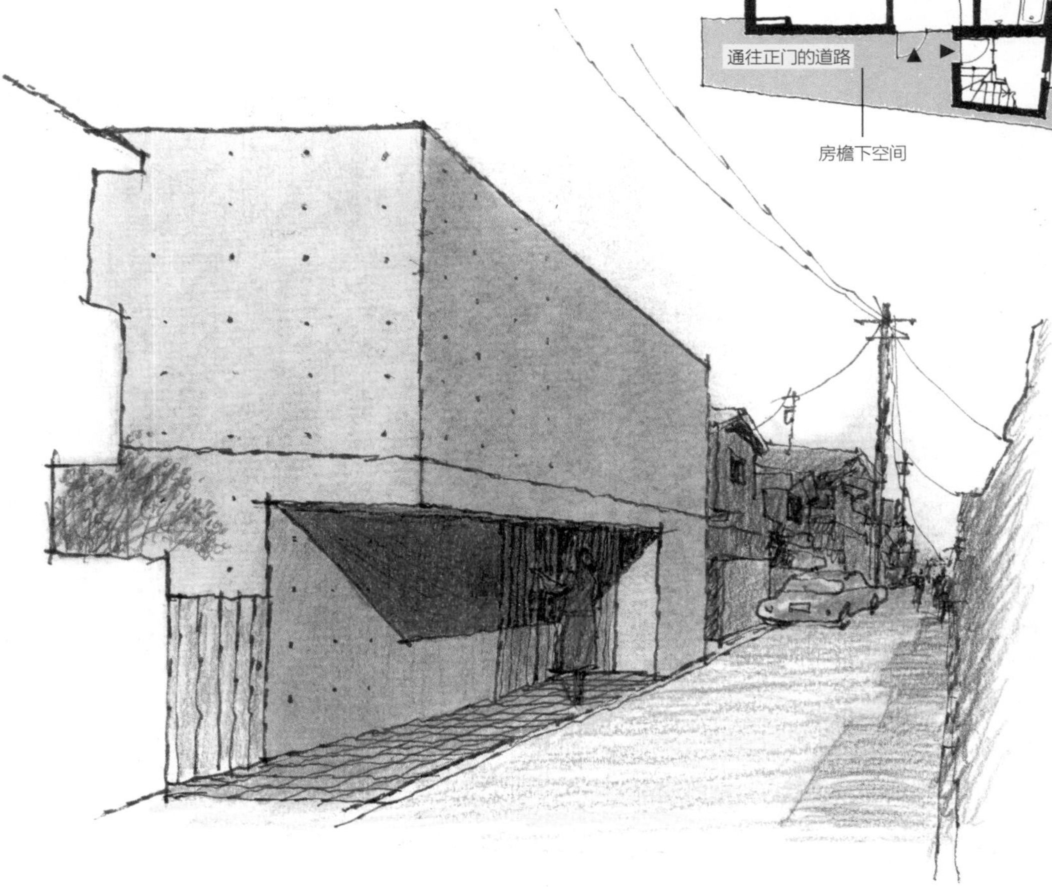

从道路上看到的外观　在狭窄的道路上，房檐下的空间显得很有意义

房檐下空间的使用方法

避雨

避暑

站着聊天

10 以广场为中心的休息空间

一幢房即成一条街/广场房

其特点是由大小不同的4个箱体和广场（木甲板平台）所构成。考虑到这栋别墅主要作为疗养场所，许多地方都在打造非日常空间方面下足了工夫。

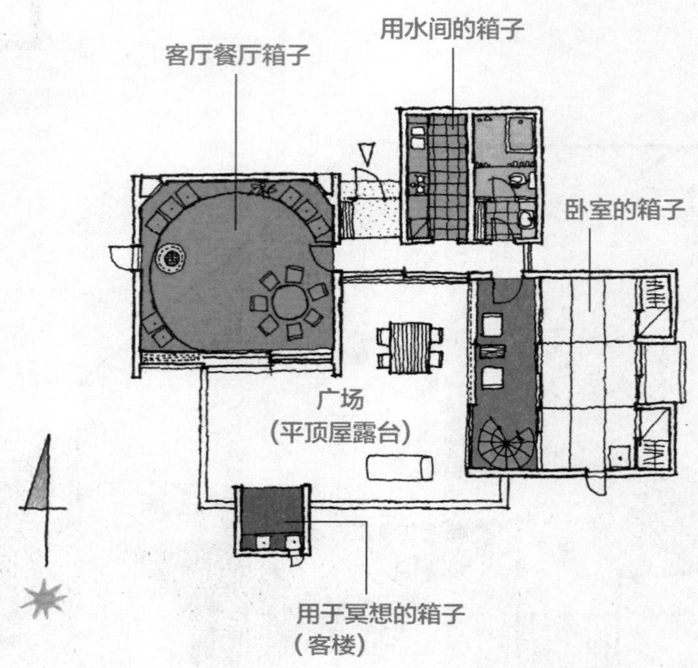

一楼平面图　S=1:200

用途各不相同的4个箱子，构成了将广场围住的格局

广场房的环境

广场房建在箱根的杉树林中。朝向不同方向的4个箱子围出一个被看做广场的平顶屋露台。面前的小箱子起到收束广场空间的作用

正空间和负空间

这个被称做广场房的别墅，是一个由大小不同的4个箱体和广场（平顶屋露台）构成的建筑。设计整体体现出中世纪形成的锡耶纳与阿西西这两个意大利城市的风格。爱好旅游的宫胁先生被这种城市景观所吸引，曾多次造访。意大利的城市由高密度的建筑（正空间）和将这些建筑连接起来的道路和广场（负空间）有机地构成，与结构虽然合理但靠人工建设起来的无机近代城市相比，形成鲜明对照的美感。

广场房的箱子相当于正空间，广场相当于负空间。而且二者的功能具有同等价值。4个箱子分别为客厅餐厅、用水间、卧室，以及一个用于冥想的小空间。

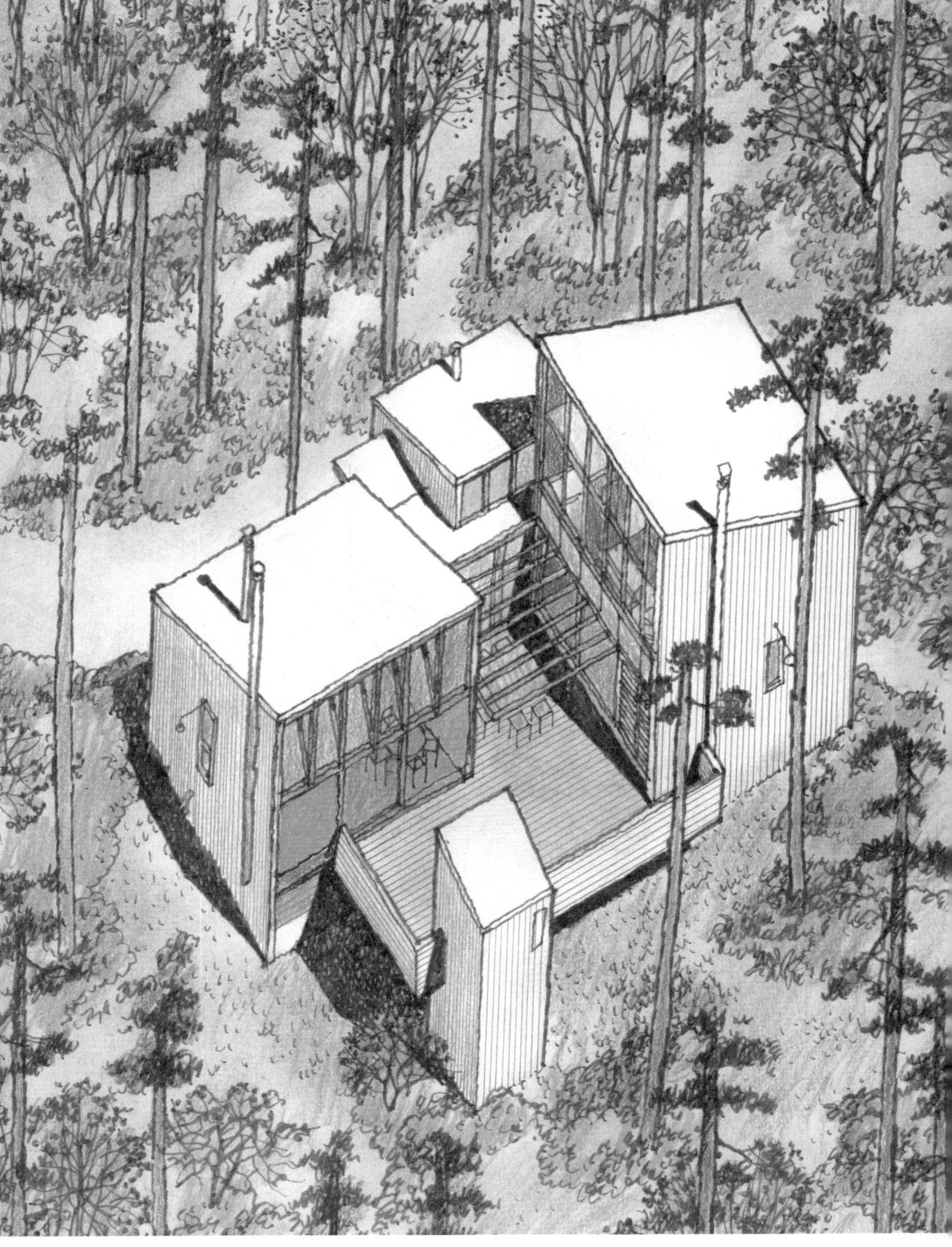

11 色彩斑斓的非日常空间

俯视图

由大小不同的 4 个箱子和广场构成的建筑，一目了然，内外部有各种不同的空间，久居不厌

这栋广场房是兼做艺能制作公司疗养设施的一栋别墅。别墅的存在意义在于可以体验日常所不能经历的生活。如果只是将具备日常的功能性和便利性的高层住宅建在山上或者海边，且同日常生活方式相同，仅是换个场所而已，人们会很快厌倦。享受自然和不便的非日常生活，人们身心皆可放松，这种建筑就叫做别墅。

最能代表这种广场别墅的非日常性，应该是其内部装饰的色彩吧。如图中所示的4个箱子的内部装饰，是相应于色相环的色彩次序着色的。于日常生活而言，这种颜色安排显得张扬又不踏实，这个让人坐立不安的内部装饰却意外地具有刺激性，反而会令人感觉舒服。宫胁先生在市区建筑的外墙涂刷了艳丽的色彩，而别墅则是在内部使用了很强的颜色。这也是出于和自然保持协调的考虑，需要和外部形成对比。

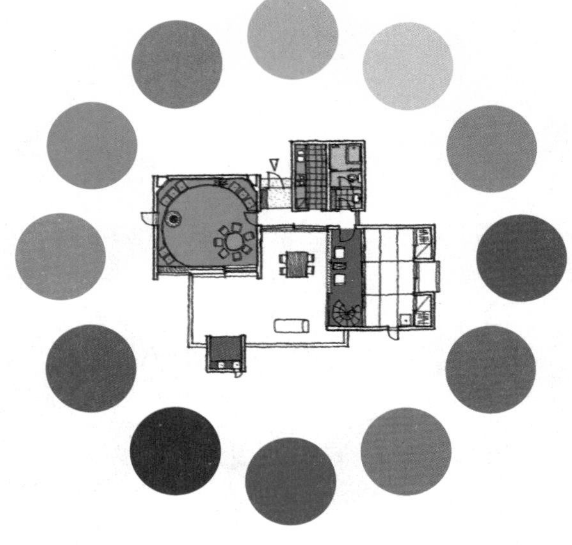

色相环和广场房室内装饰色彩的关系

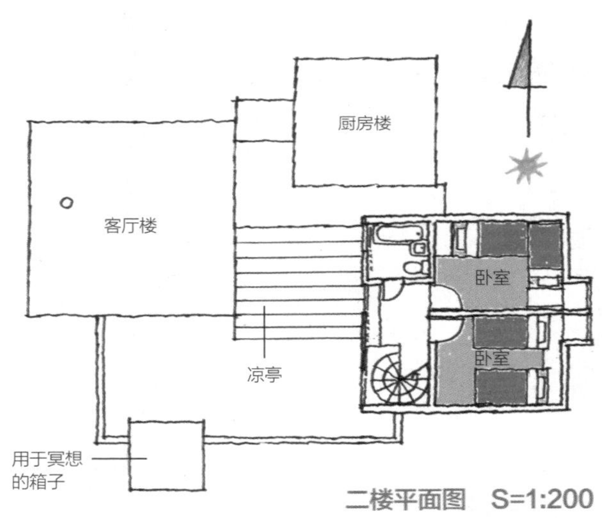

二楼平面图　S=1:200

二楼的内部装饰色彩也和一楼相同，均为模仿色相环

广场是人和自然的交叉点

走在意大利围墙建起的城市中，会遇到很多有魅力的广场。走在路上时的闭塞感，及来到广场时的解放感，还有进入复杂路况时不知自己身处何方的迷茫感，无不妙趣横生。不仅如此，广场上有集市、仪式，还有美丽的阳伞相连的咖啡吧。这样就使得广场成了具备各式用途的公共空间。这栋用做别墅的广场（平顶屋露台）也一样，设计成了具有多种用途的空间。

广场凹陷的空间放上桌子，可体会在大自然中用餐的乐趣。而从客厅看这个广场，又成为了客厅的延伸空间。客厅前有个小箱子，可用于读书或冥想。从这个小箱子又可以窥探到客厅里的情形，这也许是个饶有兴趣的经验。为什么呢？因为许多建筑物，当一个人身处某单间时，是看不到客厅内人们的身影的。

12

露台为生活赋予变化

关上安装在垂墙上的吊窗，则更能感觉到露台属于室内
凉亭的木制遮阳格栅也对半屋外空间的构成起到配合作用
日式房
露台
露台的地面用瓷砖装饰得很美

外部空间可以很好地与自然互动

用于居住的空间大体分为三个，即外部空间、内部空间，还有一个无论从哪个角度看都可以算做中间区域的半外部空间。然而，什么程度可算做是“半”呢？我们无法给出明确的界定，所以空间种类不单是三个，而是无数个、无限个。无论如何，我们的生活几乎都是在室内度过，像院子这样的外部空间，虽说不是没有它就活不下去，但的确可以让生活更丰富多彩。从花草树木中学到自然的规律，从绽放的花朵中体味情感，这些都是人之所以成长为人所必要的经验。我们还可以饲养动物，于是懂得珍爱生命，以及与小生命沟通心灵。外部空间就是这样的存在。

将外部空间放入内部/吉见住宅

半室外空间的露台独具魅力。
L字形围绕着四周的墙壁，装上折门，
能让人感觉这里也是室内的空间。

享受半露天的生活态度

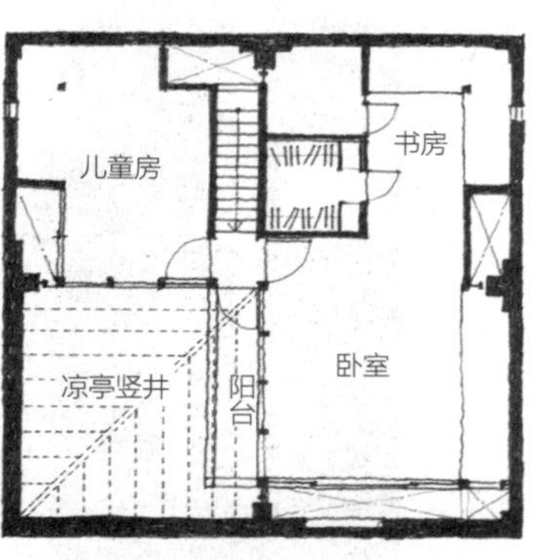

二楼平面图　S=1:200

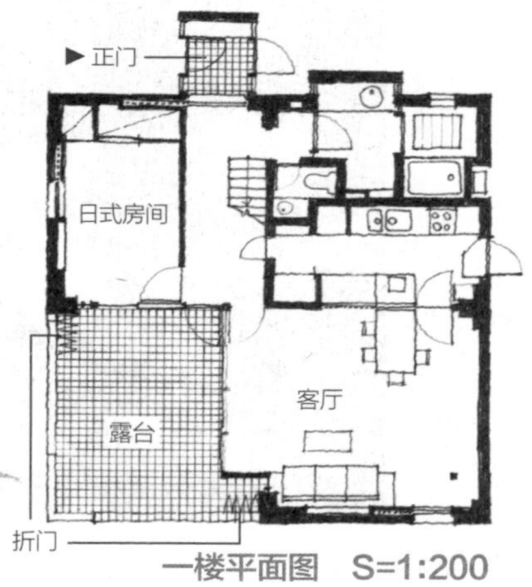

一楼平面图　S=1:200

露台通过安装折门，设计得更加室内化。露台为生活带来变化

享受非日常性的快乐

为日常生活带来变化的多是外部空间及中间区域。倘若每天延续相同的生活，那么有时会感觉单调和无聊。随着我们的居住生活变得西化，以及用餐、就寝、待客、团聚等功能的划分，房间的用途也逐渐有了限定，但这也导致了千篇一律。能给这样的日常生活带来变化的，即图中所示吉见住宅中的露台及阳台这样的半室外空间。将日常的餐厅及书房搬到露台，会给人带来崭新的心情。而且，大家一起摆放餐桌，准备就餐，还可以加深家庭成员的亲密关系。

吉见住宅的露台是将外部空间和内部空间恰到好处地融为一体的中间区域。从露台的地面立起的腰墙、竖井上方环绕的混凝土垂墙、替代屋顶架设的凉亭，这些墙和凉亭对空间向上方无限拔高起到了一定的抑制作用，是制造出一个踏实稳定空间的关键所在。此外，为了御寒还可以为墙壁安装上折叠窗。

从吉见住宅的露台可以看出客户对在日常生活中享受半屋外生活的态度。

13 封闭的阳台透过光线和空气，但却保障了私密性

二楼阳台 这栋住宅最具魅力之处就是半室外空间的露台。通过围在墙外的L形露台墙，再装上折门，就可以将露天空间变为室内空间。

虽说是半外部空间，但从“基本上可称做外部空间”到“具有很强的内部空间性质”，期间的过渡存在着无限可能。照片中木村住宅二楼的阳台可谓是无限接近室内的、私密性很高的半外部空间。阳台用高墙围起，在顶上搭建凉亭，凉亭结构是建筑屋顶的延续。如果把凉亭部分换成房顶，阳台立刻就能变成室内空间。

在二楼设计阳台的意义，主要在于采光和通风。充满光和风的阳台，可晾晒衣物、可搞业余爱好，还可以运动健身。放上盆栽花草，再支起小桌子，就是一个享受茶饮时间的空间。

从平面图中可以看到阳台面对卧室、儿童房和浴室。这3个房间通过阳台连接起来，互不侵犯隐私。所以，从各自的房间看阳台时，都像是各房间的专用阳台。

半室外空间，可品茶/木村住宅

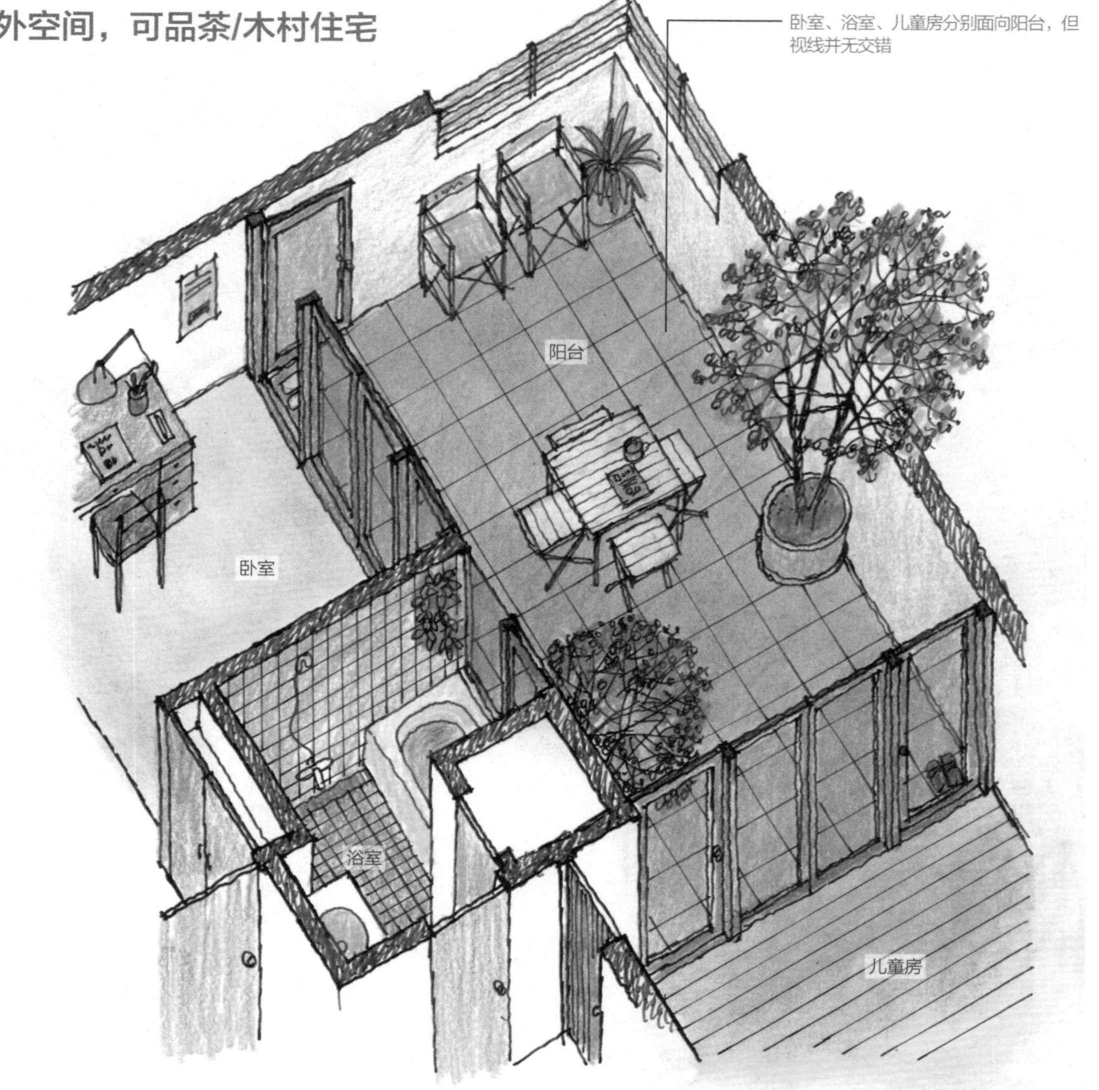
卧室、浴室、儿童房分别面向阳台，但视线并无交错
阳台
卧室
浴室
儿童房

二楼阳台俯视图

上部开放，而阳台被两个方向的墙壁围起来，比较封闭。但这个空间反而让人有种室内空间般的沉稳感

3 个房间面向阳台，使各房间都具有开放感

阳台

卧室

儿童房

浴室

二楼平面图　S=1:200

融入自然元素的建筑设计方案

房子的形状自由即可 石津别墅（莫比迪克）

酷似鲸鱼的外观自不必说，同时，眺望楼、嵌入结构等空间的用法，令其成为了不起的名作。

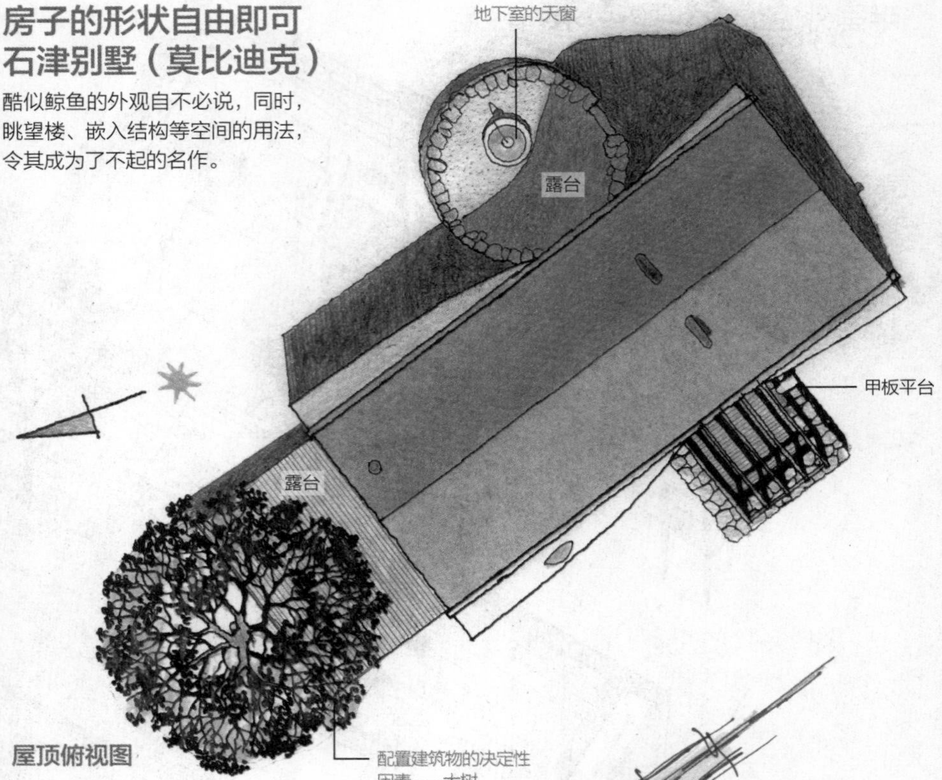

地下室的天窗

露台

甲板平台

露台

配置建筑物的决定性因素——大树

屋顶俯视图

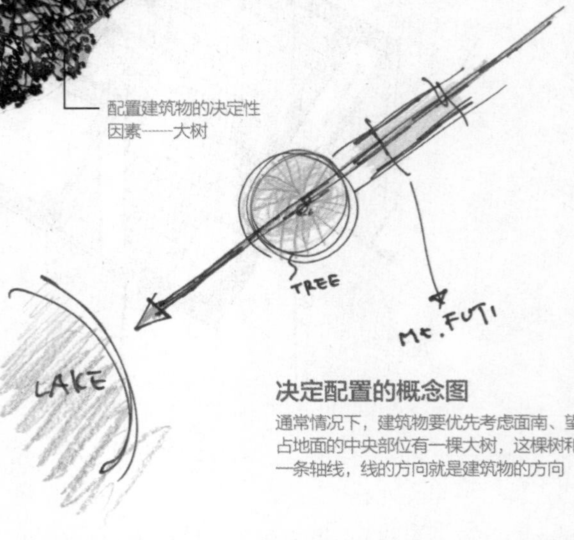

TREE

Mt. FUJI

LAKE

决定配置的概念图

通常情况下，建筑物要优先考虑面南、望湖。所占地面的中央部位有一棵大树，这棵树和湖连成一条轴线，线的方向就是建筑物的方向

顺应环境

山中湖畔自然元素丰富，能看见天下名峰富士山，所以此地作为别墅区很有名气。石津别墅（莫比迪克）被设计为山中湖附近的北向斜面造型。

宅基地的周围被适度的杂木林覆盖，具备了建造别墅所必须的设计条件。在该宅基地上能看到什么，对建筑来说是最重要的。其后的工程设计会受此影响，而竣工后的建筑物也会迥异。

首先，看到这块宅基地应该考虑的是新建建筑物的位置和方向。如果是个别墅，设计在什么位置能看到最美丽的景色？能不能在不砍树、不破坏景观的前提下来建造？要从公路上来修引道，还必须要考虑日照、通风等。

宫胁先生首先注意到一棵古树，他计划用其来构成景观的一部分，再通过朝向湖面的透景线定出建筑物的轴线。

外观图 被杂木林包围的山中湖别墅。站在露台处，左前方即可看见湖

15 鲸鱼形状有其独特的意义

构架很重要 石津别墅（莫比迪克）

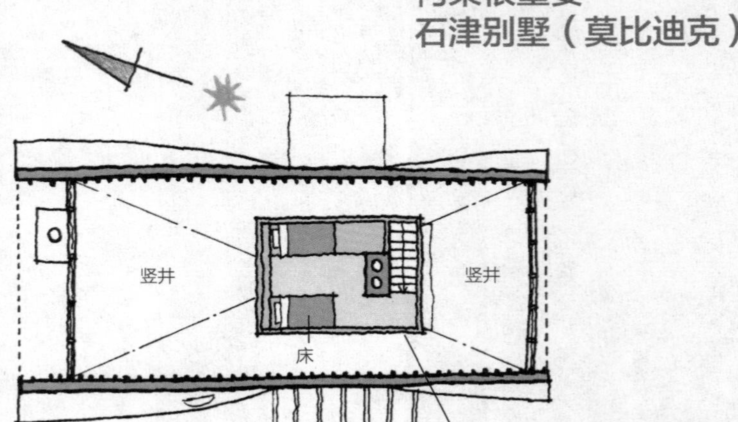

平面图　S=1:200

石津别墅也叫“莫比迪克”。由于外观让人联想到鲸鱼，所以就根据赫尔曼·梅尔维尔（Herman Melrille）的长篇小说《白鲸》命名，竣工后在杂志上发表即使用该名称。

第72页的照片中所展示的是影响建筑物定位和方向的古树，以及从露台所看见的美丽风景。若为欣赏如此美景，开上几个小时的车都划得来。

再重新审视这个平面形态及立面外观，发现这的确是个外形奇特的建筑物，但是该形状并不是依据鲸鱼的外形建造出来的。

如果强烈地意识到轴线的存在，自然而然地会设计出细长的形状。宫胁先生要建造的，是加在建筑物中央的眺望楼。为使这个眺望楼的空间更大，必须采用无立柱支撑的无柱结构。这样考虑出来的结果就是无脊梁的垂木结构。而且由于中央的眺望楼上要站人，所以屋顶以柔缓的曲线推高。

该屋顶用了许多垂直的木条排列成曲面（该曲面叫做HP壳），但施工时遇到了各式各样的难题。例如一根根的木条截面和上弦杆的组合角度不同，须将苫背板做成曲面。施工时下了不少工夫，

HP壳结构

将直线材料均等排列，利用或扭曲或拧弯3次的曲面，制作出达到建筑强度要求的结构。石津别墅为直线材的垂木结构，屋顶形成三元曲面。

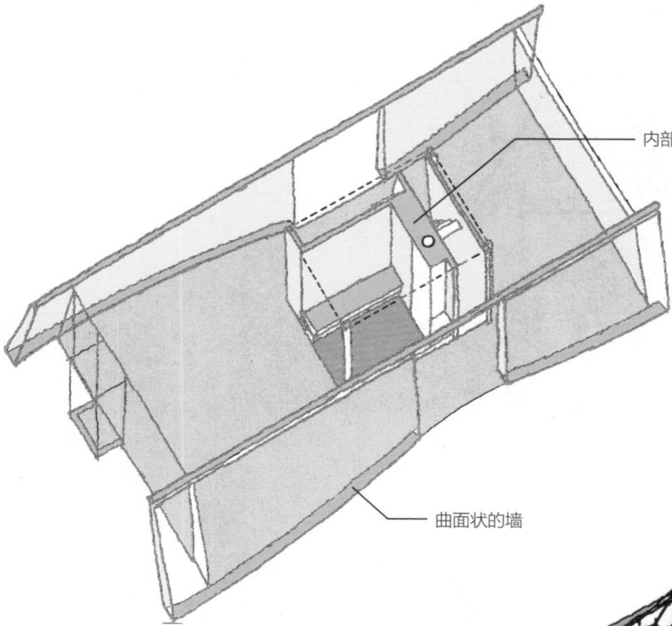

内部的眺望楼

曲面状的墙

眺望楼和墙壁的结构图

内部的眺望楼和结构体完全分离

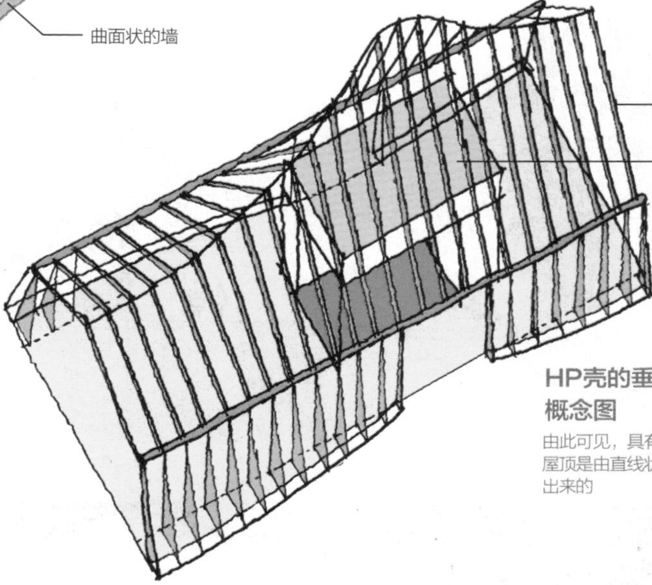

垂木

内部的眺望楼

HP壳的垂木构造概念图

由此可见，具有复杂曲面的屋顶是由直线状的垂木构造出来的

比如将多张三合板重叠成平滑的曲面等，通过各种做工上的创意，克服了一个个难题。

这样建造出来的形态，偶然发现其形状很像鲸鱼，所以就以此为建筑物命名。

鲸鱼形外观给人留下深刻的印象

横截面图　S=1:150　地下有卫生间、浴室和客房

纵截面图　S=1:150　内部的眺望楼和屋顶完全分离

从露台向外看。目光延展到树木平顶屋，使空间和自然浑然一体

16 套式结构的一间房（Oneroom）

家中的舞台/石津别墅（莫比迪克）

照明
床
烟囱
沙发长椅
楼梯
暖炉
地坑

眺望楼整体图

独立的眺望楼，上方是床

套式结构和中核结构

相比平面的中核结构，套式结构可形成立体的空间

core

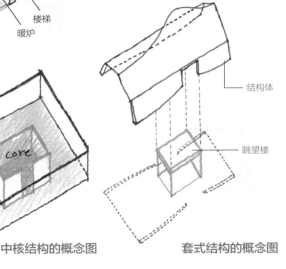

中核结构的概念图

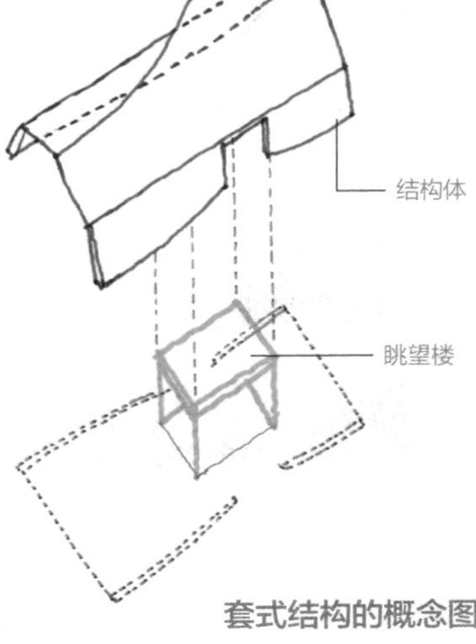

套式结构的概念图

套式结构是指用大一圈的箱体将一个建筑包围而成的结构。用这种方法做规划易于做出自由回转的设计，其优点在于可以明确地表现出应该形成的中心，即核心。

住宅的“核心结构”也采用了与此相似的套式结构，但相对于只在平面中心部分设计一个核心结构这一平面概念，“套式结构”则是立体的、多层的空间结构，而不是平面的、二维的。

“莫比迪克”的外侧建筑（外壁及屋顶）和构成中心的眺望楼没有任何接触，形成真正的“套式结构”。从第70页和72页的平面图和截面图中可见，以眺望楼为中心，无论其周围还是上部，都通过一个立体的空间连接。因套式结构的空间不被墙壁分割，所以不但保证了可自由转来转去的宽广度，还建造出了多个舒适、沉稳的空间。在眺望楼的上方摆上床，会因其独特的浮游感和类似胎儿在妈妈体内的环境而令人平静。

17 石津别墅是如何建成的

STEP 1 轴线

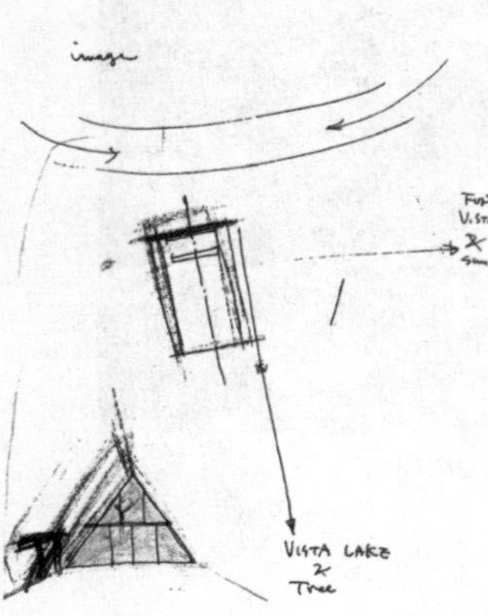

根据宅基地定出建筑物的位置和方向

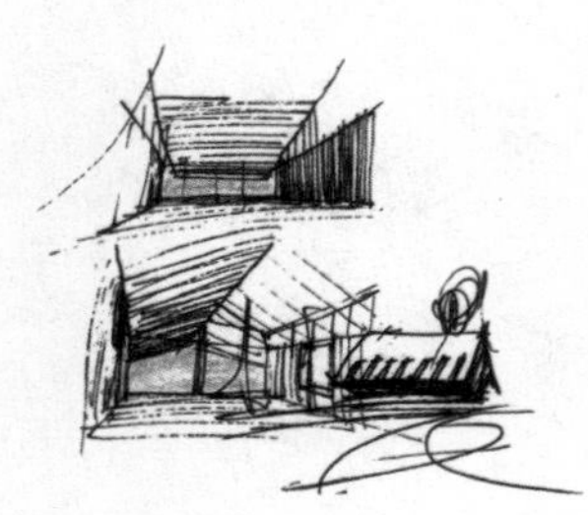

STEP 2 架构

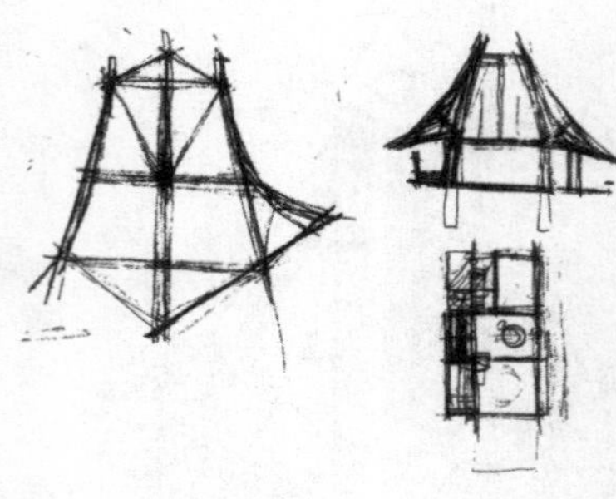

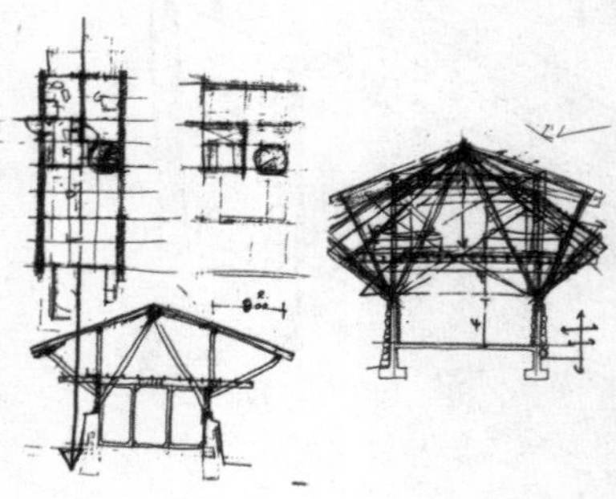

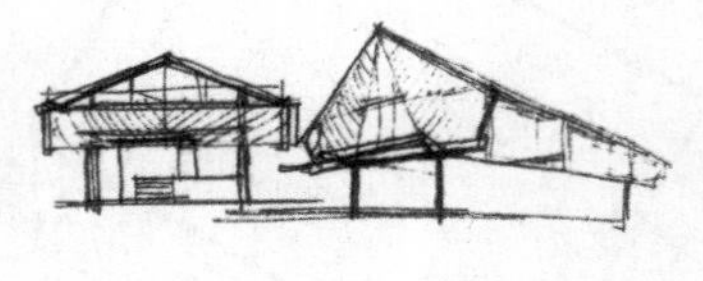

研究结构（架构）

STEP 3 眺望

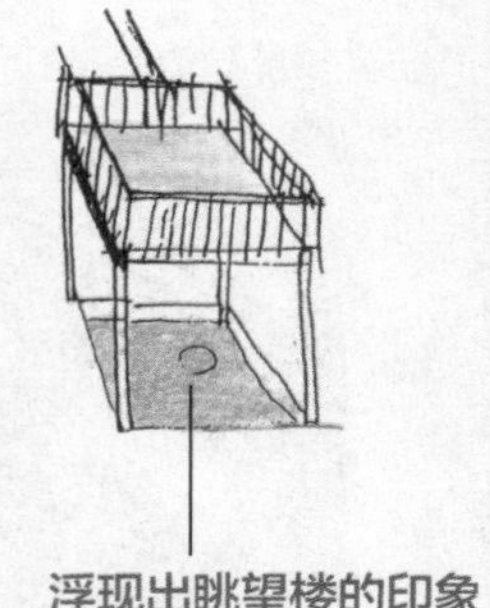

浮现出眺望楼的印象

石津别墅采用了何种工艺，下面我们将分6个步骤进行分析。

STEP1 轴线

设计的第一步是看懂占地状况，定出位置和方向。首先将一棵古树导入景观之中，通过面对湖面的视线定出轴线。最初的灵感很重要。

STEP2 架构

建筑的形态与其结构有很大关系。因而为研究独特的结构，画出各种草图。

STEP3 眺望

这一步成了一大转折点。受C.穆尔设计的海洋牧场公寓建筑的强烈影响，形成了这张草图所表现的眺望楼结构。

STEP4 包围

套式结构由眺望楼及将其包围的2层建筑构成。设计师对包围结构及其空间进行探讨，起初的

STEP 4　包围

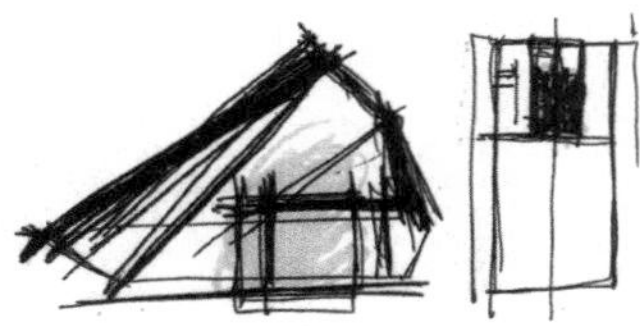

包围眺望楼的结构和空间

STEP 5　扭曲

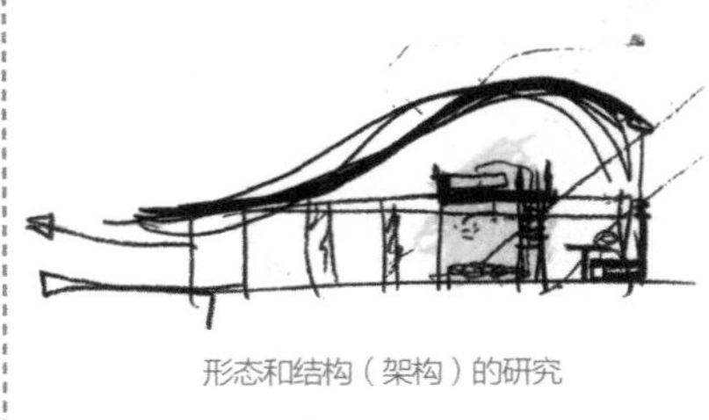

形态和结构（架构）的研究

STEP 6　倾斜

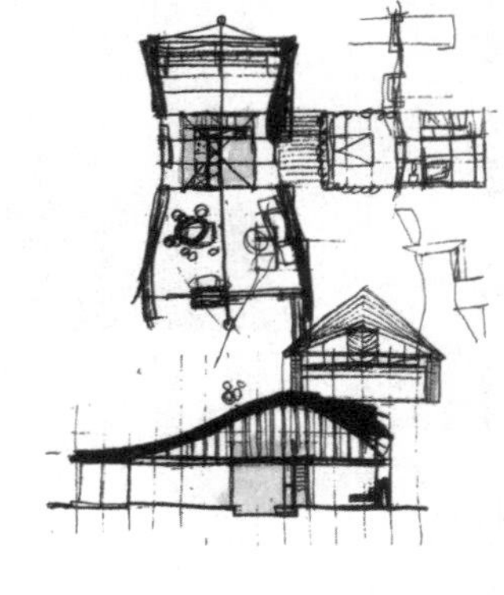

屋顶的压力通过墙壁传导到地面

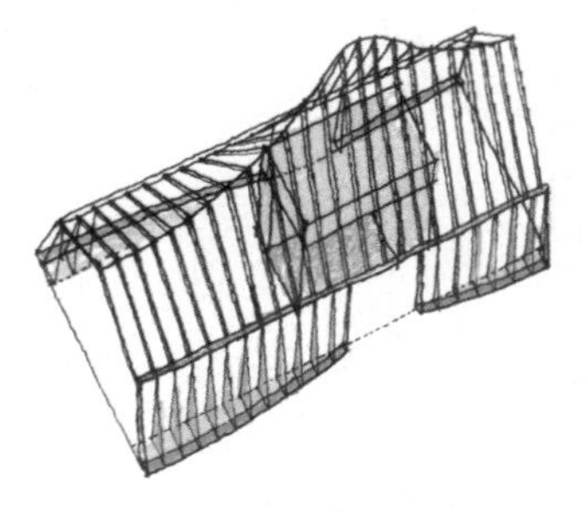

完成后的结构概念图

设计是眺望楼和建筑部分相连，但后来改为分开的形式。

STEP5 扭曲

包围眺望楼的形态定为船的龙骨形。另外，屋顶架构变成相应的垂木结构，墙壁也在结构上顺理成章地由平面变成曲面。

STEP6 倾斜

这种结构没有脊木，也没有承接横向伸展力的横梁，如何承载上面的重量就成了难题。如截面图所示，根据屋顶角度的不同将承重进行合理分散，承重墙壁的倾斜度也就设定出来了。

这样，通过对石津别墅竣工前的工艺进行分析，可知这种形态是从结构和空间上的逻辑推导出来的。设计工艺中的重要转折点，是受C.穆尔影响的“眺望楼”和“套式结构”。但是，虽然参考了这个点子却造出了和穆尔迥异的空间，正是宫胁先生的可赞之处。

优秀的客户带来出现名作的机会

从客厅可见眺望楼的床、HP壳的垂木天棚

平面俯视图

石津先生很期待能在这所别墅里过上许多日子，即便有些许漏雨、暖炉不好烧也毫不在意，真是一位心宽的达人

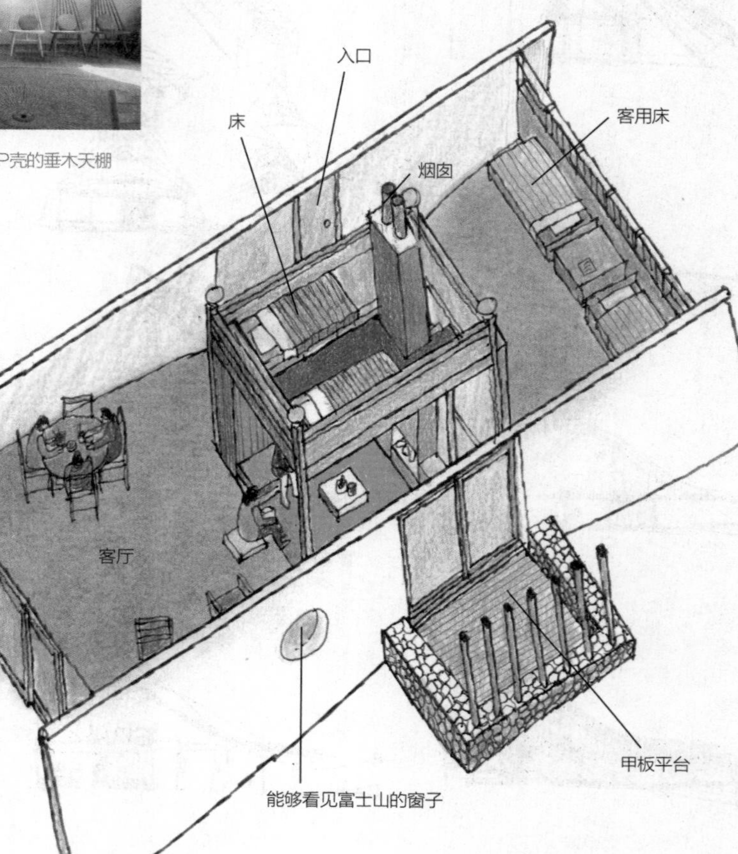

将要求变为形状
石津别墅（莫比迪克）

石津别墅的客户是服饰设计师石津谦介先生。石津先生因设计的美国常青藤大学校服而出名，在日本20世纪六七十年代的年轻人中知名度很高。

宫胁先生受石津先生委托，在山中湖设计别墅。石津先生在委托年轻建筑家宫胁檀时说过一句话：“在设计出好方案前，别让我看！”。

没有任何细碎的委托要求，要建造一幢好的建筑，就要无言地交给专家。估计没有哪个建筑师会接受这种条件的、意图不明的设计委托，而这种委托方式恰恰证明石津先生是一流的设计师。专家的思维远超一般人的思考范围，石津先生通过自己的工作很理解这一点。

能设计这所建筑的也只有宫胁檀先生。然而，如果石津先生不能理解宫胁先生的设计和思想，没有大家风范，则名作石津别墅也恐难问世。

第
4
章

舒适空间的打造方式

1 客厅是家人休闲、招待客人的地方

客厅　客厅竖井的上部和餐厅、厨房相连，还可以用屏风隔断空间

客厅是人与人交流的重要场所，可供家庭成员休闲，或是作为招待宾客的接待室。但据说近年来，逐渐出现的核心家庭化（两代人的小家）、单间化的趋势，使客厅的使用频率减少。所以当今非常需要充实客厅的功能，使这个空间更舒适。

我们看看立松住宅客厅的照片。该客厅通过竖井，和半层之上的餐厅、厨房相连。该客厅是竖井式的，有两层高，与中间层的餐厅厨房相连。考虑到客厅同时也要作为接待客人的房间，基本上和私人色彩强的餐厅厨房是分开的。两层高的客厅与餐厅厨房构成斜向关系，会感到客厅更加宽阔，令人心情舒畅。

另外，如右图所示，客厅旁附带一个4榻榻米大小的日式房间。这个日式房间除了供来客小住外，还可以让人享受日式房间特有的好处，即可以在榻榻米上横躺竖卧。

西式房间＋日式房间＋障子，是营造舒适环境的秘诀/立松住宅

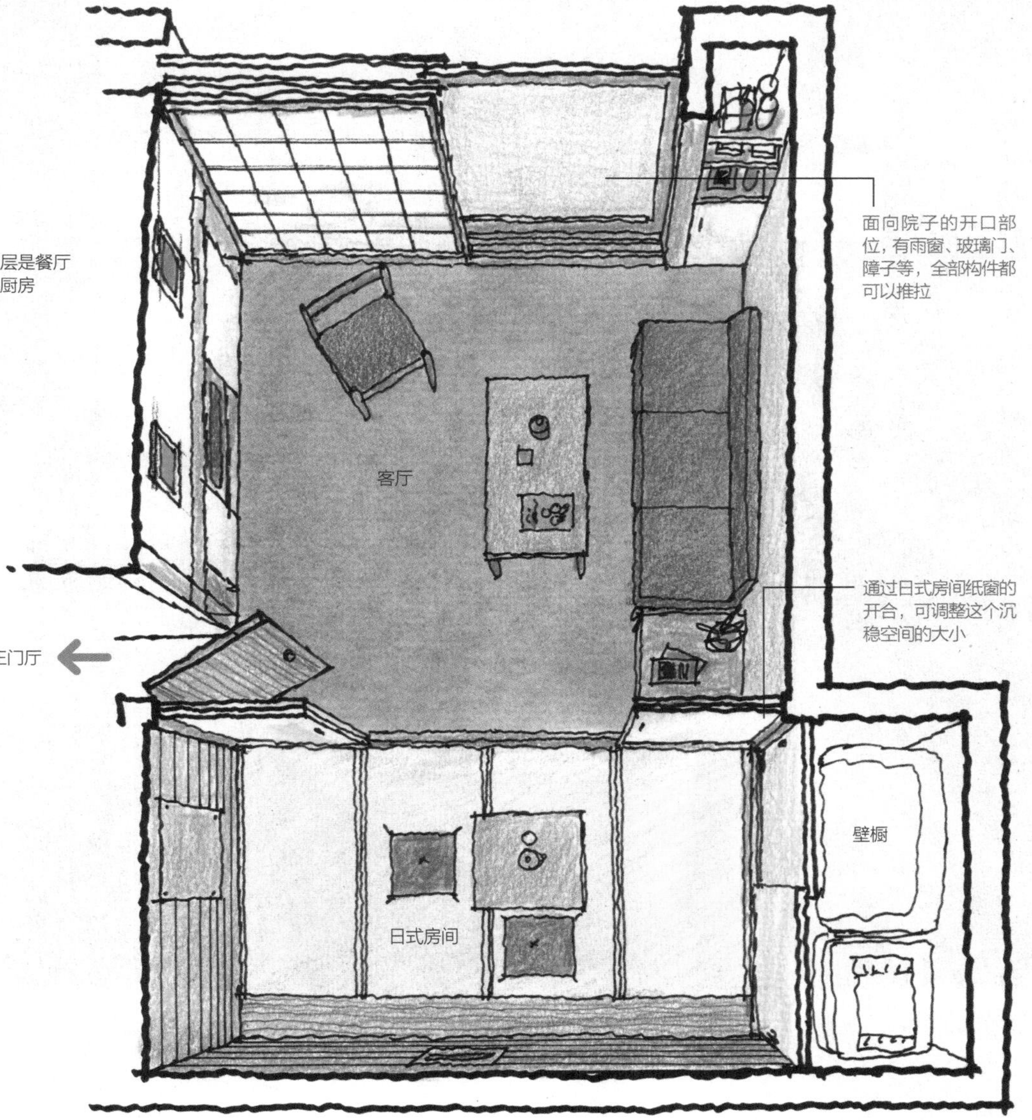

上层是餐厅和厨房
面向院子的开口部位，有雨窗、玻璃门、障子等，全部构件都可以推拉
客厅
通过日式房间纸窗的开合，可调整这个沉稳空间的大小
正门厅
壁橱
日式房间

客厅俯视图

客厅虽小，却通过竖井和餐厅、厨房相连。此外，把旁边日式房间的纸窗打开，即可产生开阔感

黄色的部分为半地下层
此房间的上部、在中间二层变为餐厅和厨房
干燥区
卧室
客厅
日式房间
壁橱
正门厅

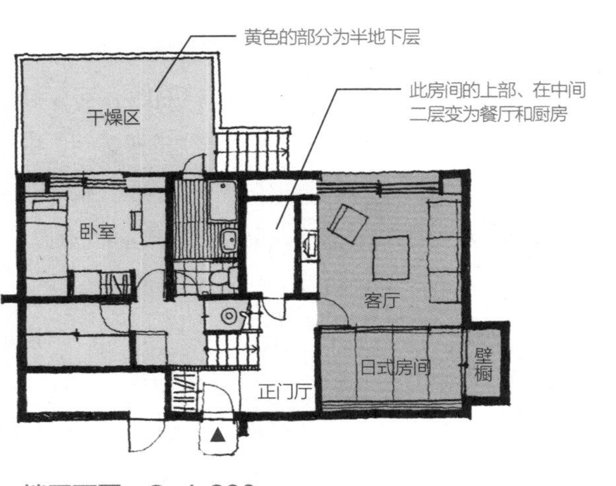

一楼平面图　S=1:200　左侧的黄色部分为半地下层

2 客厅的沙发不仅是用来坐的

有固定沙发的客厅 左侧是定制的沙发，由此处可以看见日式房间

客厅的沙发一定要做成定制的，这是宫胁风格客厅设计中最重要的部分。只是留出一个空间，然后放上房主喜欢的沙发类家具，这种做法绝对不是宫胁先生的设计。踏实可坐的位置，容易聊天的位置关系，以及电视机放哪、从哪里看效果最佳等问题，都要仔细研究，具体到如何通过作业来实现，这才叫做“设计”。

客厅必须是坐立都舒服、可以让人身心放松的地方。越是从坐姿转换到卧姿，其安逸度就越高。在这个过程中，能够承受各种姿势的就是沙发。

在宫胁风格的客厅里，沙发有着各种用途。越是固定的，使用就越灵活。座位下的空间可以装抽屉，靠背处可以放置客厅不可缺少的装饰架，也可以储物。而且沙发本身可用于午间小睡，紧急时还可改为客人用床，是一套能自由改变功能的家具。

造就生活方式
藤江住宅

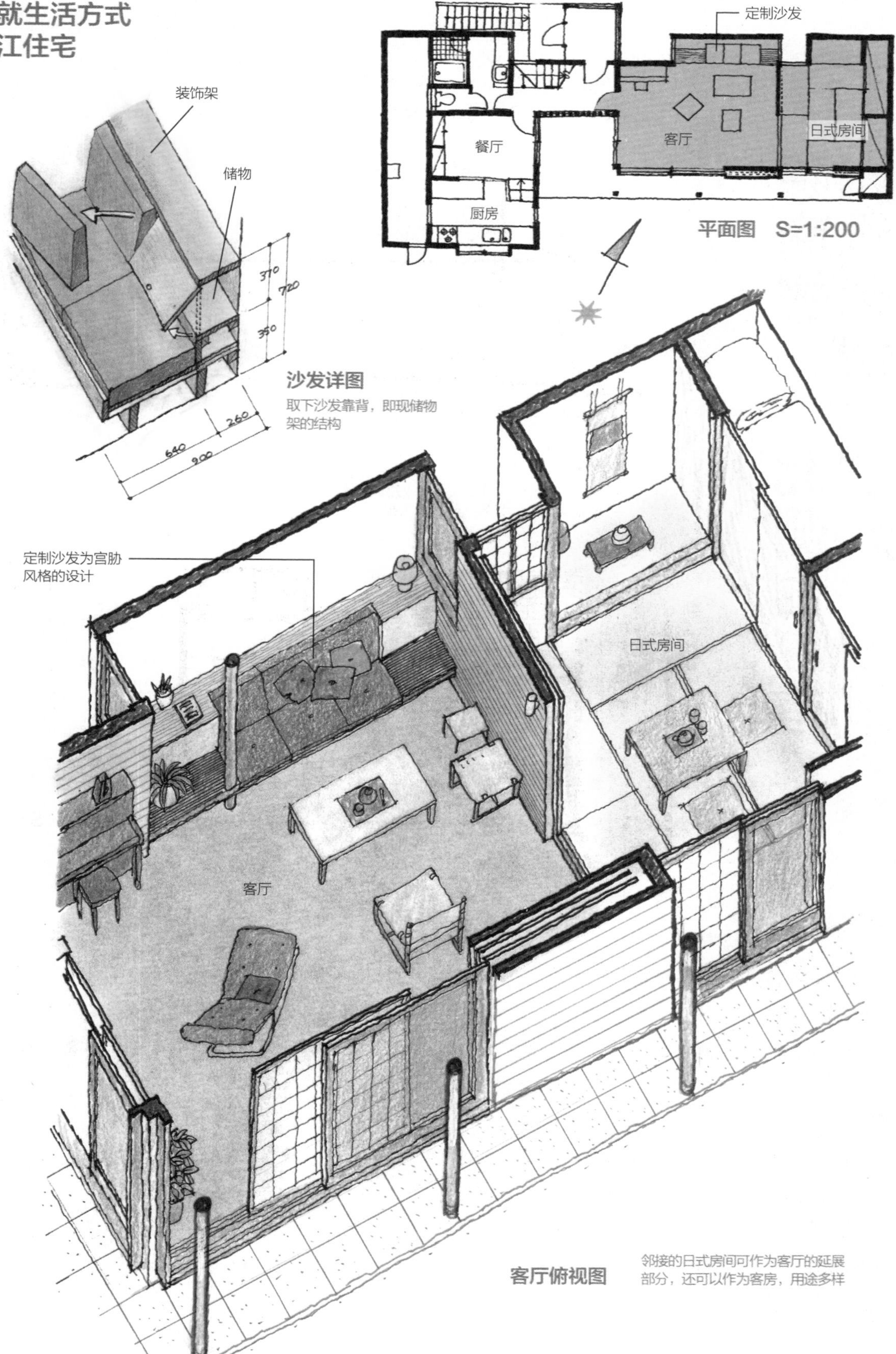

客厅俯视图 邻接的日式房间可作为客厅的延展部分，还可以作为客房，用途多样

3 除南侧外，北侧也应有光线和空气进入

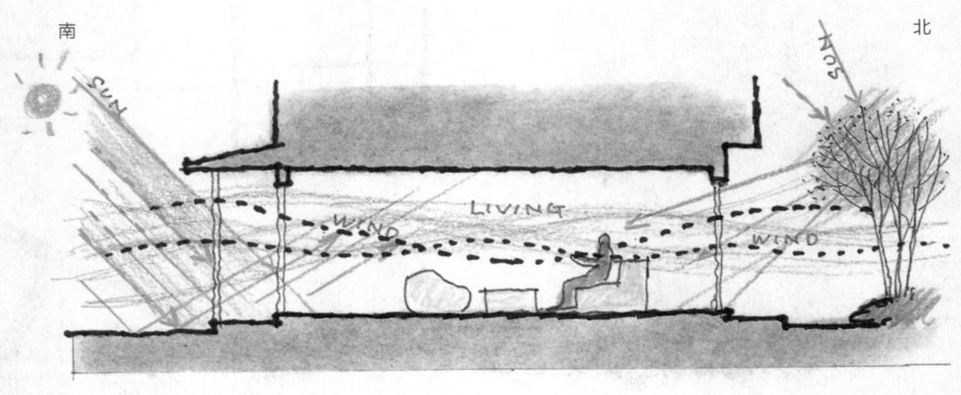

截面图

来自南北开口的采光和通风。北侧不易受到日照，加上受树荫的影响，比南侧温度低，其温差可形成空气流动

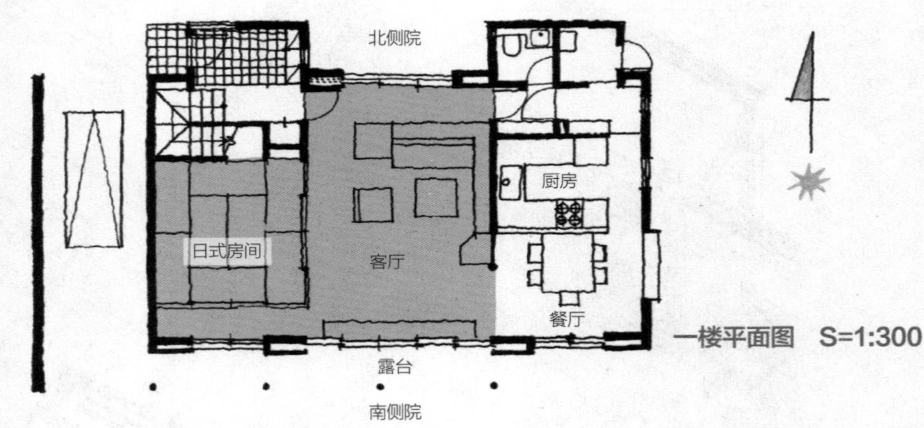

一楼平面图 S=1:300

重视采光的日本，多将最重要的客厅安排在光照良好的南侧，而日光照射不到的北侧，则设置为卫生间和浴室。但是若将南侧充分开放，是不是就可以在一定程度上改善通风情况呢？事实上也并非如此。因为反方向也必须有相同大小的开口，否则无法通风。这一点，与京都的町家结构中常有的坪院和内院之间建造的日式客厅的结构相似。

如图中的植村住宅所示，客厅南北贯通。如果北侧也有开口，那么这种设计就容易通风。不仅如此，从采光方面来看，由北侧进入的柔和的间接光给客厅带来了均匀的光照，也在视觉上产生了开阔的感觉。假如只在南侧开口，那么客厅南侧和里边的亮度差过大，空间的平衡感就会变差。但如果北侧也有开口，不仅解决了这一问题，还可以让人感受到开阔感和开放感。

客厅纵向截断房屋/植村住宅

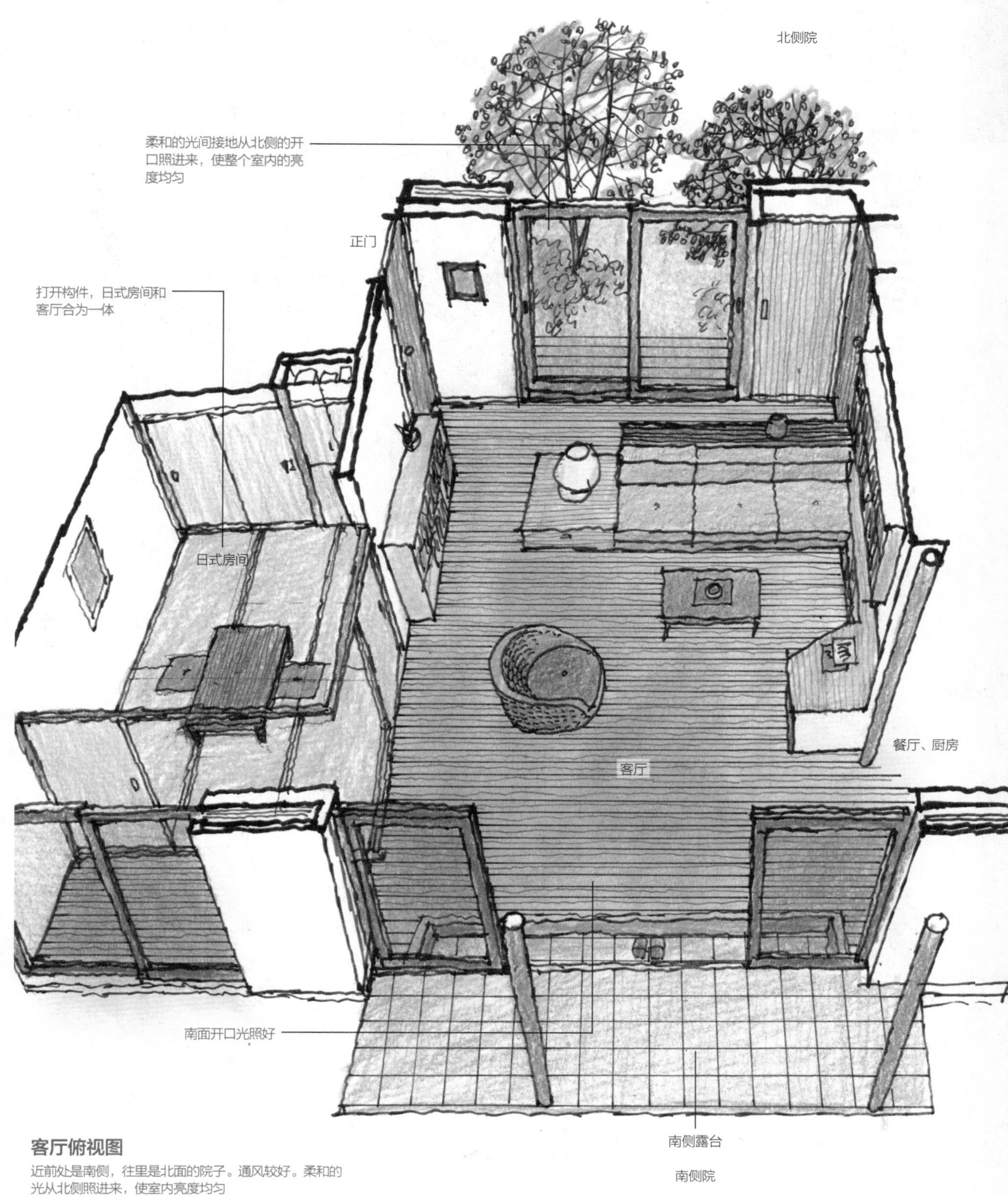

北侧院
柔和的光间接地从北侧的开口照进来，使整个室内的亮度均匀
正门
打开构件，日式房间和客厅合为一体
日式房间
餐厅、厨房
客厅
南面开口光照好
南侧露台
南侧院

客厅俯视图

近前处是南侧，往里是北面的院子。通风较好。柔和的光从北侧照进来，使室内亮度均匀

④ 阳光房是客厅的辅助空间

客厅+1
田中住宅

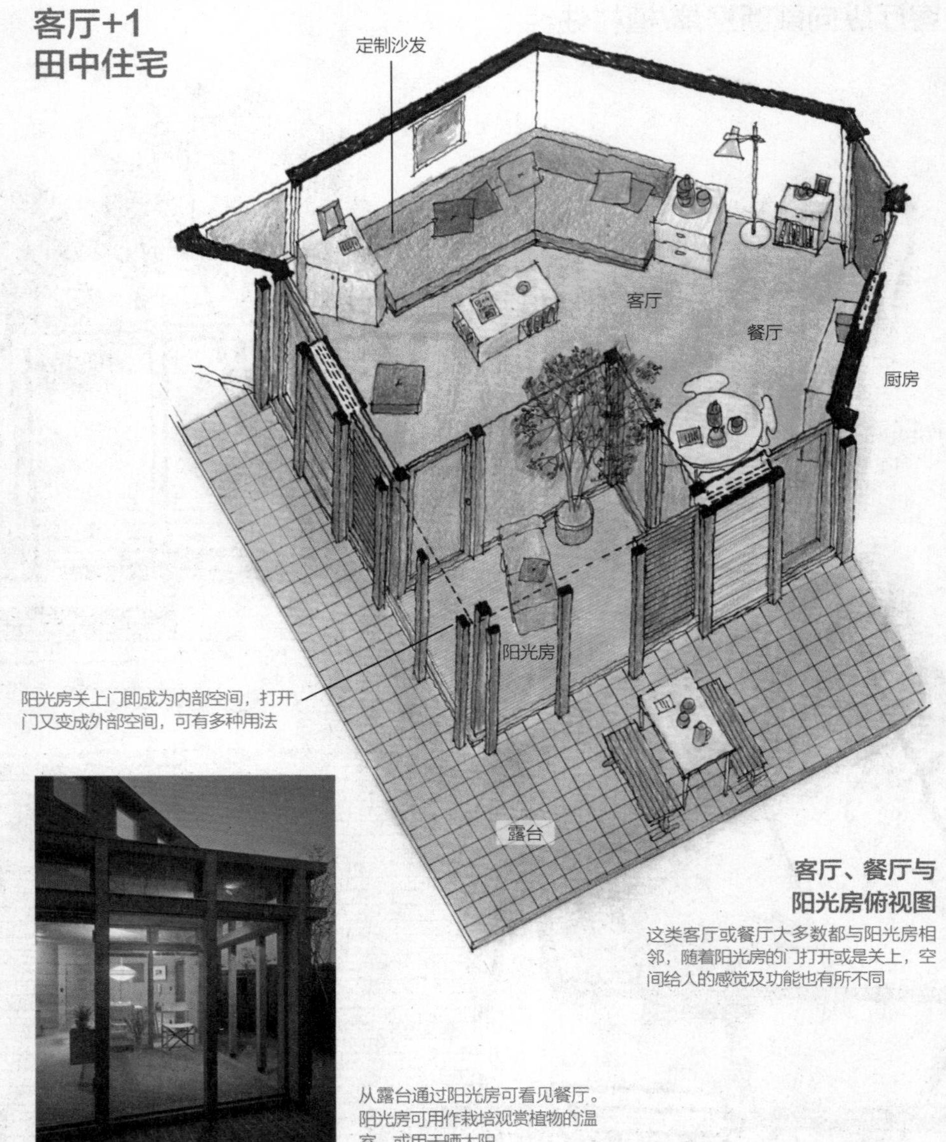

阳光房关上门即成为内部空间，打开门又变成外部空间，可有多种用法

客厅、餐厅与阳光房俯视图

这类客厅或餐厅大多数都与阳光房相邻，随着阳光房的门打开或是关上，空间给人的感觉及功能也有所不同

从露台通过阳光房可看见餐厅。阳光房可用作栽培观赏植物的温室，或用于晒太阳

要享受日常生活的乐趣，最好尽可能拥有多种空间。总是在固定的空间、重复着固定的行为，也算合理。但如果只有这些，人们很快就会厌倦。

不要对空间的性质和用途妄加限定，保持其流动性可为生活带来许多变化。将如何改变空间、如何使用一块空间想象成一件乐事，和全体家庭成员一起研究，也是避免日常生活单调守旧的方法。阳光房应该说是外部和内部空间的连接，这个说法刚好反映了其用途。

田中住宅的客厅附带一个阳光房，它还起到了培育观赏植物的温室作用。打开分隔门，客厅和阳光房即成一体，空间呈现出不同的味道。冬日关闭阳光房的门，白天的太阳光可以存贮温暖，对喜欢晒太阳的人来说是再合适不过的空间。

生活，就是要在居住上下功夫，体验种种充实的快乐。

5 壁龛处的沙发是客厅的摇篮

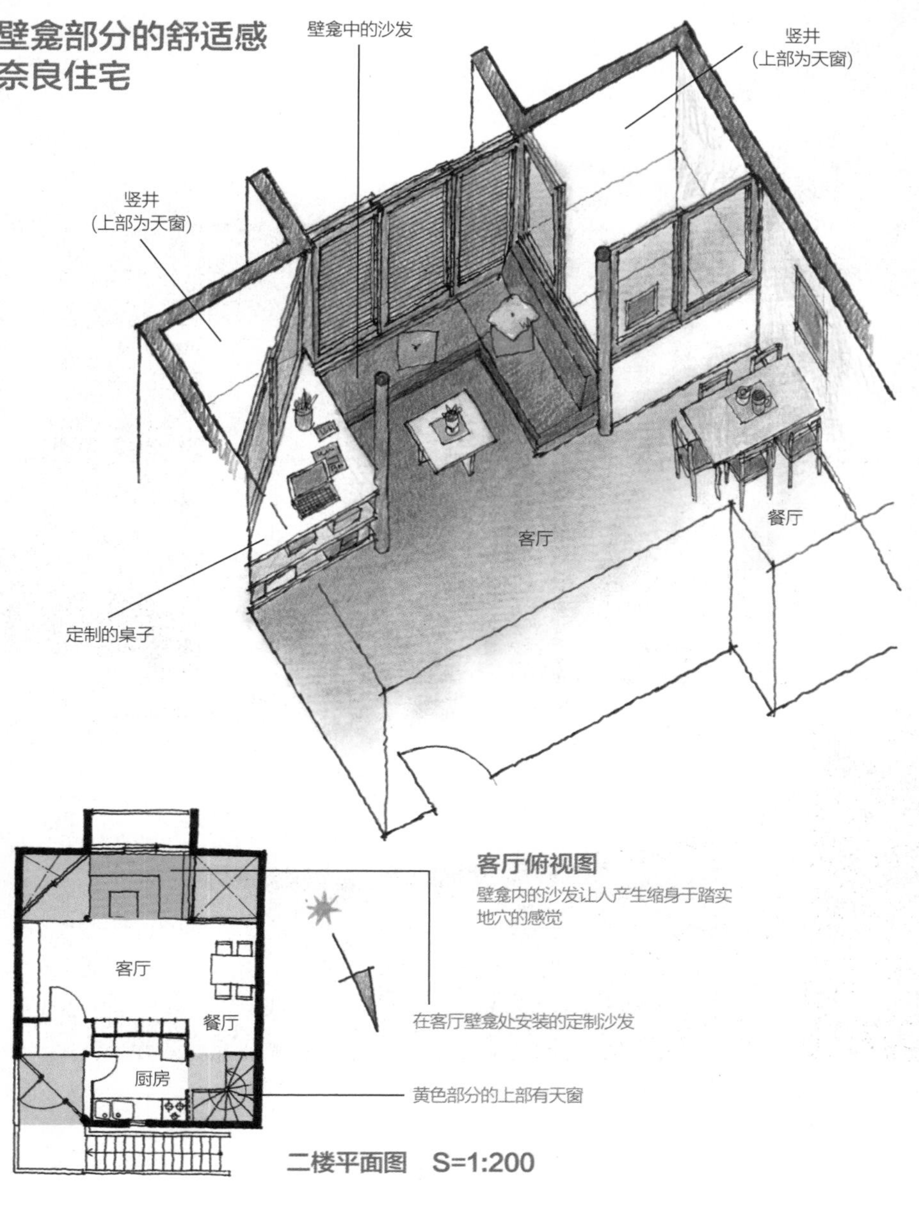

客厅俯视图
壁龛内的沙发让人产生缩身于踏实地穴的感觉

人靠墙而坐时更容易安心，心情也随之放松。当人们进入电车车厢时，无意中会选择最靠边的位置，也是动物保护自身的本能。

这幢奈良住宅的窗户较少，外观封闭。取而代之的是在四个角落设置天窗，光从竖井直通到一楼，可见是下了一番功夫的。下层是卧室等私人空间，上层是客厅、餐厅和厨房，引道从外楼梯上到二楼再从正门进入，非常独特。

光从天窗照入，光照充足，令人神清气爽，更妙的是占据客厅一角的壁龛沙发长椅。坐在这个沙发上，感觉踏实而又舒服，让人有种被壁龛这样的凹陷空间所拥抱的感觉，这种布局给人以说不出的安心感。

仅是坐在宽敞的客厅，很难令人感到踏实。那么设计一个壁龛似的狭小空间，倒可以提供一个摇篮般的安逸场所。

6 扇形沙发的部分最让人感到沉稳、可靠

客厅的沙发　客厅中与螺旋楼梯连接的固定沙发和扶手墙构成一个整体

宫胁风格的沙发以折角形和L形居多。有的住宅中的沙发全部设计成L形，如同佐川住宅中的沙发。在L形的相交部分设张侧桌，可在上面放上观赏植物。

将沙发折角配置，主要有两个理由。

1. 人们在聊天时，坐在旁边或者斜向位置易于交流。的确，如果互相正对，则心理上会出现客气、郑重其事的感觉而不易打开话匣。

2. 客厅不光是谈话场所，也是静静眺望院子，及大家一起看电视的场所。此时，将椅子配置为正向相对的方式则显得不大合适。因此，沙发最好配置为L形或者折角形。

在客厅放置L形沙发的好处在于，它犹如扇子的竹骨（将扇骨钉起来的地方）一般，构成了空间的中心。此时，视线的方向明确，所以容易确定电视机和开口的位置。

享受广角乐趣/佐川住宅

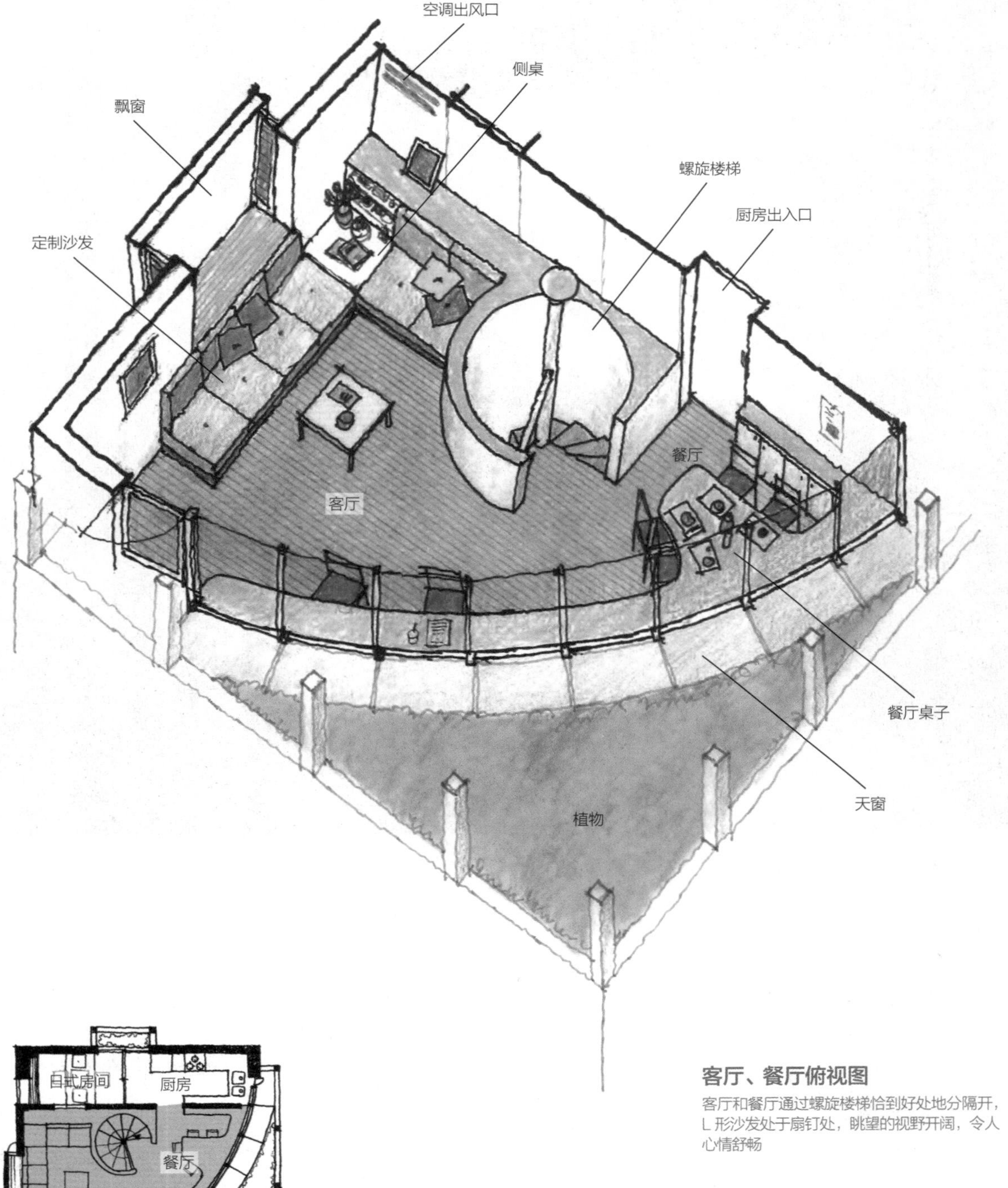

客厅、餐厅俯视图

客厅和餐厅通过螺旋楼梯恰到好处地分隔开，L 形沙发处于扇钉处，眺望的视野开阔，令人心情舒畅

日式房间
厨房
餐厅
客厅
植物

2楼平面图　S=1:200

7 重要的客厅与餐厅之间的关系

中间窄两头宽的客厅与餐厅 窄长部分将客厅和餐厅连接起来。相连就可以相互走动，在团聚、放松之间转换心情

在餐厅用餐后走到客厅，聊聊当天发生的事情，一起看看电视，就是所谓的合家团聚吧。

但近几年来，随着居住逐渐单间化，单间的功能越来越充实，每个人都有立刻把自己关在自己房间的倾向。能共享话题和分担喜怒哀乐的才叫家庭成员，如果个人主义在家庭中变得理所当然，那么，有血缘关系的人们不过是一个把身体凑在一起生活的集体。

从这种意义上讲，餐厅和客厅的连接非常重要。不是说只需靠近就好，如果不能互相发挥作用、关联性不好的话，就不能称为好的房间，也不能叫做好的住宅。

这里介绍的高畠住宅的餐厅和客厅间有着良好的关联性。一楼是以厨房为中心可回转的设计，餐厅和客厅通过狭长部分相连。墙边的定制柜子贯穿两个空间，在保持各自独立性的同时又将其巧妙地联系起来。

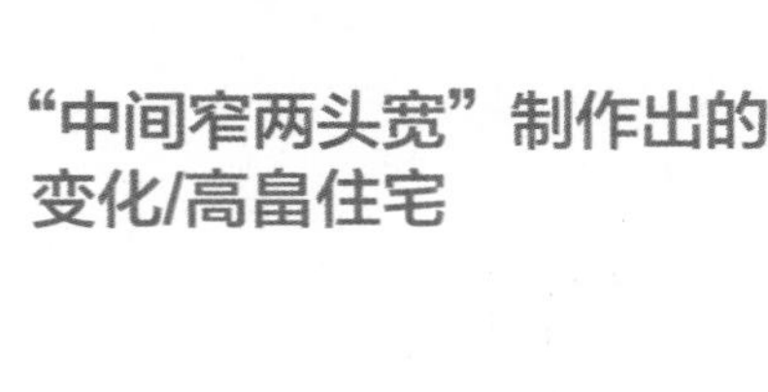

“中间窄两头宽”制作出的变化/高畠住宅

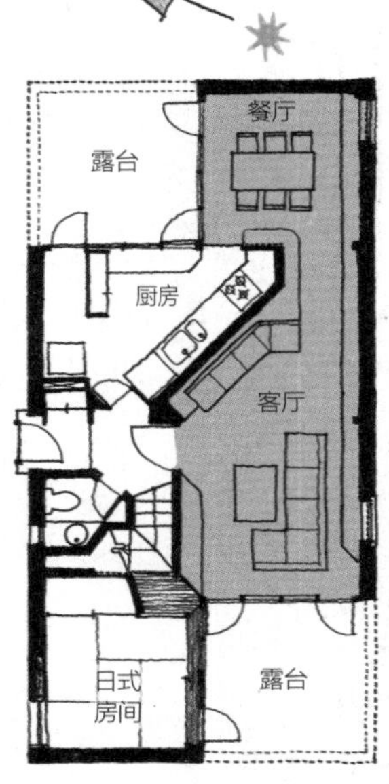

一楼平面图　S=1:200

客厅、餐厅和厨房结合起来构成回转的路线

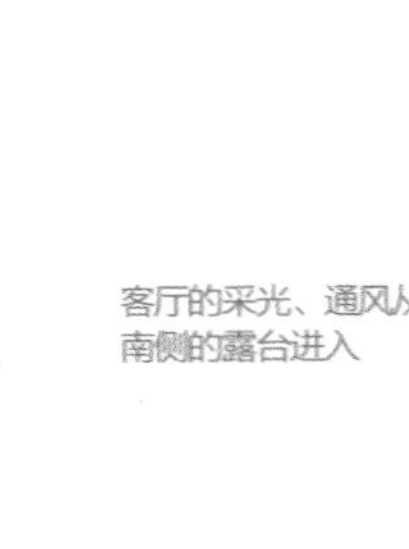

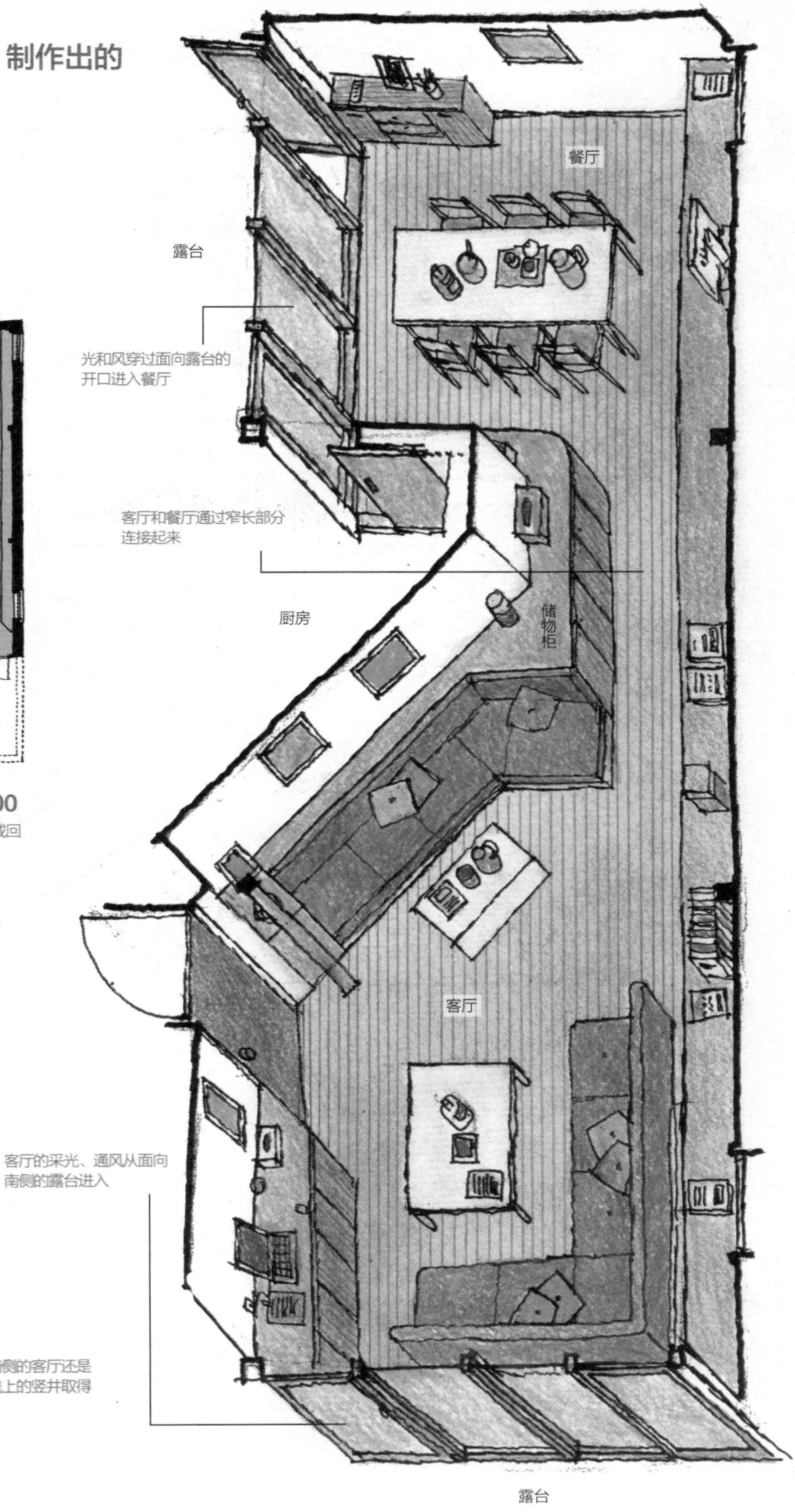

客厅与餐厅俯视图

从俯视图上可以看出，无论是南侧的客厅还是北侧的餐厅，都是从设在对角线上的竖井取得通风和采光的

4
客厅

家庭成员放松、远眺的好地方/早崎住宅

8

有空中地坑的舒适客厅

地坑是地板上的坐具，可利用地面落差席地而坐

截面效果图

从截面图上可以清楚地看出，地坑有如浮于空中

地坑的用法示例

地坑是指在地面开出一个凹陷处，这种结构经常出现在宫胁的客厅设计作品中。利用地面的落差可直接席地而坐，也可以在地坑中放松坐卧，可以说是一种优越的客厅形态。而且，即使没有接待用的椅子，也可以充分满足生活需求，于狭窄的客厅而言，无论是空间上还是经济上，都很有效。

这里介绍的早崎住宅，如图所示是嵌入坡地建造起来的。客厅伸出来的部分，即地板上留出来的圆形地坑，人坐于其中向外眺望，宛如浮在空中。地坑中放有很多垫子，供家庭成员以各种姿势放松自己。

一起坐卧于地坑之中，顿生茶间共享被炉之暖和同池共浴之感。在暖意浓浓的空间里，比平时更能感觉到家庭成员的存在感。

客厅　从右侧向里看，地板凹陷处可见地坑。客厅内，椅子和地坑营造出两种生活方式

外观　嵌入坡地而建

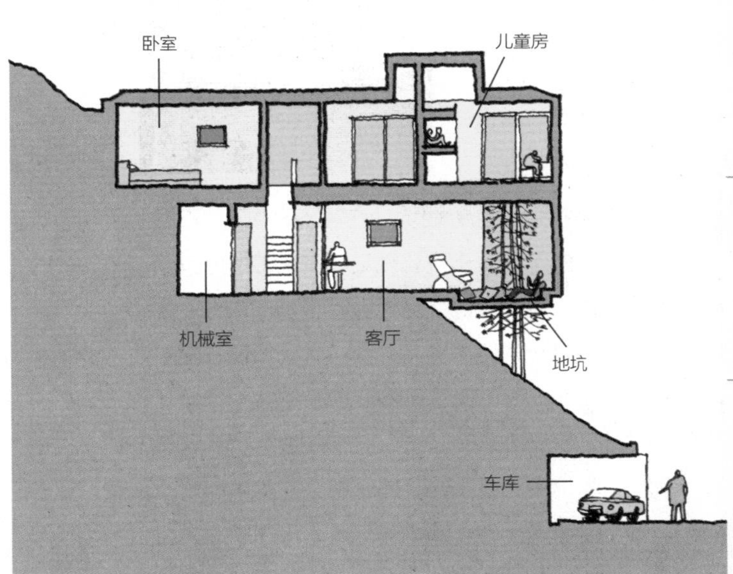

截面图　S=1:200　建筑物的一部分有如悬浮在空中

9 地坑将成为人们聚会的中心

靠在沙发上的舒适感 石津别墅（莫比迪克）

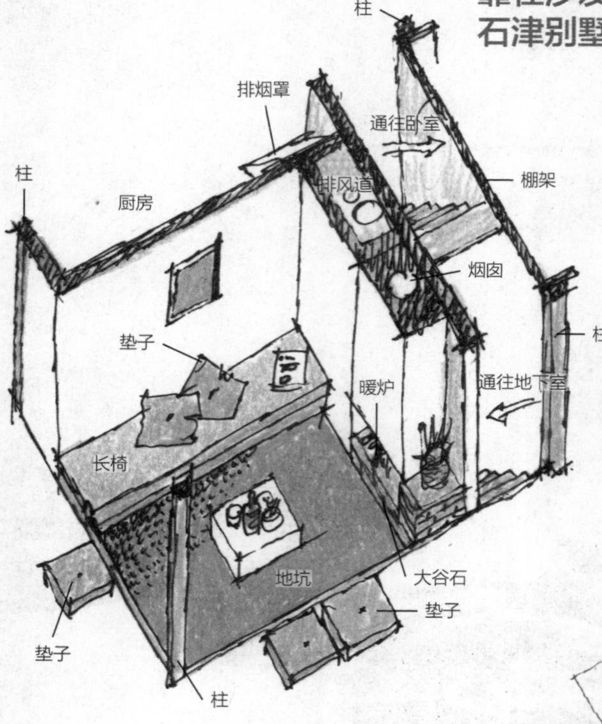

眺望楼的架构
将地坑、长椅、暖炉、厨房和楼梯组合在一起

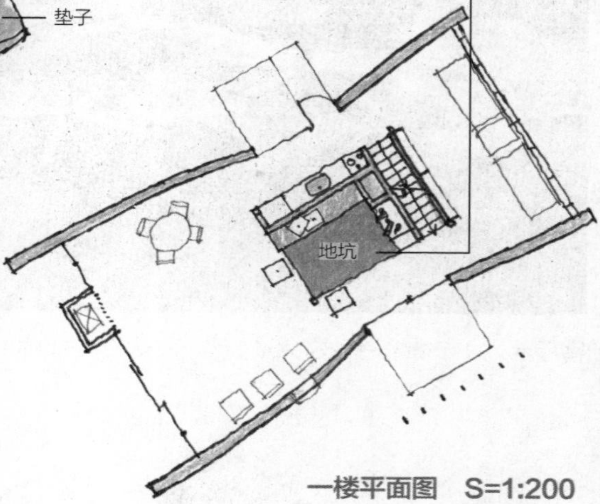

一楼平面图 S=1:200

眺望楼被HP壳的垂木结构包裹。眺望楼的下面是地坑

这是石津别墅的地坑。在第3章中已有叙述，石津别墅的空间是由眺望楼及将其包围的鲸鱼状结构构成的。眺望楼的上部是卧室，其下切出一个地坑。而且地坑的两个墙面分别设置了长椅和暖炉，这是享受非日常住宅生活所必要的设施。

此别墅是个单间，所以说客厅没有“从这里开始”“到这里为止”的明确界限。开多人派对也不存在问题，反而在多数情况下是人少的问题，因为人少的时候在别墅里生活会感到不踏实。此时，这个眺望楼下面的地坑就成为人们休憩的场所。宽广开阔的空间与密度较高的空间形成了对比，这种设计可让人感到踏实、心情愉快。

眺望楼还设有暖炉。暖炉有一种让人们自然而然地集中起来的力量，使地坑成为一个令人舒服的空间。在这间屋里，二者有着绝妙的关系。

10 地坑与沙发充实了客厅

伸出到阳台的圆形空间
横尾住宅

客厅、餐厅俯视图

定制的餐桌和沙发，以及伸出到阳台上的地坑是其主要特征。在地坑里变换各种姿势，可以改变眺望的角度

二楼平面图　S=1:150

光可从沿着地坑设计的圆弧状开口中照射进来

为有效使用狭窄的空间，使生活更加舒适，设计上自不必说，对居住者的生活方式也要用心梳理。宫胁对此空间的规划是：将厨房、客厅和餐厅都建在二楼。

这里我们来介绍横尾住宅的二楼平面图，首先入眼的是圆形地坑。该圆形地坑和四方的建筑物在视觉上形成对比，带来视觉冲击力。圆形地坑和L形沙发构成的客厅中，设置着定制餐桌，让人联想到用餐及团聚等各种用法。

单说用餐一项，就有在餐厅进行日常进餐、团聚，在沙发上边喝红酒边吃正餐，还有用餐后歪在地坑中享用红酒等生活乐趣，想想就很美妙。

即使在有限的空间里，也有多重变化，可避免日常生活的单调化。

11 布满沙发的客厅

客厅 可围坐的墙边沙发。整个空间看起来像个地坑

广场房是由客厅、卧室、厨房等4个箱体和广场（露台）构成的别墅。这里因为兼用作公司的疗养地、公司职员的家庭郊游、公司的部门交流会或是培训场地等，从几人到多人均可使用。

这样的设施，与其按照人数一人一把椅子来配置，不如沿着房间内侧布满沙发，形成地坑式结构，更能应对人数的变化。广场房客厅的设计，可应对使用人及人数的变化，无论是靠在大圆弧状长椅边上放松，还是利用垫子坐在地板上均可。大的圆弧状长椅，围坐起来就会产生向心性，这种位置关系，起到容易相互聊天的作用。而且，配置在地坑中心处的暖炉形成一个核心，使得客厅更有聚集人的氛围。

圆弧状长椅、圆餐桌和小圆暖炉等，大小圆重叠，引导人与人之间的关系走向和缓。

全红的房间
广场房

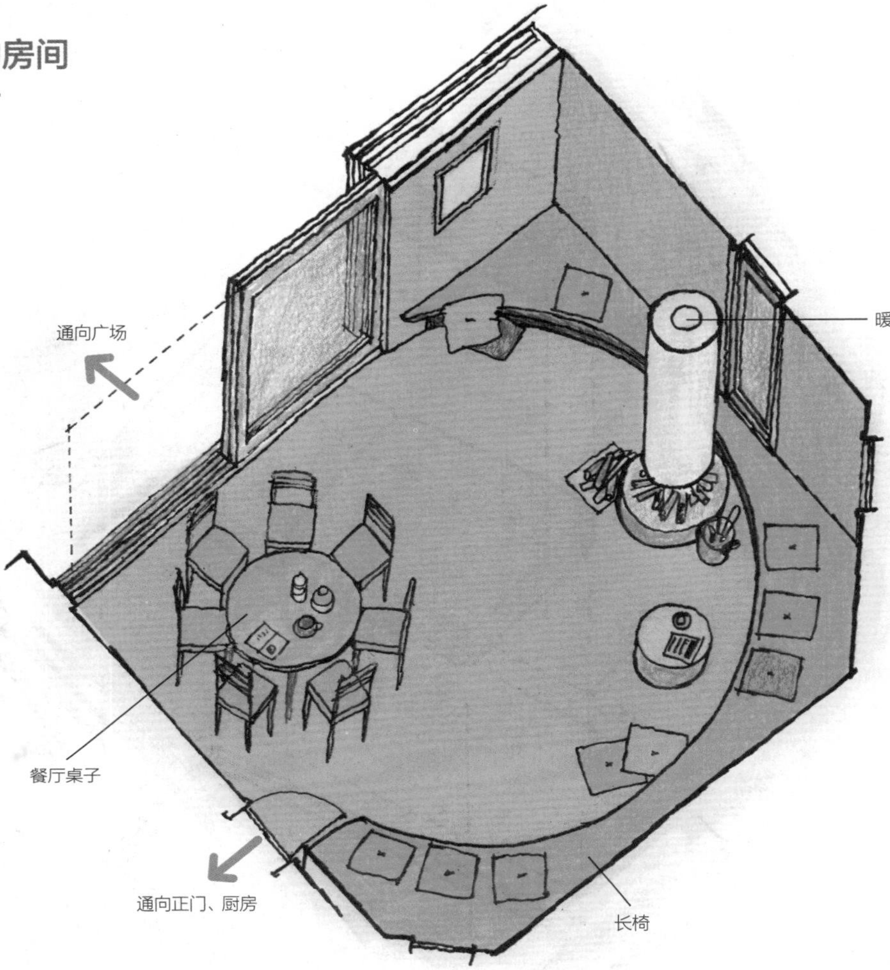

通向广场

暖炉

餐厅桌子

通向正门、厨房

长椅

客厅、餐厅俯视图

颜色鲜艳，但实际上却给人以安心感

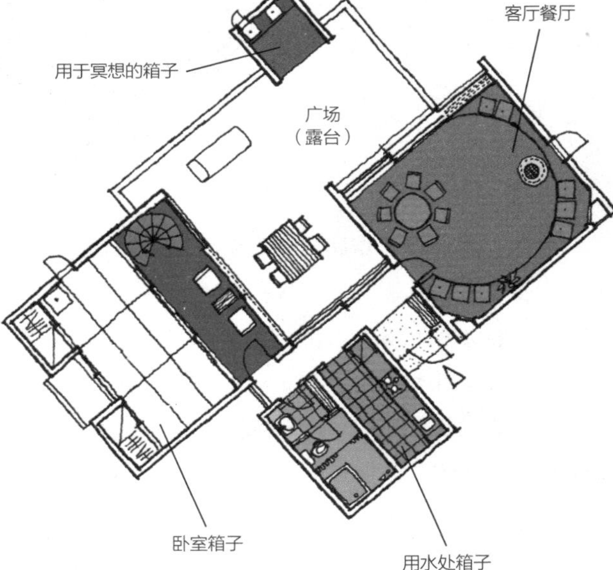

一楼平面图　S=1:200

截面图　S=1:100

用于冥想的箱子阻隔了外部空间的过度延伸，将广场收为稳定的空间

12 定制的沙发对客厅来说不可或缺

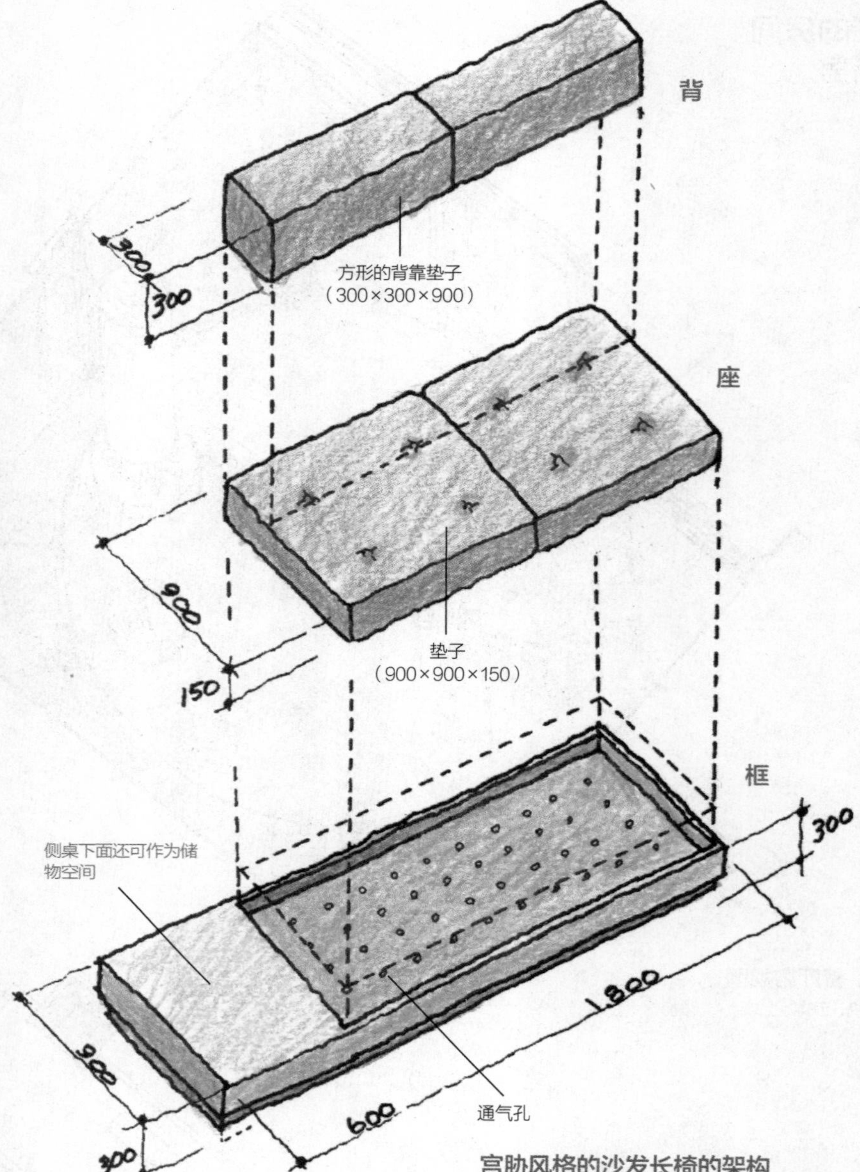

宫胁风格的沙发长椅的架构

至此，我们看了宫胁风格定制沙发的几个案例。沙发不只是坐具，如藤江住宅和佐川住宅中，座板下及靠背后还可以设计为储物空间。也可将沙发的一部分作为木制平顶箱，放上垫子可坐在上面看书或放置观赏植物等。还有开发出多种用途的，如船桥住宅所示。

宫胁风格的沙发分为座和背两部分，垫子多是用布料将成型发泡海绵包起来的结构，这样可方便地用于各种用途。这里介绍的是宫胁事务所的接待室及客厅中某时期放置的定制沙发长椅。椅背随着摆放形式的不同，可作为扶手，也可快速变成床。有了这种沙发长椅，则无须特意营造客厅氛围。

宫胁事务所在工作后经常会开酒会，喝多后赶不上末班电车的同事，便以沙发为床，这些点滴至今令人怀念。

兼做储物架的长沙发案例

除了储物功能之外，有时还把空调机和照明加进去。

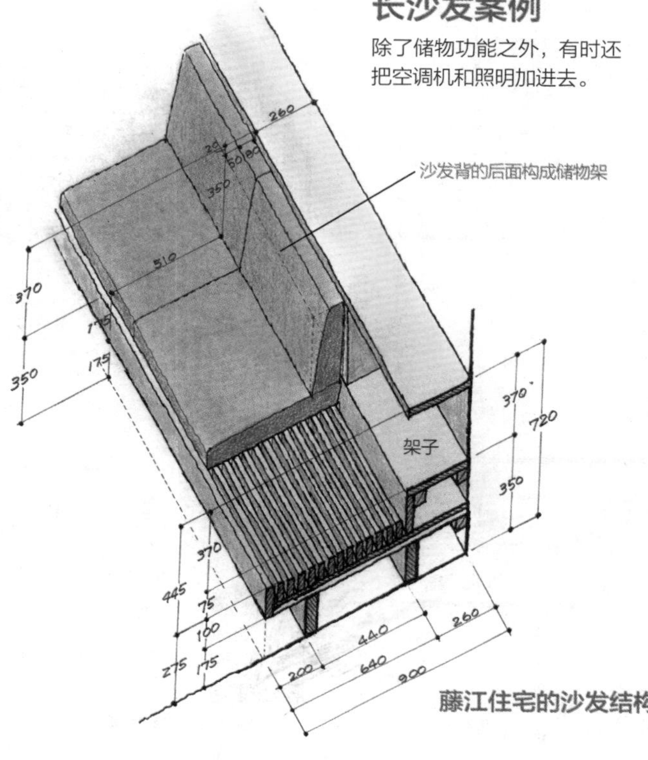

藤江住宅的沙发结构

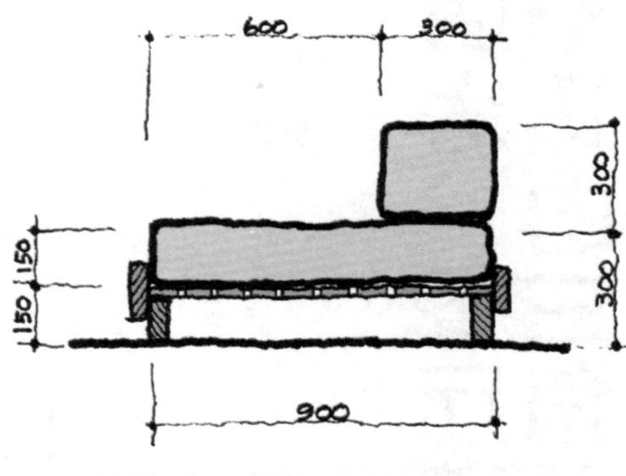

宫胁家沙发椅的截面图

沙发垫可以分配给座面或靠背，能够满足各种躺靠姿势的舒适度要求。考虑好座垫和背垫的尺寸很重要

可躺可卧的宫胁家沙发椅的活用方法

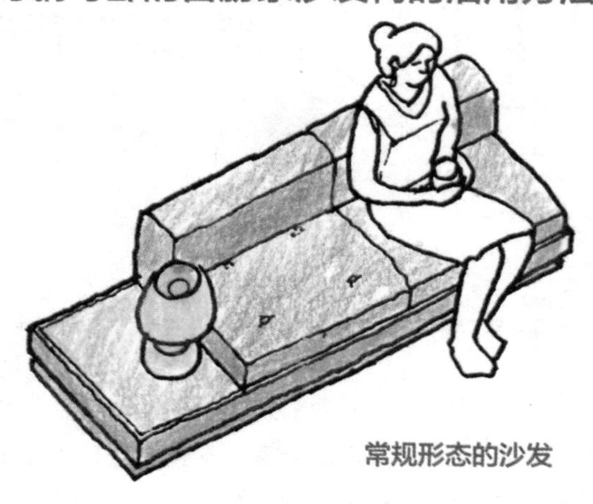

常规形态的沙发

儿童床

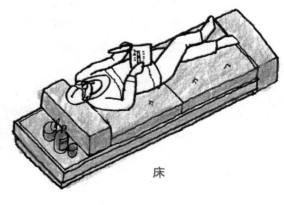

床

扶手沙发

13

厨房、餐厅和客厅间舒适的三角关系

K

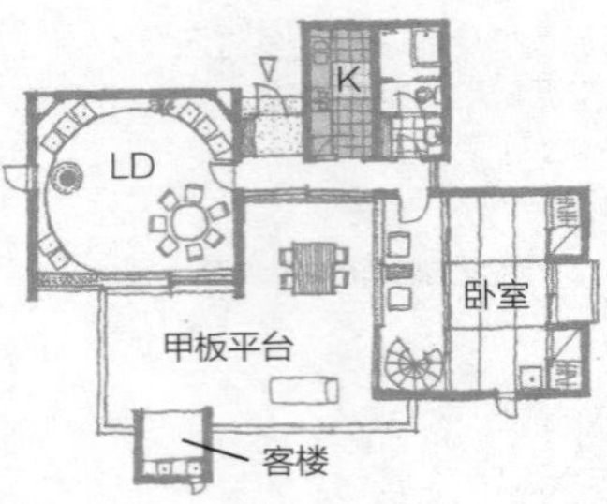

广场房

K的箱体与LD的箱体分离

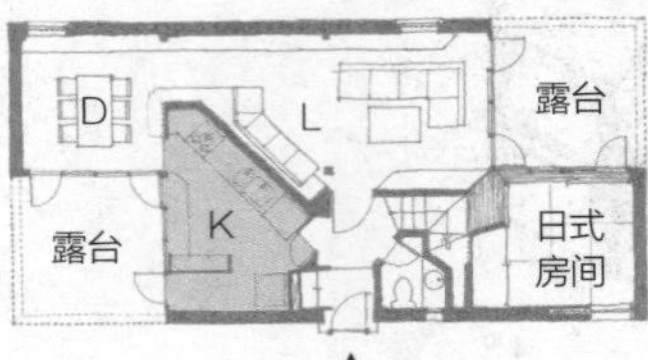

高畠住宅

以烹饪台为中心，L、D、K可回游

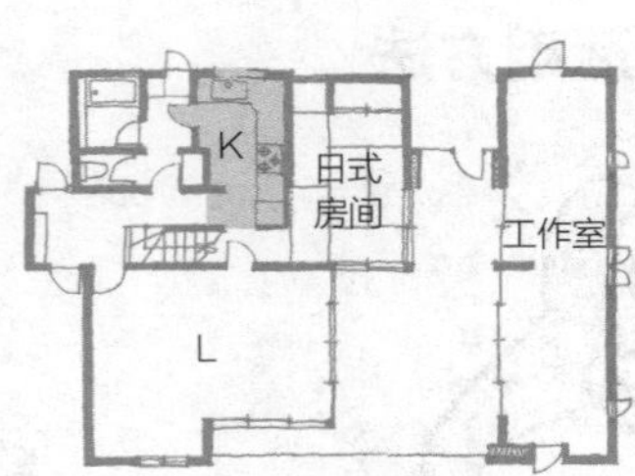

天野住宅

将用水部分都集中在一处的独立K处（厨房）

DK

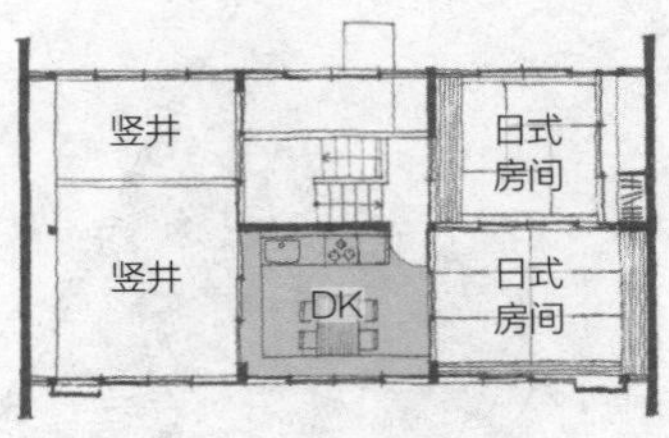

立松住宅

被归拢在中间二楼的紧凑型DK

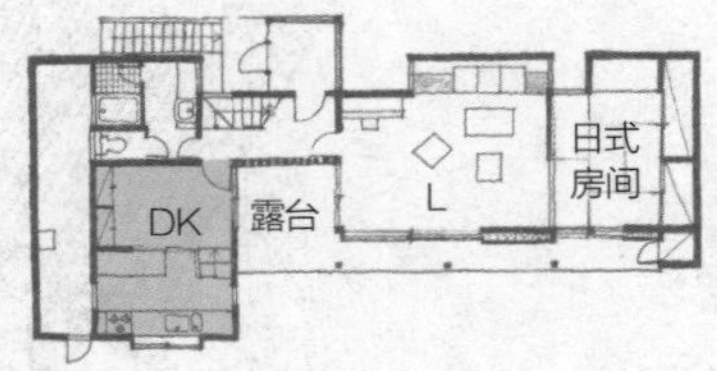

藤江住宅

餐厅和厨房有水平落差的DK

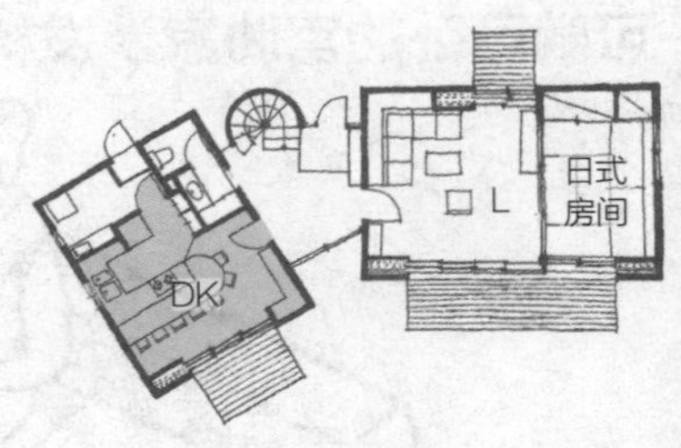

长岛住宅

将DK（餐厅厨房）集中在一个独立的楼中

在我们的日常生活中，烹饪（厨房=K）、用餐（餐厅=D），还有家庭成员团聚（客厅=L），这些生活行为占用了最重要的时间。

但是，烹饪和用餐分别在不同房间进行，还是烹饪、用餐、团聚全都在一个空间搞定？对于这一点，每个家庭各异。为此，就必须结合住宅的大小和家庭成员结构、生活方式来考虑3个空间的连接方式，并进行有机配置。这类构图，我们可在宫胁的作品中找找看。

独立厨房型（K）

将烹饪的空间独立出来。这样做的好处是可以有时间慢慢用餐，便于把乱糟糟的地方隐藏起来。另外，烹饪时会产生声音、气味和热蒸汽等，这种设计可以防止声音和气味向其他房间扩散。

餐厅厨房型（DK）

这种设计将烹饪空间和用餐空间合为一体，可一边烹饪、一边用餐、一边交流，可以说这种设计方式重视家庭成员之间的融合。

K/DL

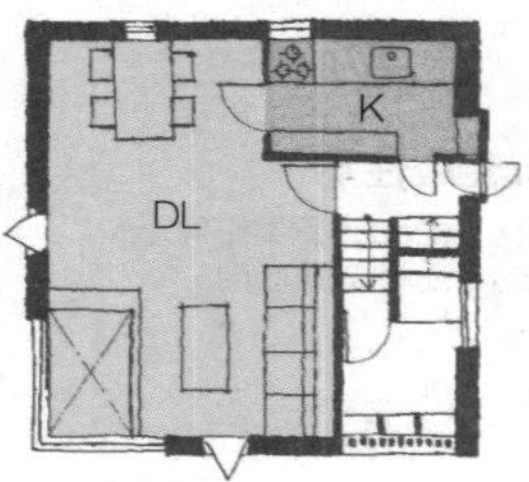

安冈住宅

独立厨房和 DL 在功能上相连

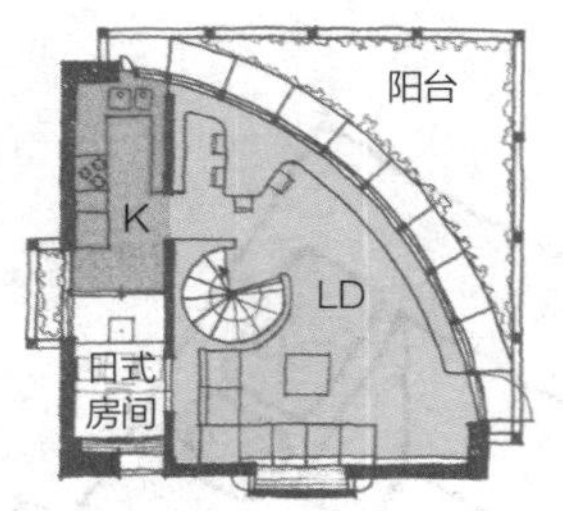

佐川住宅

LD 可通过螺旋楼梯松缓地区分开

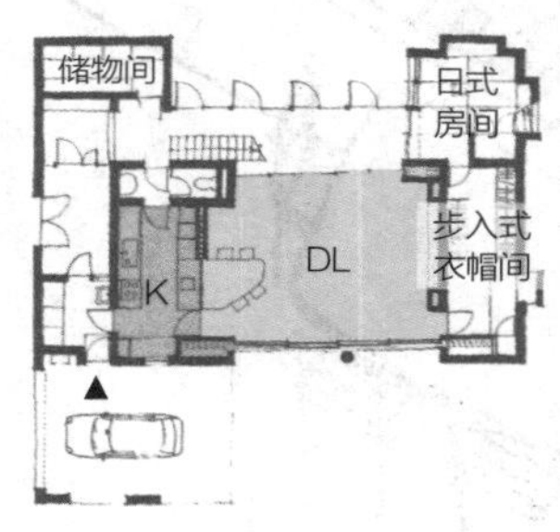

名越住宅

关上门时可隔断空间

DK/L

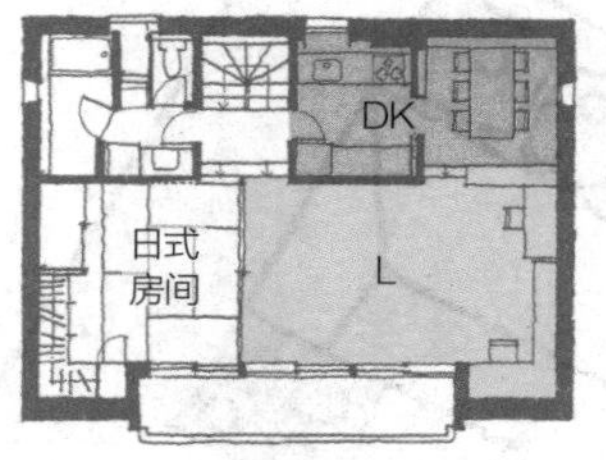

前田住宅

DK（餐厅厨房）与客厅之间只有地面高度不同，其他部分浑然一体

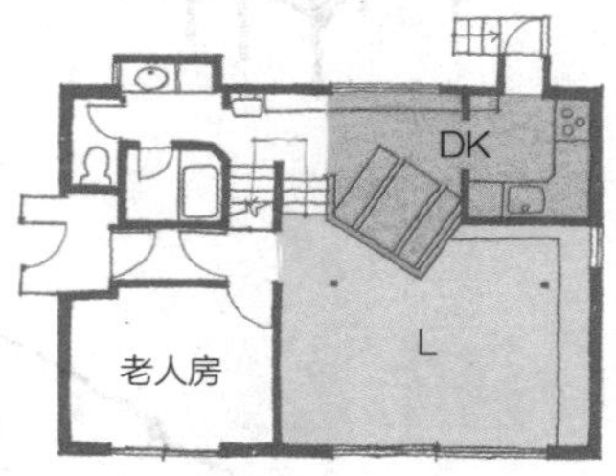

菅野住宅

L 和 DK 有着半层的落差

LDK

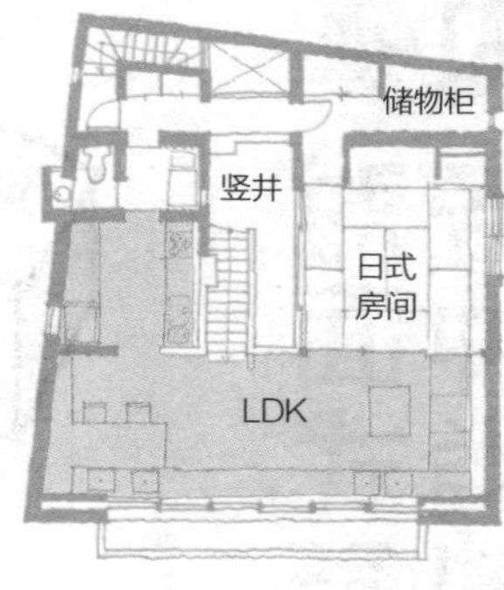

船桥住宅

可看到所有房间的指令塔式厨房

崔宅

LDK 的各处均有立身之所，恰到好处的距离感便于家庭成员聊天

厨房和餐厅客厅型（K/DL）

烹饪空间保持某种程度的独立性，同时餐厅和客厅构成一体，属于重视用餐前后家庭成员交流的类型。虽类似于厨房独立型（K），但就目前来讲，这算是普通型。

餐厅厨房和客厅型（DK/L）

该类型将烹饪和用餐的空间紧密联系，提高了客厅的独立性。属于重视家庭成员团聚的空间类型，此外客厅还有接待及应对突然来访者的用途。

客厅餐厅厨房型（LDK）

将烹饪、用餐和家庭成员团聚融合在一起的类型。因所有功能都可以在一个大空间完成，多用于人数较少的家庭或小型住宅的设计中。

14 各种类型对面式厨房的

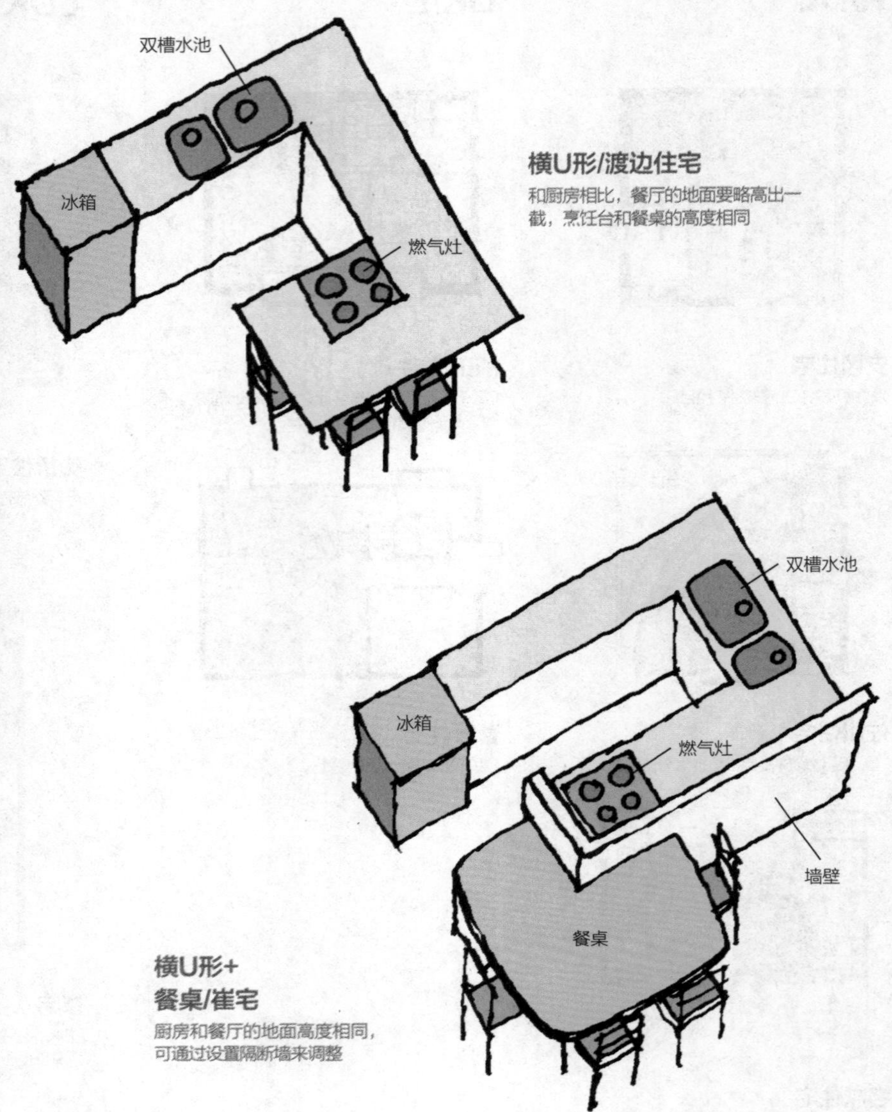

横U形/渡边住宅

和厨房相比，餐厅的地面要略高出一截，烹饪台和餐桌的高度相同

横U形+餐桌/崔宅

厨房和餐厅的地面高度相同，可通过设置隔断墙来调整

宫胁的住宅作品中，可看到许多正面相对式厨房。大家都知道，宫胁先生是一位亲自下厨烹饪的建筑家，无论是烹饪还是饮食，无不给人以在闲聊中送走欢快时光的印象。

再仔细观察烹饪台和餐桌的关系，可见很多设计都是燃气灶面向餐桌。这样设计的理念是，烹饪主要是给菜肴加热和调味，所以重要的是和等候在餐桌旁的家庭成员共享其乐。

我们经常能看到这种开放式的厨房，设计时必须认真考虑到，如果收拾不好，那么生活空间就会很难看。这要如何解决？后文会继续叙述其架构。

还有重要的一点就是烹饪台和餐桌的高度差将如何处理？渡边住宅的范例中是在地面上调整好落差，使烹饪台和餐桌保持高度一致；崔宅范例中是使地面的高度相同，在烹饪台和餐桌之间设一面墙来进行调整。

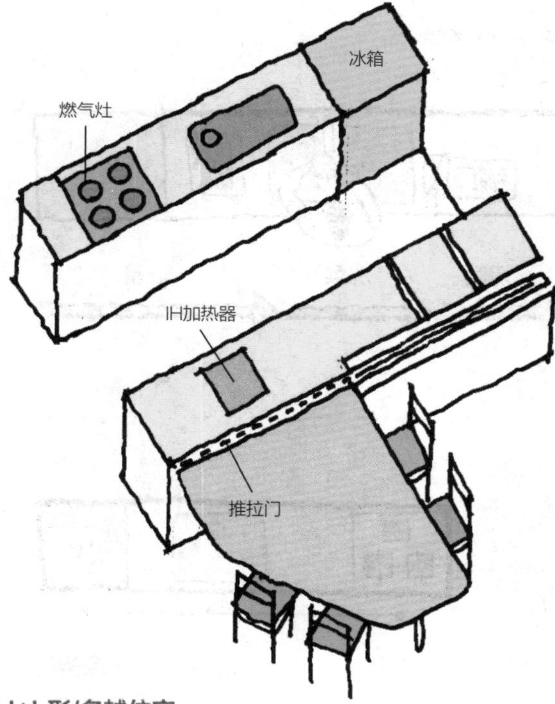

I+L形/名越住宅

这在宫胁先生的设计中是比较少见的，燃气灶设在桌子的反方向。关上餐厅和厨房之间的推拉门，也可以阻隔二者

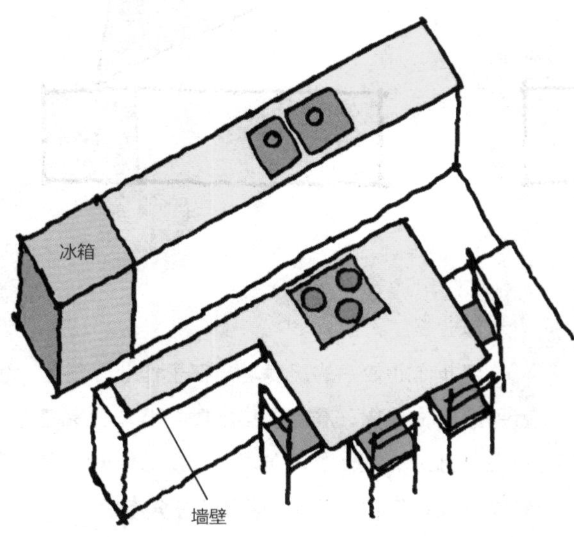

I+L形/森宅

和藤谷住宅类似。依桌形的不同，可改变对烹饪的参与度

I+L形/藤谷住宅

设在桌子左侧的墙壁，恰好将餐厅和厨房分离开

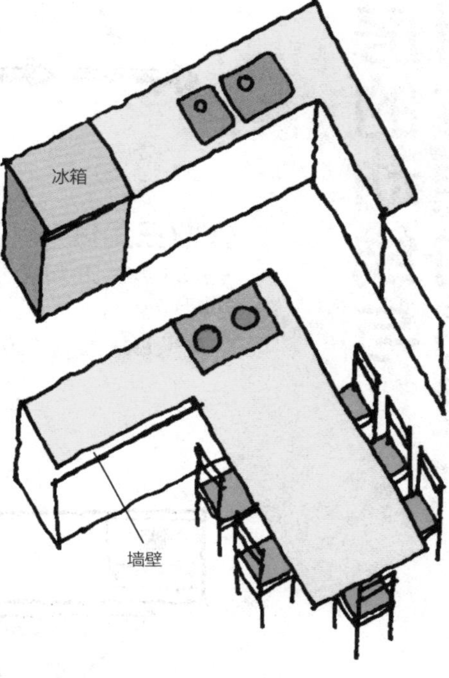

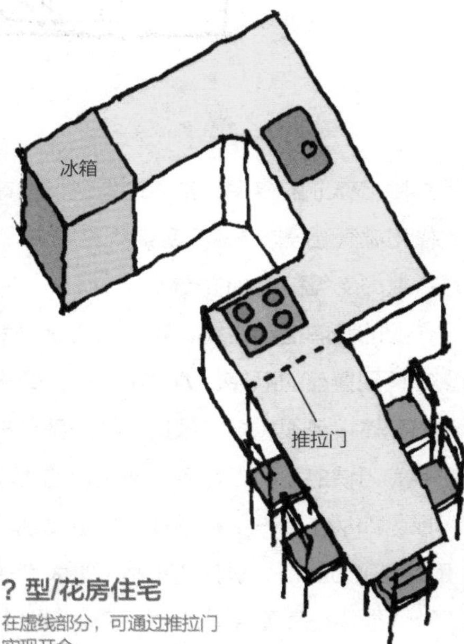

？型/花房住宅

在虚线部分，可通过推拉门实现开合

厨房的动线与使用方便的高度

烹饪的顺序

考虑好烹饪和摆盘、收拾的活动路线后进行配置

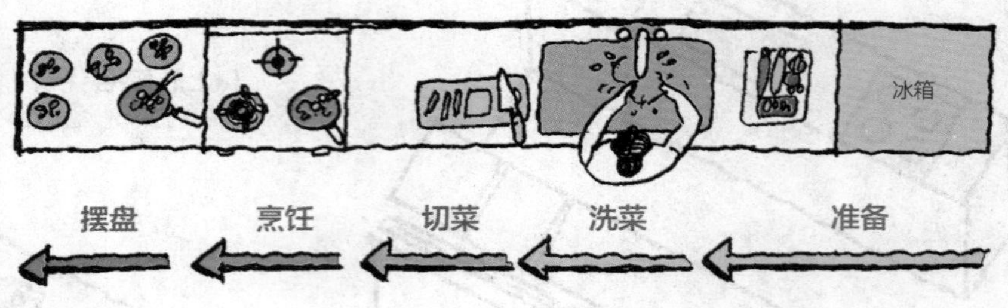

作业三角区

三角形三边的总和为3.6m~6m是比较合适的数值

A + B + C ≦ 3.6m ~ 6m

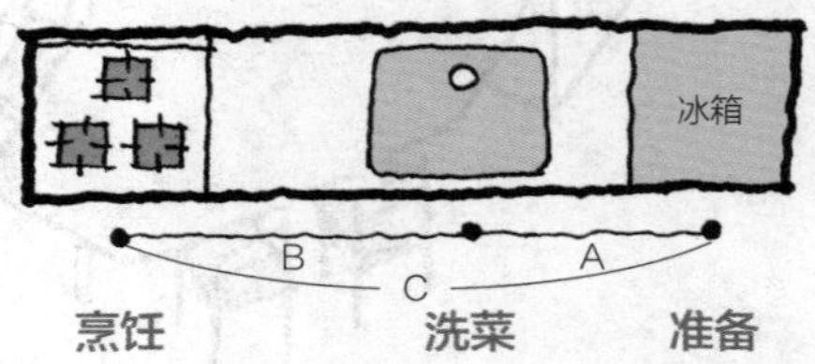

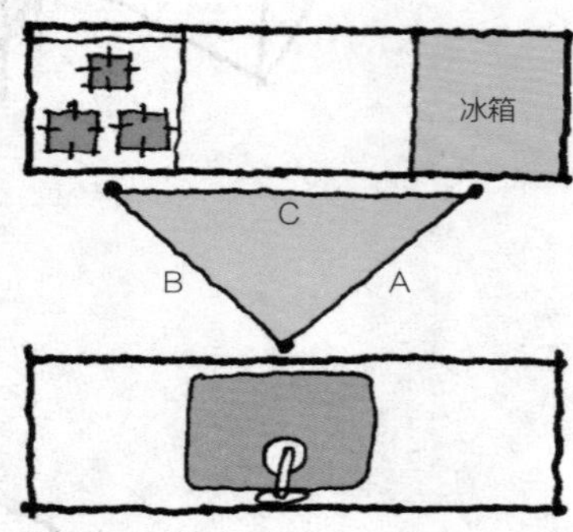

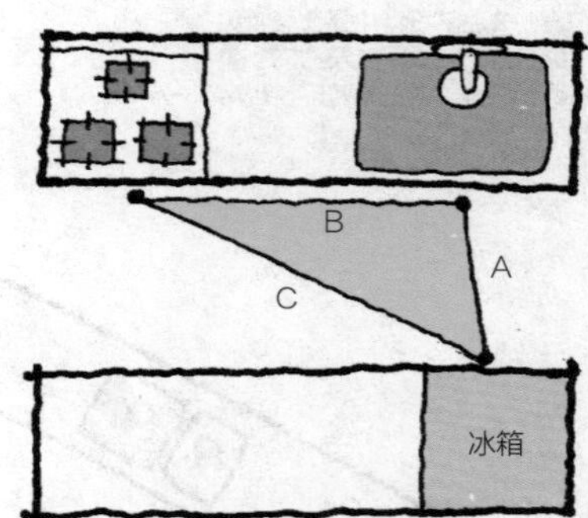

为提高厨房作业的效率，重要的是通过配置烹饪台、水槽和燃气灶等办法来设定活动路线。

烹饪作业的流程和台面的尺寸

烹饪作业的基本活动路线，如上图所示，为从准备到烹饪再到摆盘的顺序。为了保证按该顺序有效地行动，配置设备很重要。根据房屋的整体规划及左、右手等习惯的不同，也可能与图示的活动路线正好相反（即从左到右）。另外，最近出现台面的尺寸呈高度900mm、纵深700mm等大型化倾向，但设计必须要在掌握基本尺寸的基础上进行。

作业三角区

判断作业效率的尺度之一在于作业三角区，也就是冰箱（存货、准备）和水槽（准备、烹饪）以及燃气灶（烹饪）之间的关系。这3个位置和距离对作业效率有很大影响，因此要充分考虑。

一列型

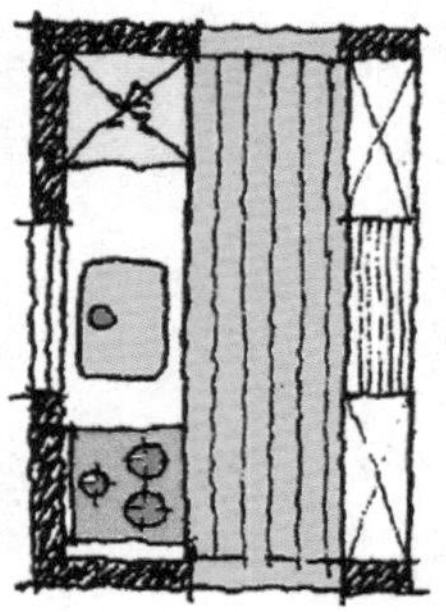

两列型

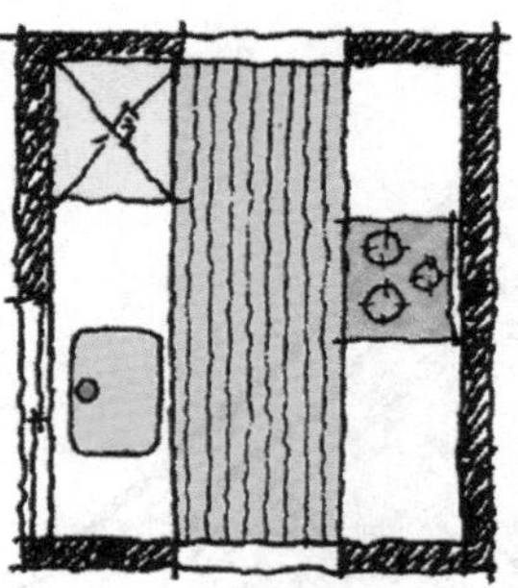

L形

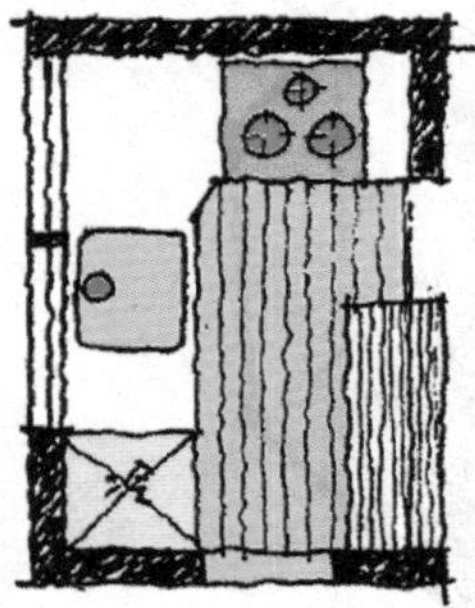

横U形

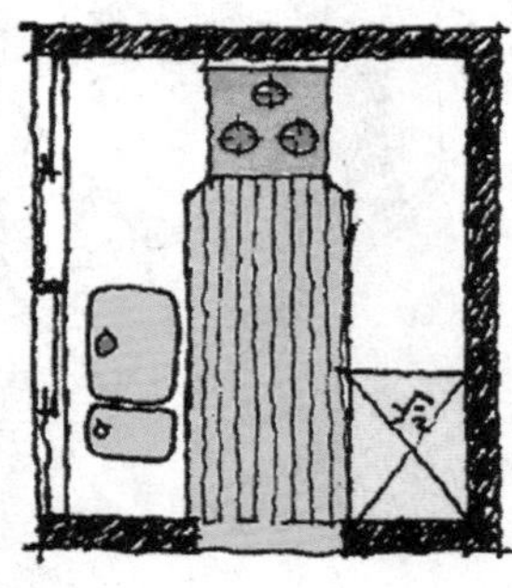

独立型厨房的基本配置

厨房的位置和配置要根据家庭成员的构成及住宅的整体设计来决定。有效地配置冰箱、水槽、燃气灶非常重要。

烹饪台、架的尺寸

根据作业人的高度，定出烹饪台和吊橱的高度。

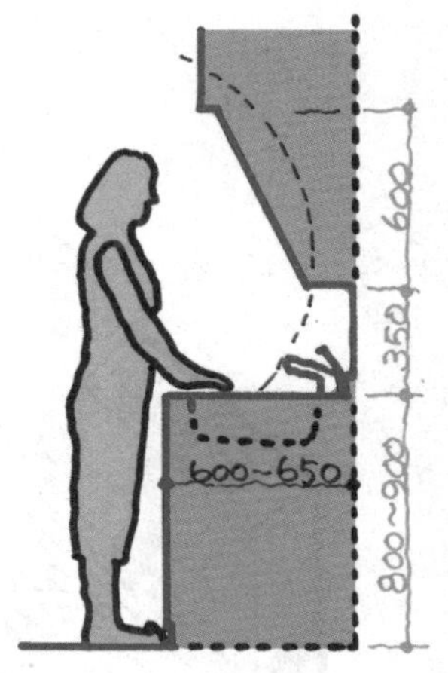

厨房、吊橱的尺寸（mm）

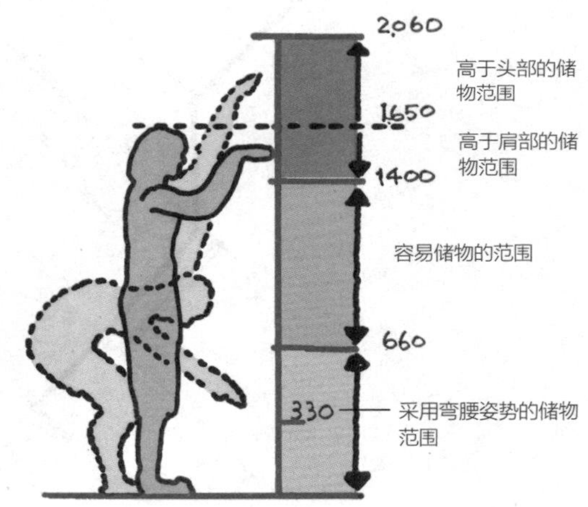

储物装置适合的高度（mm）

烹饪台·架的尺寸

另一个影响作业效率的重要因素是烹饪台和储物架的尺寸。根据使用人的体形不同而异，这里以合乎标准的女性身高为例。

厨房的基本配置

独立厨房的设计，根据冰箱、水槽和燃气灶等配置的具体情况，大致可划分为以下4类。

如上图所示，有全部配成一列的“一列型”、相对配置成两列的“两列型”、利用角落沿着两面墙配置的“L形”，以及沿三面墙配置的“U形”。

再有，考虑到整个住宅的规划和占地条件，受厨房的位置、大小，以及出入口和窗户位置等因素的影响，配置的方式也会受到限制，可根据使用的方便性及客户的喜好而定。

16

独立式厨房是主妇的城堡

摆盘、收拾、排垃圾厨房的活动路线很重要/木村住宅

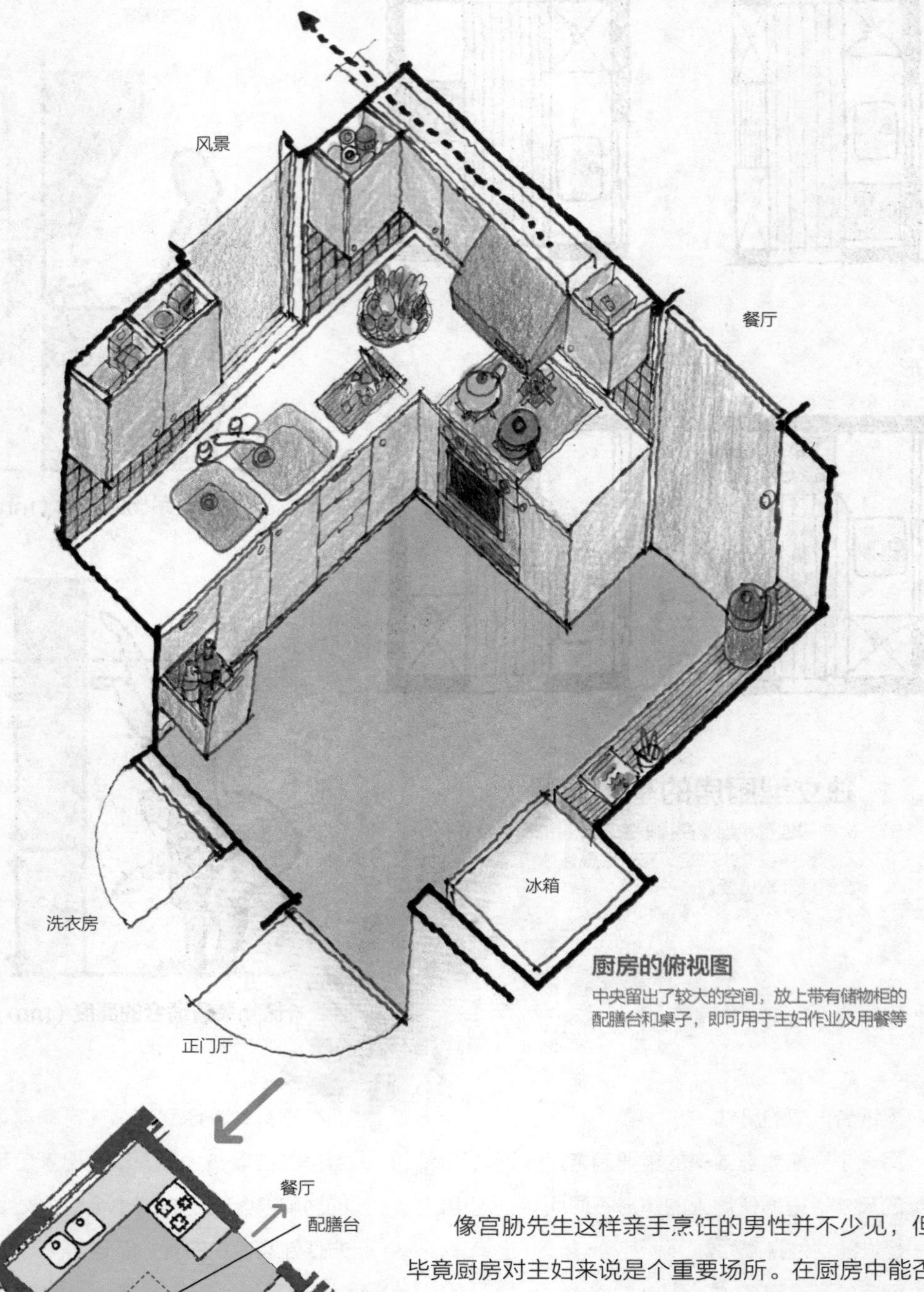

厨房的俯视图

中央留出了较大的空间，放上带有储物柜的配膳台和桌子，即可用于主妇作业及用餐等

餐厅
配膳台
厨房
洗衣房
屋外
正门厅

厨房平面图
S=1:100

像宫胁先生这样亲手烹饪的男性并不少见，但毕竟厨房对主妇来说是个重要场所。在厨房中能否有效烹饪，如前文所述，这与冰箱、烹饪台、水槽及燃气灶的配置有很大关系。

除此之外，厨房内部的布局也很重要，但从厨房到餐厅的路线以及走向家务间的路线等是否有效率，也在很大程度上关乎到使用的方便性。

三角形更方便使用/高畠住宅

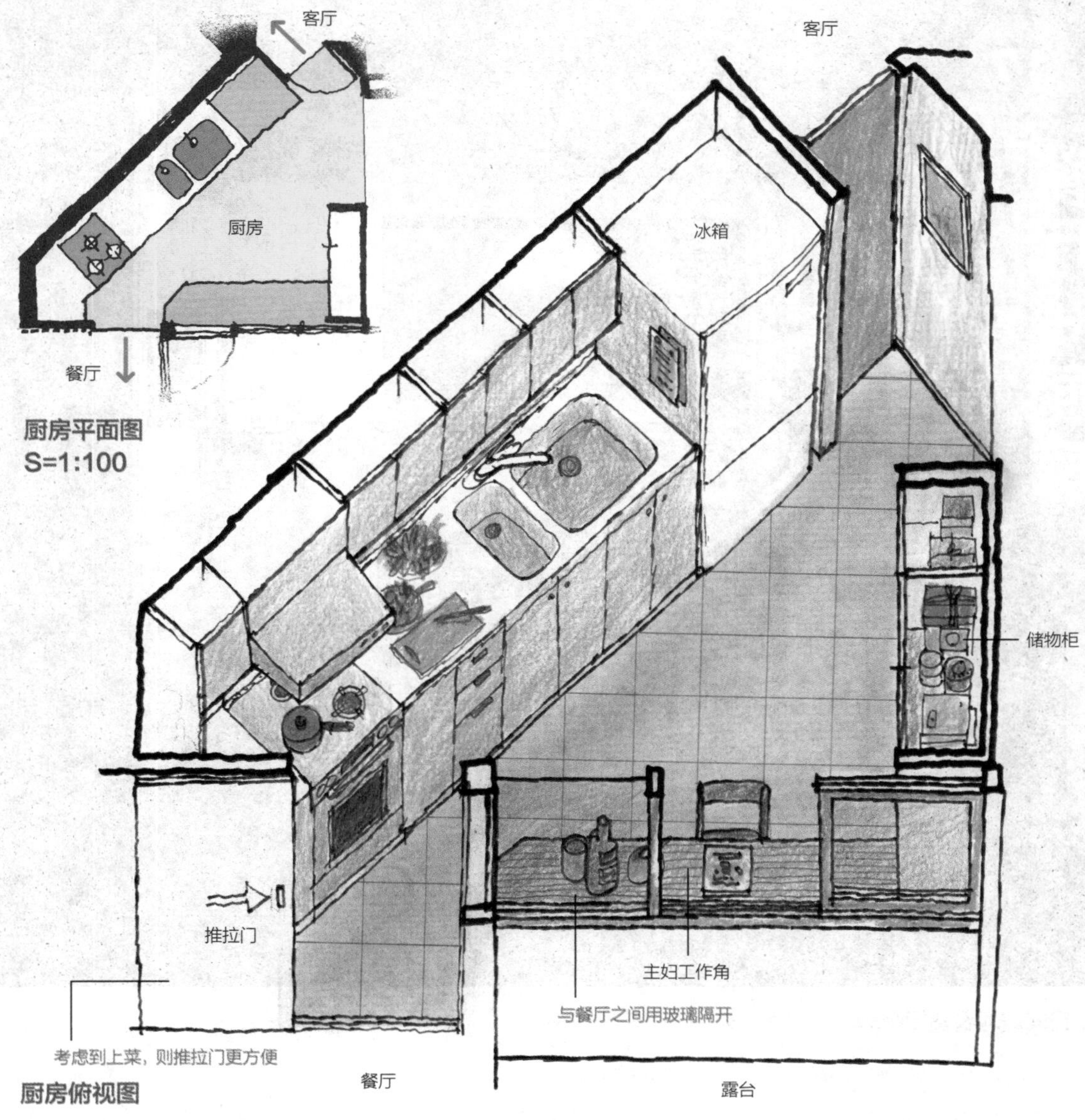

木村住宅的独立型厨房

以L形配置水槽、烹饪台、燃气灶，并在对面设置冰箱和架子。因该设计接近正方形，中央可形成空间，放上餐厅用的小桌子、家务椅等，就可形成多用途的厨房。餐厅和杂物间邻接，活动路线简单，从功能上讲，形成易用型厨房。

高畠住宅的独立型厨房

从平面图上看，厨房为三角形的独特设计。平面如果呈三角形，那么锐角部分形成的角落空间容易浪费，这里将两个角落设计成通向客厅和餐厅的出入口，形成了以厨房为中心的活动区。

右侧储物柜的尽头是去往中庭的出入口，及放有洗衣机的家务间。另外，面向露台的一侧设有家务柜台，是作业性和居住性兼优的厨房。

17 使用方便、明亮的餐厅+厨房

从日式房间看餐厅厨房　右侧是厨房，照片中的远处为客厅

这是在二楼配置了餐厅、厨房的例子。因为面向南侧，给人以明亮整洁的印象。日光从南侧的窗子照进来，窗下是柜台，再往下是碗橱。烹饪作业使用的水槽、燃气灶设在靠墙的一侧，因其上部有天窗，所以依旧明亮。

从餐厅和厨房，通过半层的竖井可以俯看一楼的客厅，两个空间可谓有着恰到好处的位置关系。而且不光可以在餐桌，还可以在相邻的日式房间用餐，可以根据不同的TPO（时间、地点、目的）而区别使用。

该设计中，上下构成斜向关系的餐厅、厨房与客厅不即不离的关系，令人坐立皆安。

用竖井连接起来的餐厅、厨房与客厅/立松住宅

餐厅、厨房和客厅的关系

餐厅厨房的地面高度与中间二楼的高度齐平，与一楼的客厅和餐厅刚好构成对角关系。

从南侧看到的外观，一楼左侧为客厅，二楼中央为餐厅，右侧是日式房间

二楼平面俯视图

一楼平面图　S=1:200

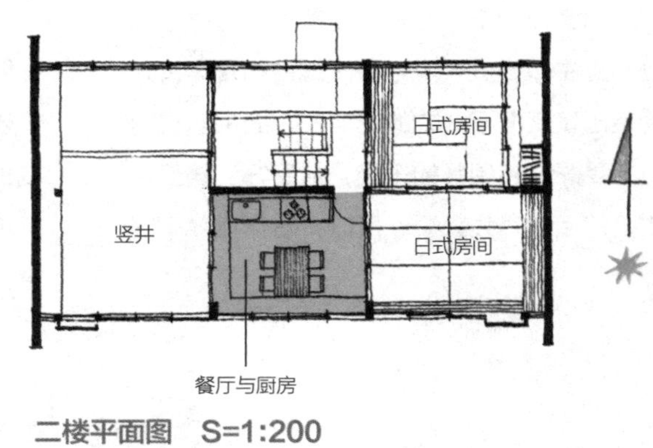

二楼平面图　S=1:200

变换自由的餐厅+厨房

配膳台是关键/名越住宅

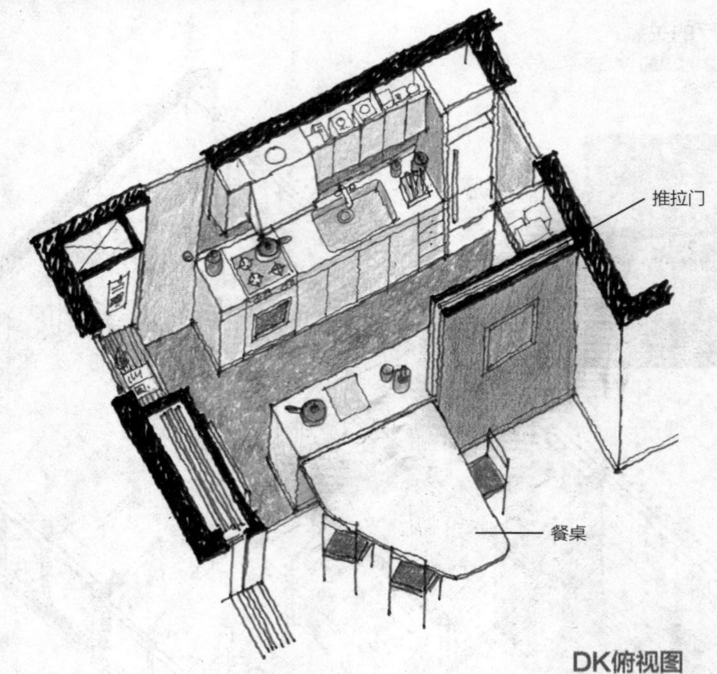

DK俯视图

连结

相同高度的配膳台和餐桌，推开门即成为一体，摆盘、收拾都很方便。

DK截面图

从整理和归整的思路看，厨房和餐厅有着微妙的关系。把两者归纳于一室是普通餐厅、厨房的做法，而宫胁先生却更进一步，将烹饪台和餐桌合为一体，营造出了正面相对式的厨房。正面相对式厨房可同时享受烹饪和用餐的乐趣，从烹饪到摆盘、清洗、收拾的活动路线较短，所以有着作业效率高的优势。

名越住宅的正面相对式厨房

正面相对式厨房的问题是，杂乱的厨房会暴露在眼前。于是就出现了根据实际情况将用餐空间分离出来的要求，回应这项要求的是名越住宅变换自由的餐厅、厨房。这里厨房和餐厅的空间可自由连接或分离，配膳台和餐桌之间有推拉门，出入口设置为单开门。

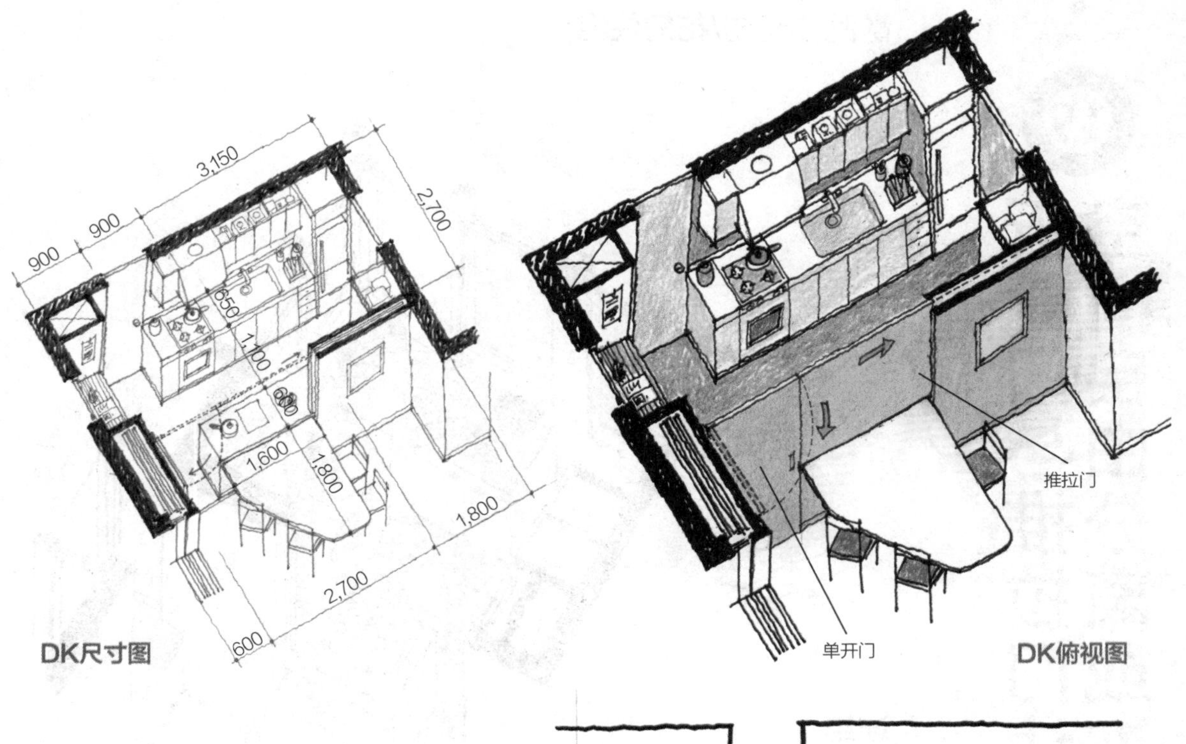

DK尺寸图　　DK俯视图

分离

拉出门后配膳台和餐桌分离，易于分别单独作业

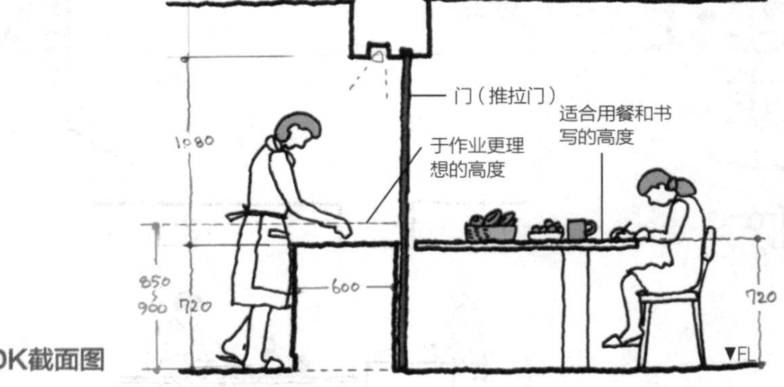

DK截面图

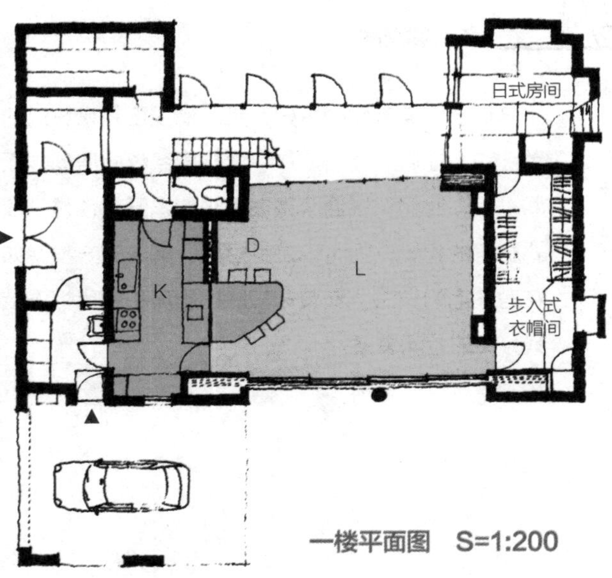

一楼平面图　S=1:200

再一个问题就是烹饪台和餐桌的高度不同。名越住宅中是将烹饪台（H=850mm）和餐桌（H=720mm）分离开来，将配膳台和餐桌设为相同的高度，从摆盘到用餐、再到用餐后的收拾，这一连串的作业可顺利进行。另外，厨房和餐厅的地面位于同一水平面，因而在移动的过程中被绊倒的危险性较小。硬要举出个缺点的话，那就是站着工作的人和坐在桌旁的人，二者视线差较大。

19 折叠门与推拉门让空间自由分离或连成一体

散乱亦无妨/花房住宅

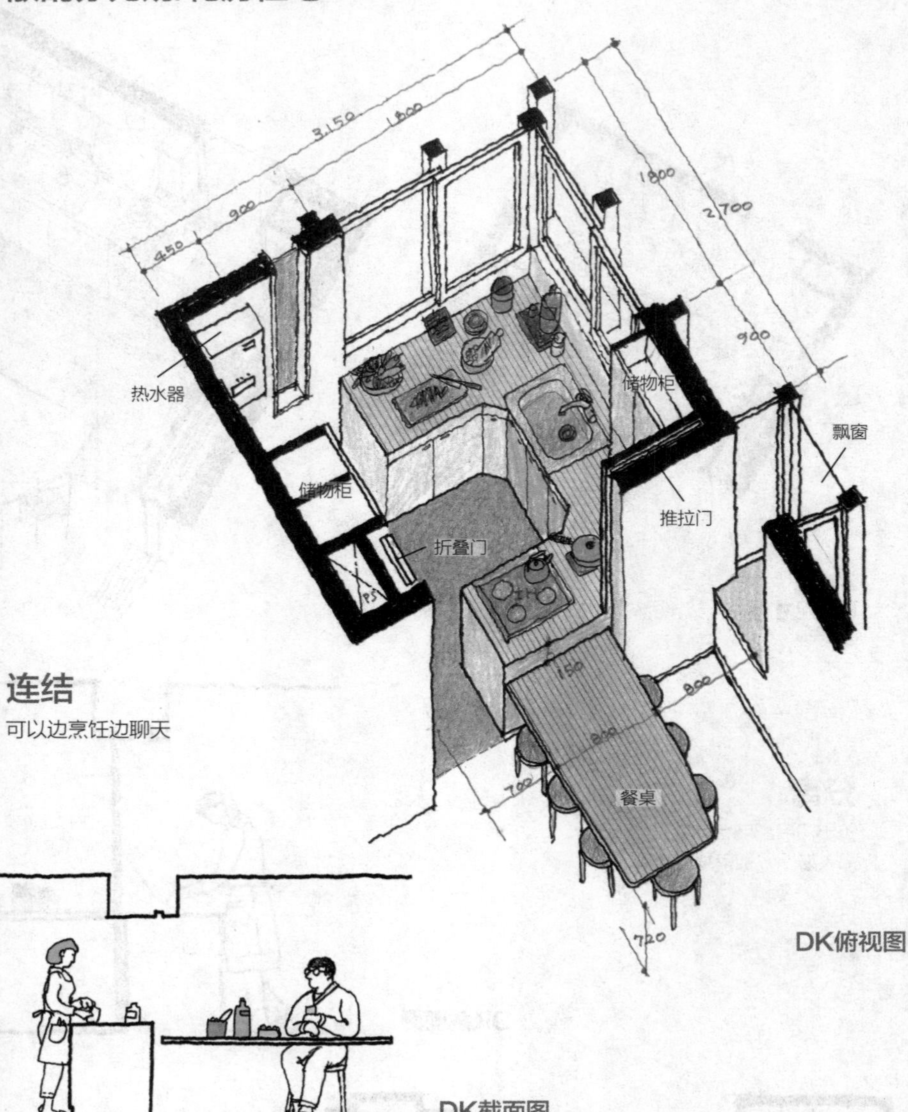

连结

可以边烹饪边聊天

DK俯视图

DK截面图

和上述名越住宅的正面相对式厨房相同，此厨房和餐厅也为易实现自由开放和封闭的类型。

对花房住宅而言，餐桌一侧配有燃气灶，这一点和名越住宅不同。宫胁先生无疑是想象着父母一边掂着炒锅，一边聊着关于食材和如何加味的话题，这种为家庭成员一起享受烹饪乐趣所设计的。

由于燃气灶台的高度（850mm~900mm）和餐桌的高度（720mm~750mm）存在150mm左右的高度差，所以，站立工作的人和坐着的人的视线在高度上会产生不和谐，这是难点所在。

从事厨房工作的主妇，其烦恼主要是烹饪时的散乱和烹饪后的收拾工作。要想同系统厨房的样板间一般，时时保持洁净是很困难的。开放性是开放式厨房的长处，同时也是其短处。解决的方案就如花房住宅的做法，安装一套能把厨房和餐厅相连结或分离的分隔装置。

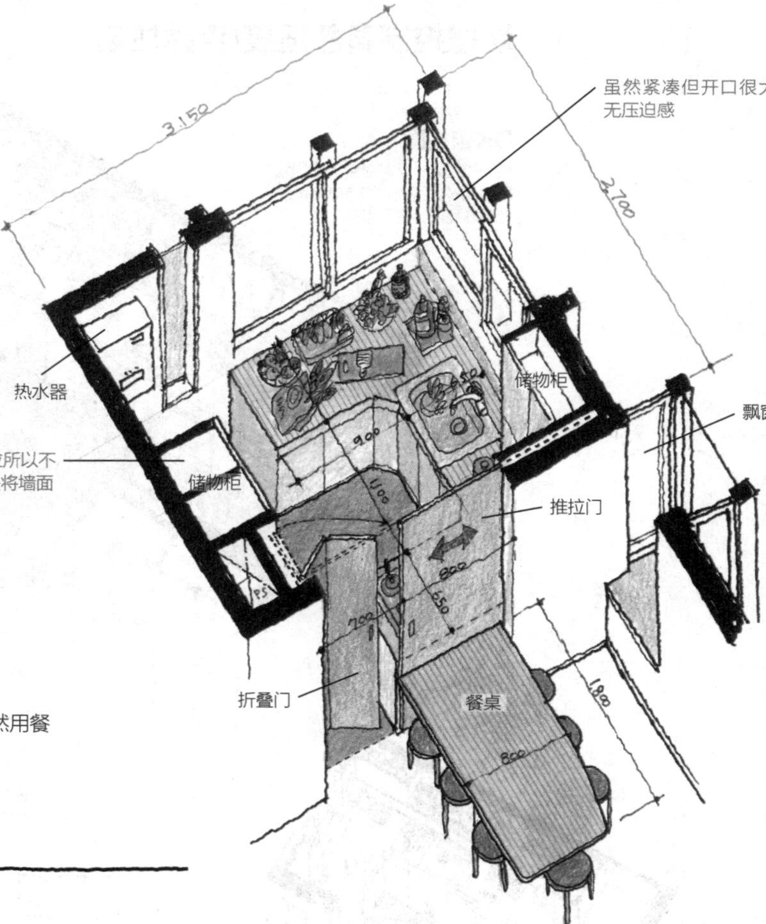

3,150

3,700

虽然紧凑但开口很大，所以无压迫感

热水器

储物柜

飘窗

因有开口部位所以不设吊橱，而是将墙面作为储物架

储物柜

推拉门

900

1,100

800

650

700

1,800

800

折叠门

餐桌

分离

可无视厨房的狼藉，悠然用餐

DK俯视图

DK截面图

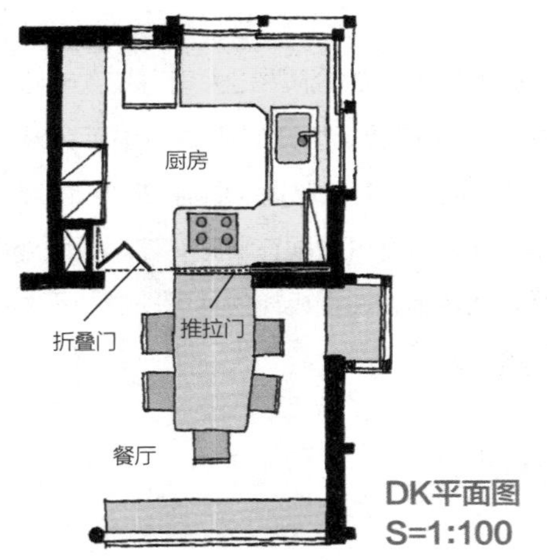

DK平面图
S=1:100

在花房住宅中，厨房和餐厅的分隔靠推拉门，桌子旁的出入靠折叠门。开闭度可做多种调整，这一点深受主妇好评。

用餐时可不必在意散乱的厨房，饱餐欢谈，这正是这种自在分隔餐厅与厨房的妙处。

燃气灶前面的小墙壁有其存在的重要意义

墙壁控制着舒适度/森井住宅

DK俯视图

可交流视线，又可避免厨房的狼藉被用餐者看到。燃气灶处散发出香味而油又溅不过来

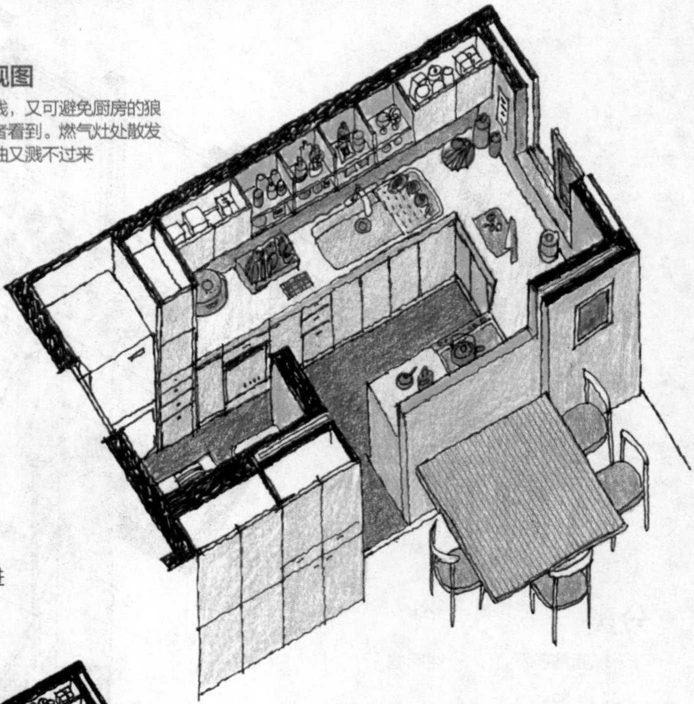

连结

烹饪者和用餐者可相互进行交流

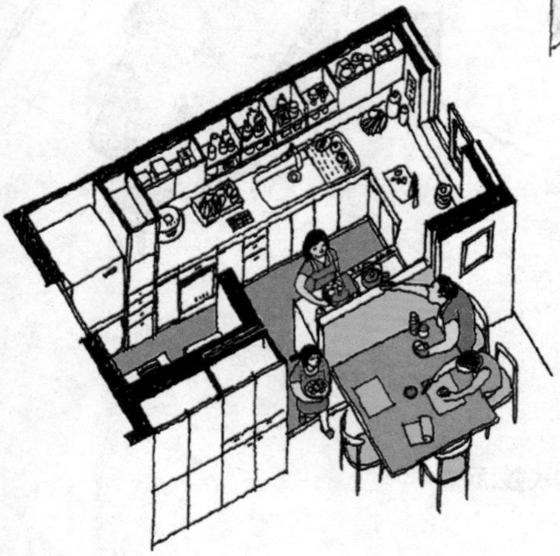

餐厅和厨房虽然相连，但由于厨房一侧有立墙，所以看不到主妇的手部

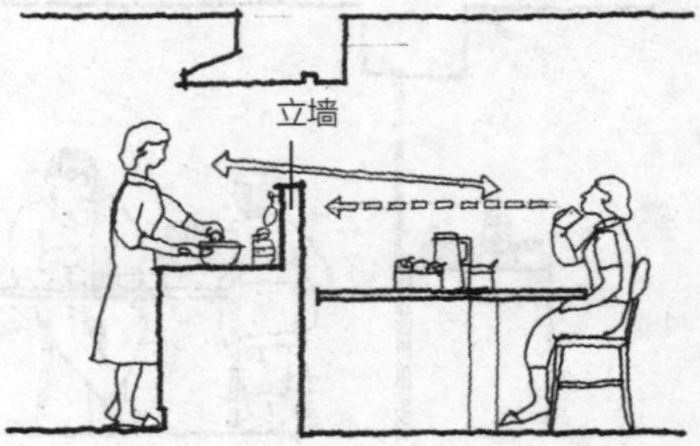

DK截面图

和上文所述的花房住宅相同，这也是一个在餐桌一侧安设燃气灶的案例。这种类型的厨房，由于燃气灶和餐桌的高度存在落差，所以坐在桌旁的人可以很容易地看见烹饪中的锅勺，但这也存在热油等飞溅到桌旁的缺陷。

能够消除这个缺陷的森井住宅的厨房，其做法是在厨房和餐桌间立了一段墙。大厨的手部不易被看到，而正因如此，杂乱的燃气灶周围也可被挡住，用餐者将不会看到。烹饪者和用餐者保留适度的视线交流，便于欢谈，这是其好处。

厨房和餐厅的分隔由3大扇可拉入一边墙壁中的推拉门来实现。烹饪或用餐当中若突然有客来访，亦可瞬时应对，此餐厅厨房方案可谓优选。

此外，将燃气灶配在桌旁，油烟机的处理成为问题。从餐桌看油烟机如何尽可能做到不太显眼，要下番工夫。

分离

厨房和餐厅被隔开，可踏实用餐

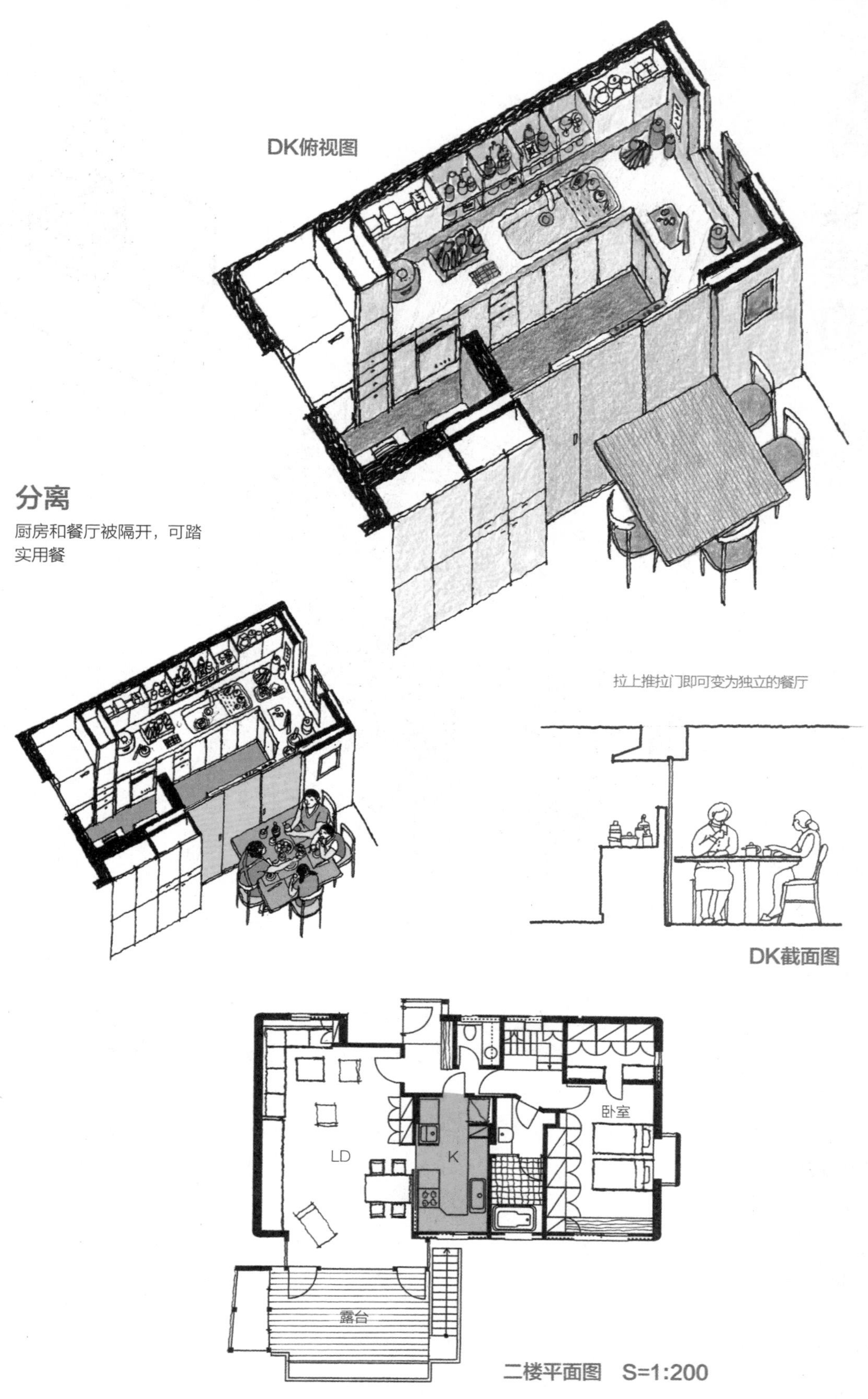

4

厨房与餐厅

21

紧凑的厨房+餐厅

套式结构

渡边住宅的结构是将DK箱体装入一个叫做房屋大箱体的结构。

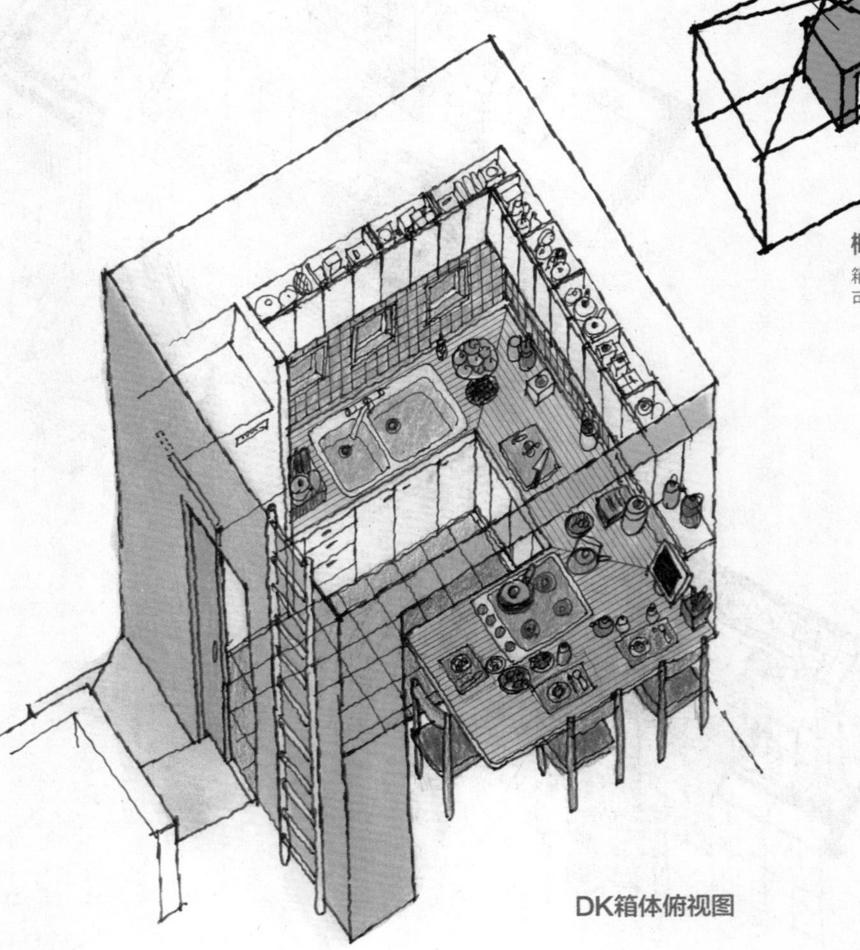

DK箱体俯视图

箱内有箱

概念图

箱顶变成地板，可有效利用空间

如果能将餐厅与厨房紧凑地归拢起来，无论是从空间上还是从作业效率上讲，无疑都会受到经常使用厨房的主妇们的欢迎。这种正面相对式的餐厅厨房可以说是最常用的紧凑式厨房的设计，也是渡边住宅采用的厨房设计。

房中还有另一个厨房箱体

渡边住宅的餐厅与厨房，是在一个边长大约2500mm的正方形箱子里，巧妙地收入了一套厨房、冰箱、储物及餐桌等。这套餐厅厨房（DK）箱体，又被收纳到叫做房屋的大箱体中，因而是被称为“套式结构”的空间结构，这点很是独特。DK箱体上搭有梯子，其与外部箱体，即房屋的天棚间所形成的空间可以作为储物间。

从冰箱取出或放入食材开始，直到烹饪至用餐的所有工序，都在相同的高度上，从而构成了功能性餐厅厨房。

带梯子的厨房/渡边住宅

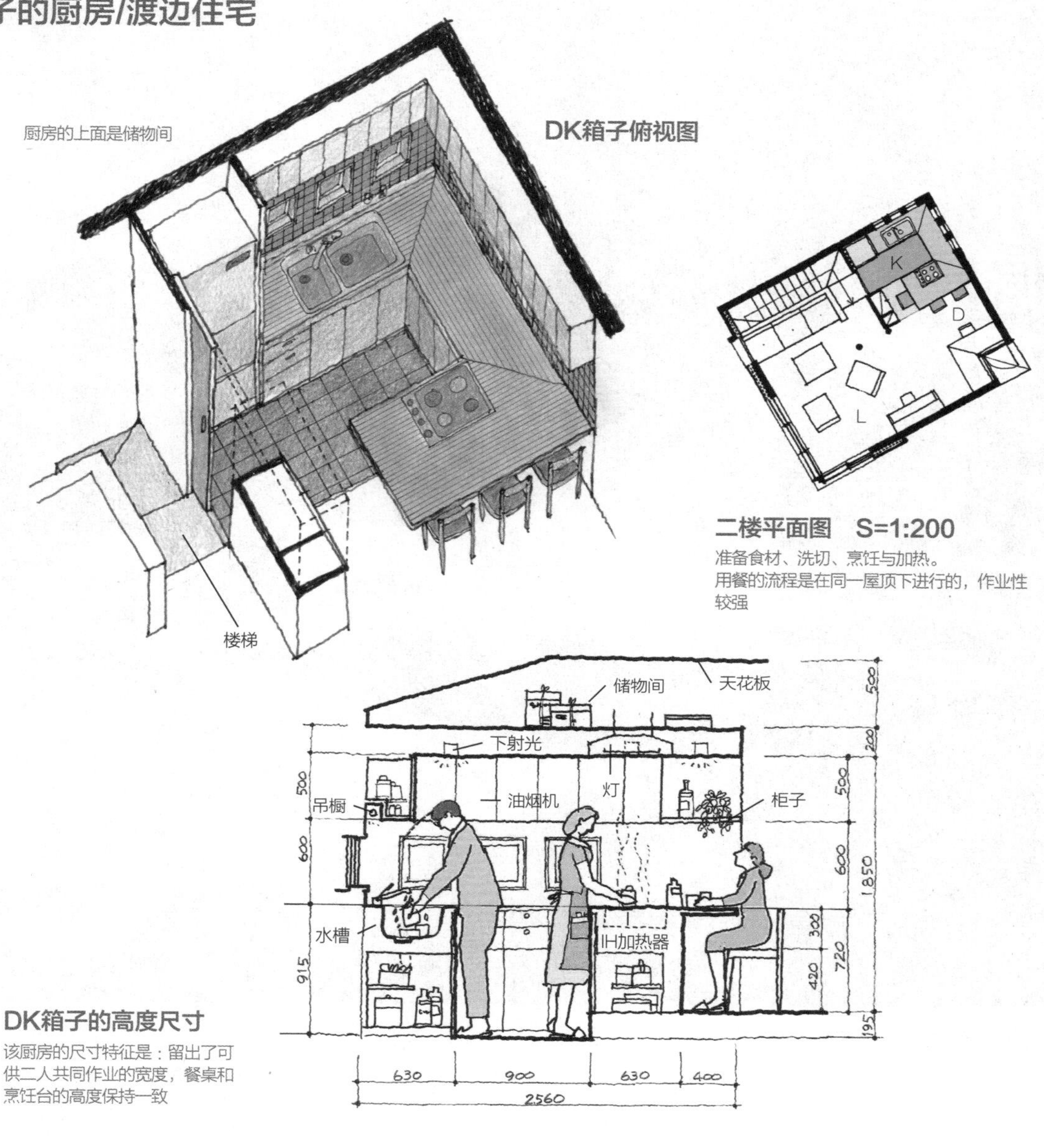

什么是使用方便的厨房

观察DK箱子内部，整个横“U”字形的烹饪台和餐桌构成一体，所以站在中心作业的人的活动路线是以自身为轴画圆，因而烹饪效率非常高。

在渡边住宅中，通过集成材料将烹饪台和餐桌设定为相同的高度。通过降低烹饪台一侧的地面高度，使烹饪台和餐桌构成同一平面。这样，各种形状、各种重量的烹饪器具和餐具等移动起来既顺畅又安全。另外，厨房中多发的事故，不是因为碰翻装有热食物的锅被烫伤，就是摔碎了玻璃餐具被划伤、扎伤等。而这间厨房所有的工作台都是用集合板制作的木制表面，所以此类事故不易出现。

但是，因厨房和餐厅的地面存在高度差，所以走动时须当心被绊倒。

22 像机舱一样的小厨房

从客厅看餐厅与厨房 内部整体的装饰设计采用茶色系，圆形的窗类似船舶的窗

从横尾住宅的平面图可见，此为典型的狭小住宅，但设计时却反而活用了这种特点，在所有细节部位都进行了详细设计，这种细致的做法应该说是融入了“宫胁主义”的理念。

宫胁主义

外观是近乎立方体的箱体，上层是以客厅为中心的餐厅、厨房、格子状的凉亭，以及狭窄却令人心情舒畅的阳台。一楼有卧室和洗手间，箱体凹陷的空间构成车库和过道。

在这狭小的住宅中处处可见刚才叙述的“宫胁主义”。例如外形是箱体状，上层客厅有定制的沙发和地坑等。

虽然狭窄却在细致的部分考虑周到，这种设计令人吃惊，而且这种周到的考虑在厨房中也体现得淋漓尽致。

紧凑之中见工夫/横尾住宅

DK俯视图

厨房内的器具摆放及架子都具功能性，有效利用了空间。将餐桌斜向摆放则是为了能坐下更多的人

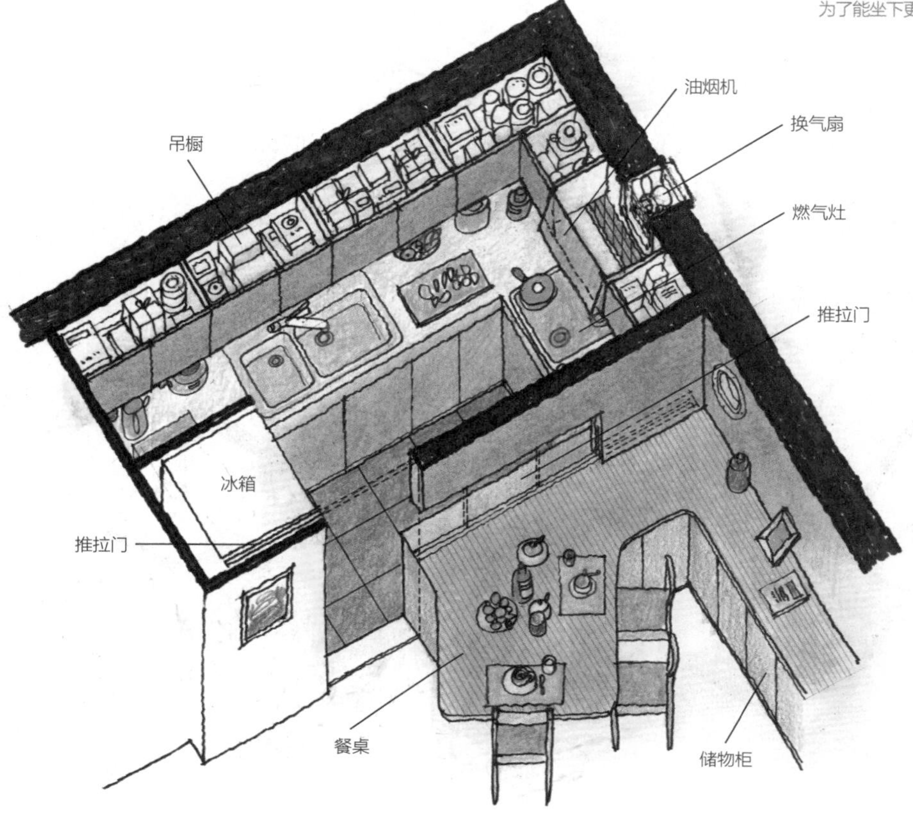

外观　带凉亭的 2 楼阳台内为展开了的 LDK

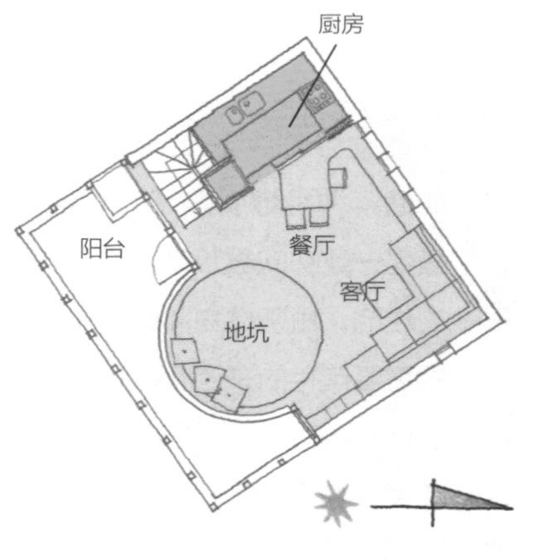

二楼平面图　S=1:200

二楼为 LDK 设计的狭小住宅，窄而不失舒适，设计精心

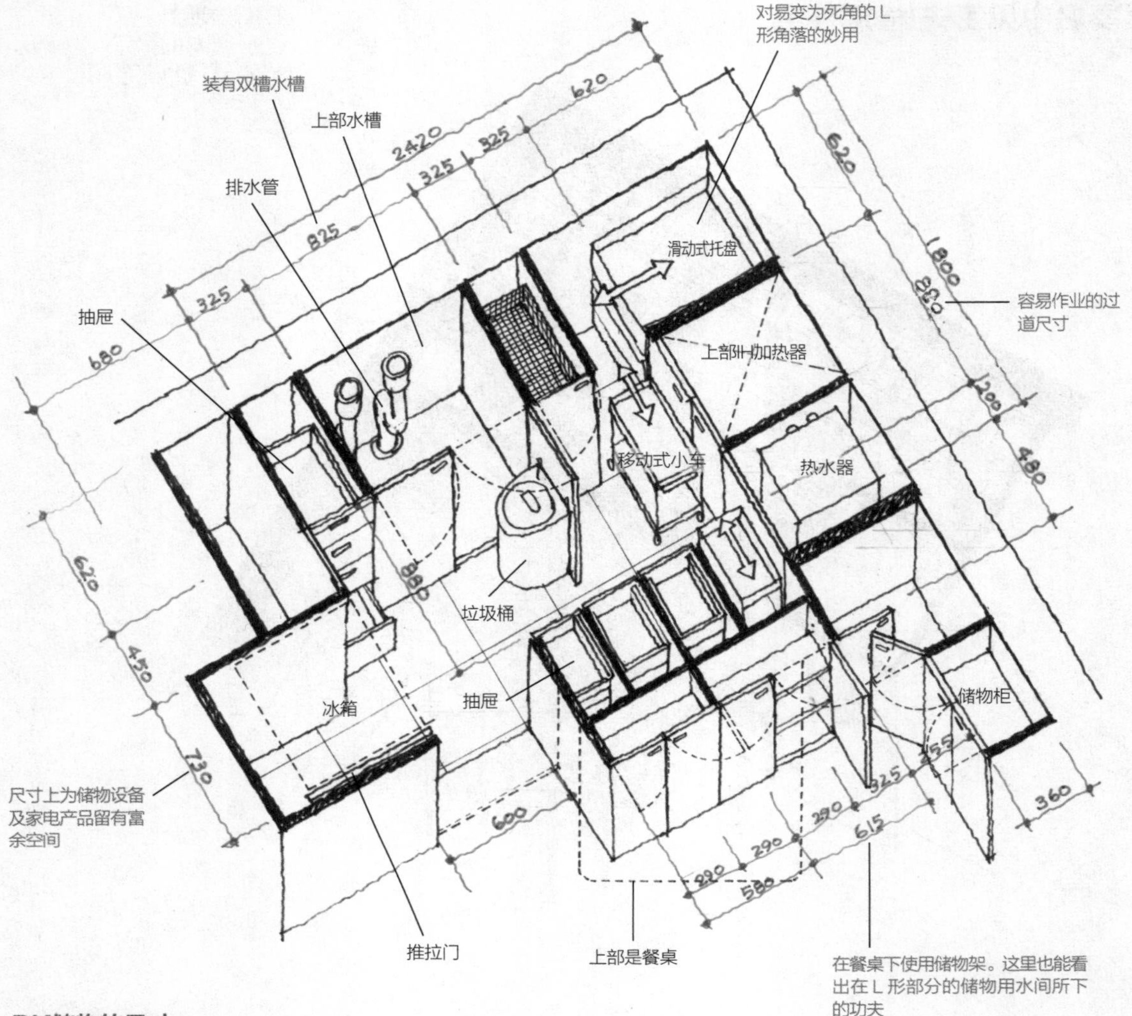

DK储物的尺寸

设计上要满足可将所有必要的厨房用品都完好装进去的要求

以毫米为标准的设计

我绷紧神经地看遍所有的细节部分，却没有发现任何一处空间被荒废，之前从未见过采用这种设计的住宅。由于储物部分的设计没有一点空间浪费，将需要储存的东西及其尺寸都彻底计算好后，才决定和设计了储存的位置。

二楼由客厅、餐厅和厨房构成。厨房仅有6平方米，但四面墙上都设有吊橱，储物空间十分充足。移动式小车摆放的地方也十分精准，保证了完美储物。另外，水槽下储物门的背面还安设了一个不构成障碍的垃圾箱。为使换气排烟罩在不用IH加热器时不会显得碍眼，所以将其设计为和储物架板同处同一平面。

另外，在定制的餐桌下设有可在餐厅一侧使用的储物柜，类似这种细节处理使所有的功能一应俱全，餐厅与厨房恰如飞机座舱。

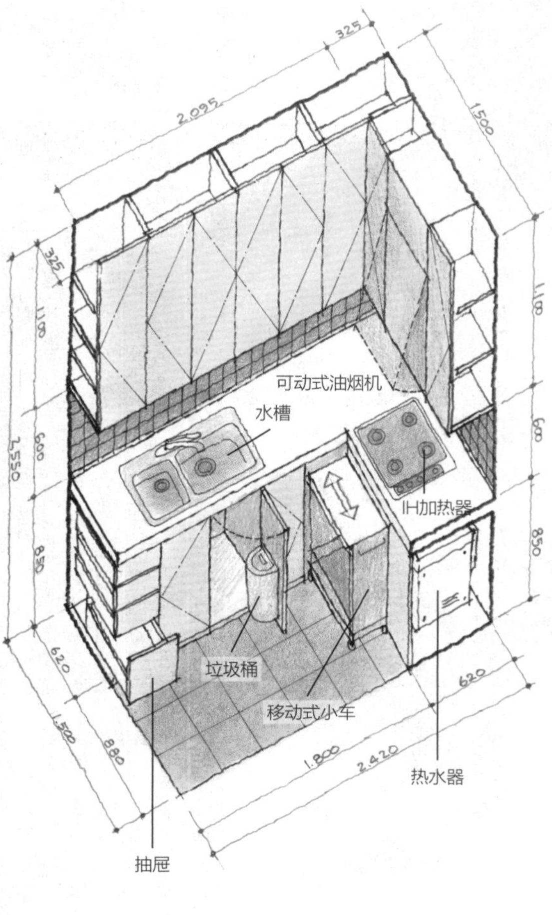

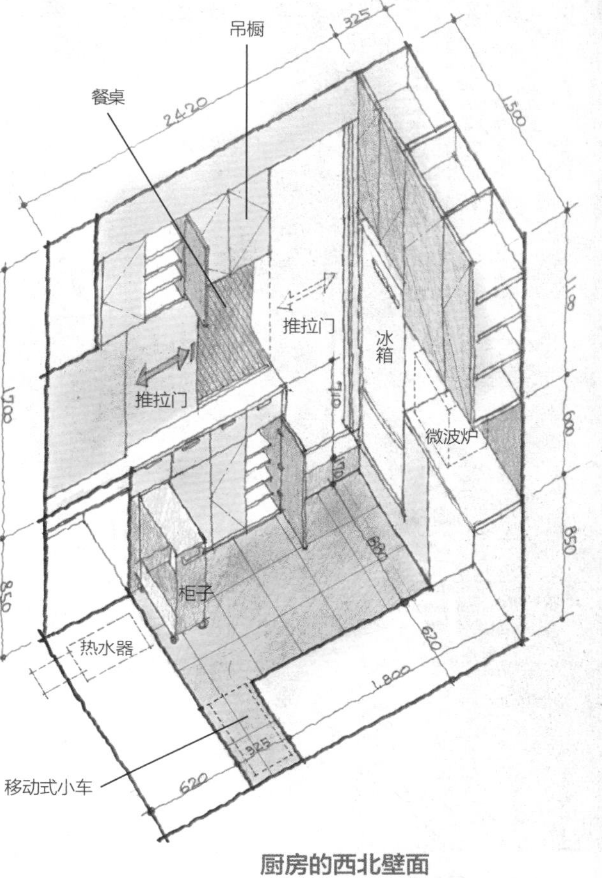

厨房的东南壁面

为防止油烟机形成障碍，将其设为了可动式

厨房的西北壁面

储物量大的厨房和对面的餐厅一侧，可通过推拉门隔开

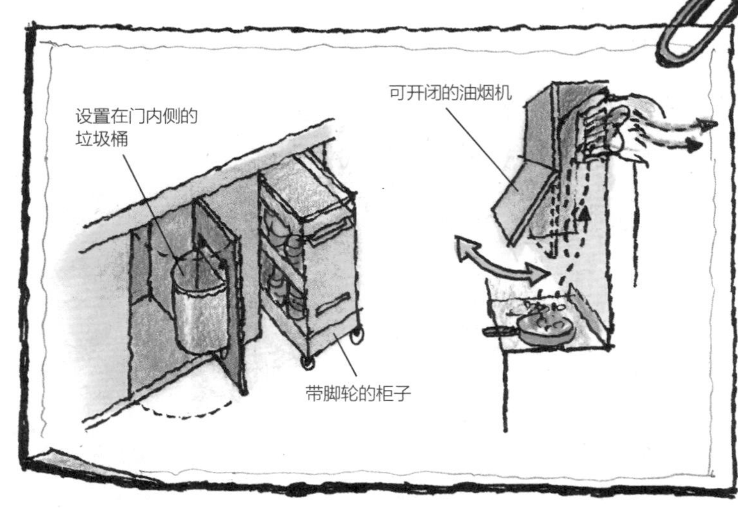

各种细节

为有效利用空间，储物门的背面设有垃圾桶，还设有各种用途的、带脚轮的柜子。此外，油烟机的设计和吊橱浑然一体

23 厨房+餐厅去往客厅的动线很重要

从客厅看餐厅　天窗下是楼梯间，其内部为厨房

用餐完毕后各回各屋，这种家庭据说日益增多，家庭成员的联系也因此而淡薄。同时，不可否认的是，作为供大家聚集而存在的客厅的价值也在降低。

个人的私隐固然重要，但首要的是知道家庭成员的存在，培养在社会上生存所必要的协调性也很重要。而且，这是住宅所扮演的重要角色。

所谓“餐厅厨房”这一空间概念，是指将烹饪、用餐等一系列活动归于一个房间来实现。在这套流程中，不正好可以将家庭成员聚拢在一起吗？

得到具体实现的案例就是这个船桥住宅。面向楼梯竖井空间的厨房为半开放型，离餐厅的距离也恰到好处。餐厅的长椅沿窗边延长开去，畅通无阻地和客厅的沙发相连。这条长椅将家庭成员在饭后自然而然地聚集了起来，从而形成了可以一起团聚的空间。

做饭、吃饭、放松
一条龙设计
船桥住宅

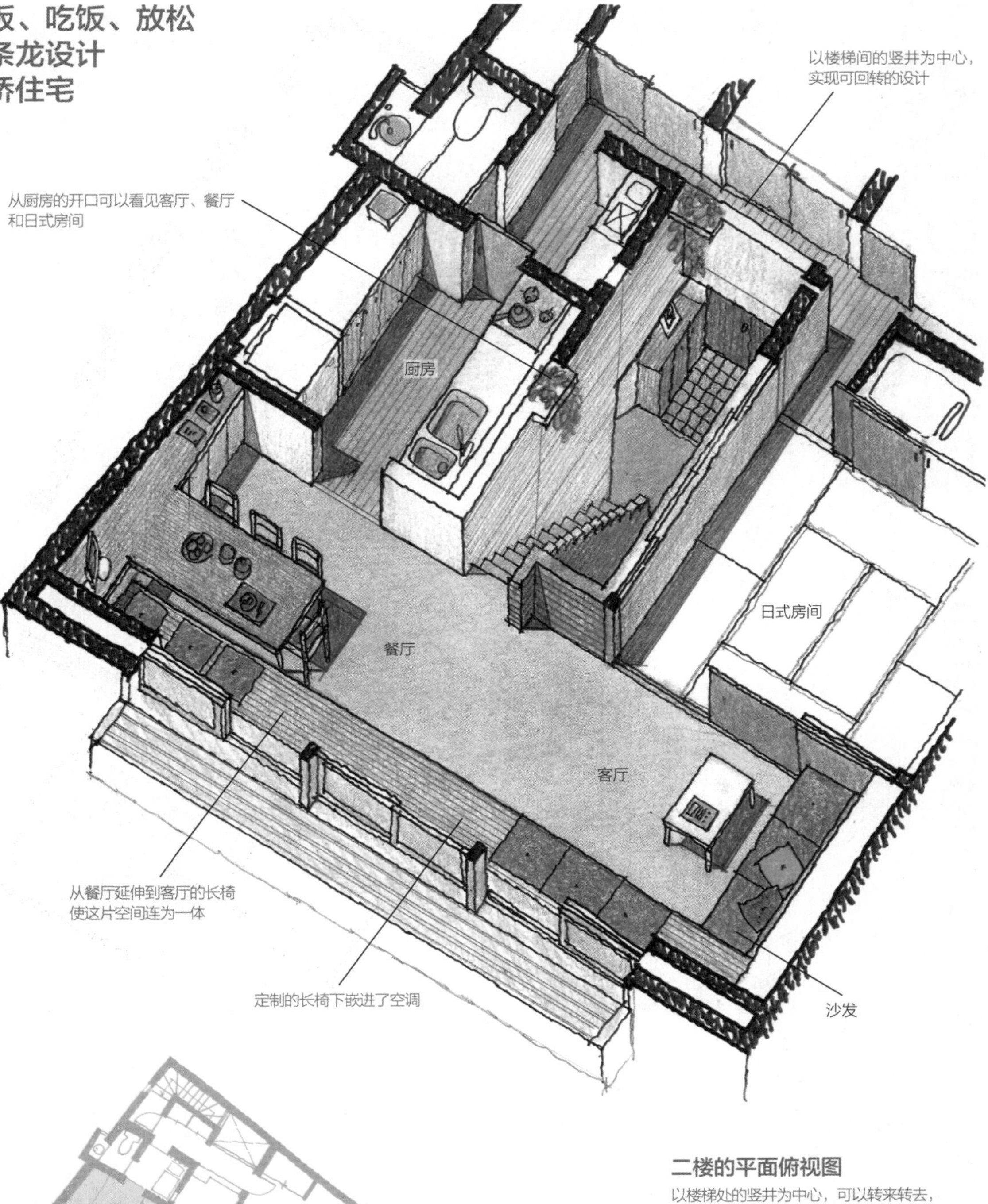

以楼梯间的竖井为中心，实现可回转的设计

从厨房的开口可以看见客厅、餐厅和日式房间

厨房

日式房间

餐厅

客厅

从餐厅延伸到客厅的长椅使这片空间连为一体

定制的长椅下嵌进了空调

沙发

二楼的平面俯视图

以楼梯处的竖井为中心，可以转来转去，所以从厨房到餐厅和客厅都通畅无阻

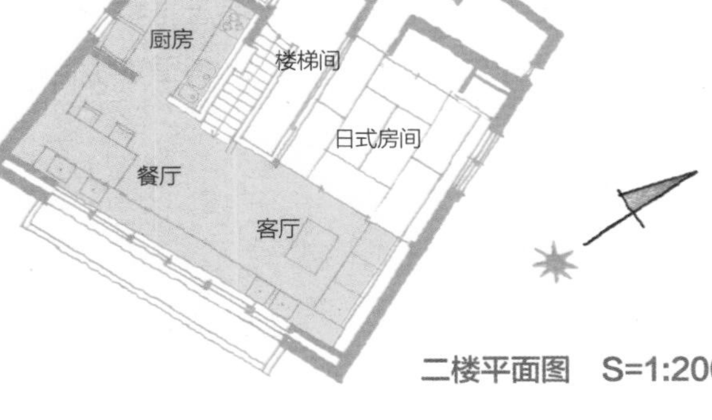

厨房

楼梯间

日式房间

餐厅

客厅

二楼平面图　S=1:200

24

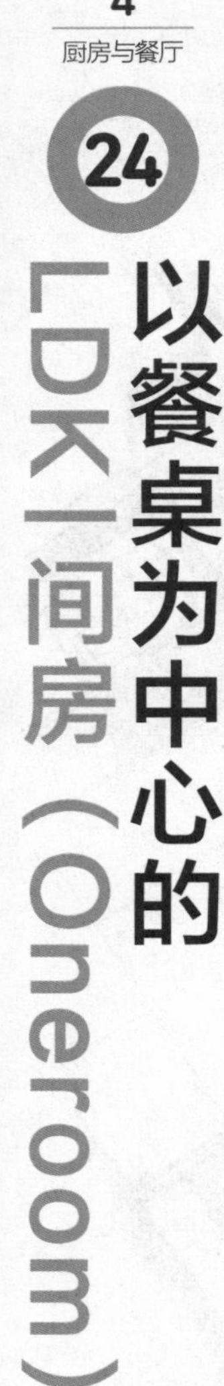

以餐桌为中心的LDK一间房（Oneroom）

紧凑、多功能LDK/崔宅

好在有了这段矮墙，厨房不用即刻收拾，在客厅和餐厅是看不到的，从而能够踏踏实实地放松下来

厨房

餐厅

楼梯间

客厅

阳台

厨房

餐厅

书房

客厅

阳台

LDK平面俯视图

位于中央、带浑圆四角的餐桌成为生活的中心，可见位置和形状都是经过深思熟虑后设计的

二楼平面图　S=1:200

崔宅属于紧凑型LDK的杰作。面积为5700mm×4500mm，大约24平方米，可以说是在公寓中最常见的宽敞型LDK。

厨房为横U字形排列，其端部为餐桌。烹饪台、燃气灶为矮墙所包围，餐桌采用了咬合在墙壁的形状。燃气灶前立起一面墙，从客厅一侧向厨房看，可以遮挡操作的情况。如果厨房一侧散乱不堪，客厅里的人则无法踏实欢聚，这段墙壁起到了解决这一问题的作用。此外，定制的沙发及沙发旁放置的小桌，都暗示着这个紧凑的LDK住宅有着各种用法。

在中央的餐桌上，母亲可以一边准备用餐一边和孩子聊作业，用完餐之后还可以慢慢聊天。相邻的小桌上有电脑可用，歪在沙发上可看电视，这样就形成了一个不必闷在各自的单间里亦可踏实下来的空间。

立于餐桌和烹饪台分界处的矮墙，起到削减高度差和遮挡散乱餐具的作用。餐桌上张开的大排烟罩里装有照明灯

餐厅+厨房的尺寸很重要

燃气灶是家庭成员团聚的中心/崔宅

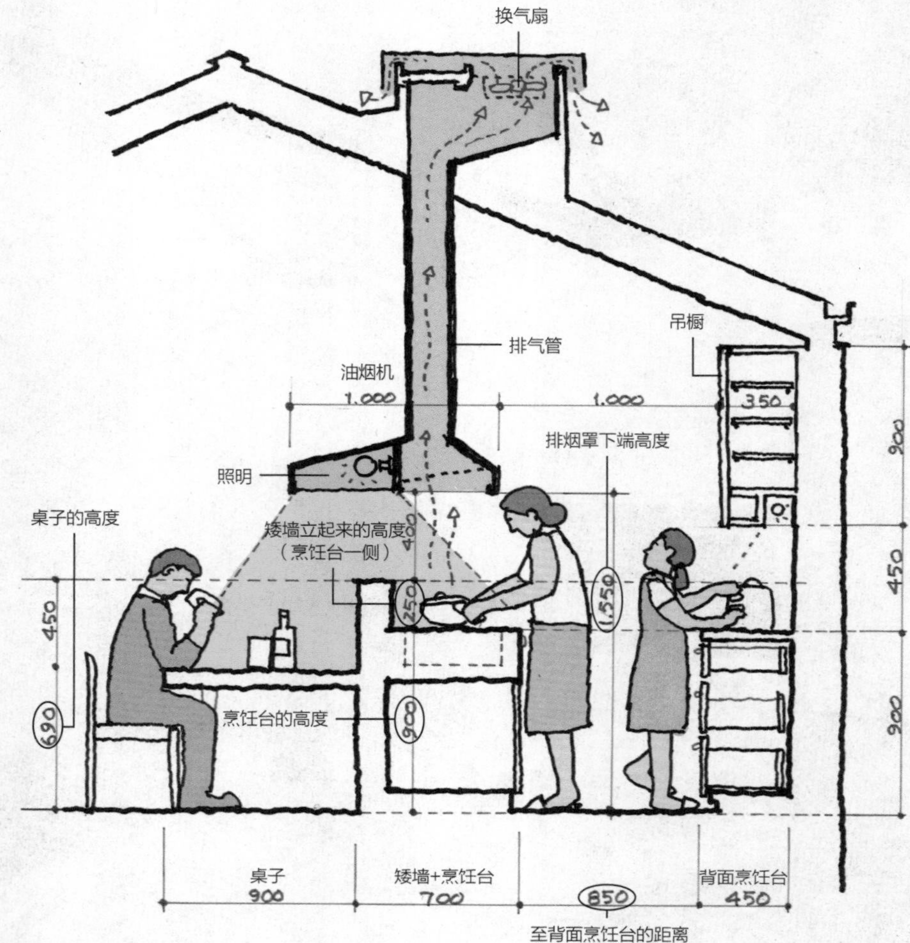

DK截面详细图

烹饪台和桌子、矮墙的高度都是经过精细计算的。另外，排气和兼备照明功能的排烟罩也有着不妨碍作业的适度尺寸

将燃气灶配置在中央时的首要问题是排气。排烟罩下垂到房间的中央，其排气的通道将会变长，无论是在设计上还是心理上，都是不理想的。崔宅为了尽量缓解这个问题，特别定制了排烟罩。排烟罩除了具备原有的排气功能外，还附加了餐桌和厨房所需的照明功能，排气和照明归在一起，处理时应十分慎重。特别是排烟罩过高将无法指望有充分的排气性能，过低则碍事，必须充分考虑使用者的身高，制定出最为适合的高度。

此外还有烹饪台、餐桌，以及燃气灶一侧竖起的墙壁。从用餐一侧，不易看到烹饪台周围的状况，其高度恰也可挡住热油飞溅。另外，到背面烹饪台的距离，吊橱的位置和尺寸也设计得极为细致。尺寸是否设计得让使用者感到便于使用，在很大程度上左右着餐厅厨房的价值。

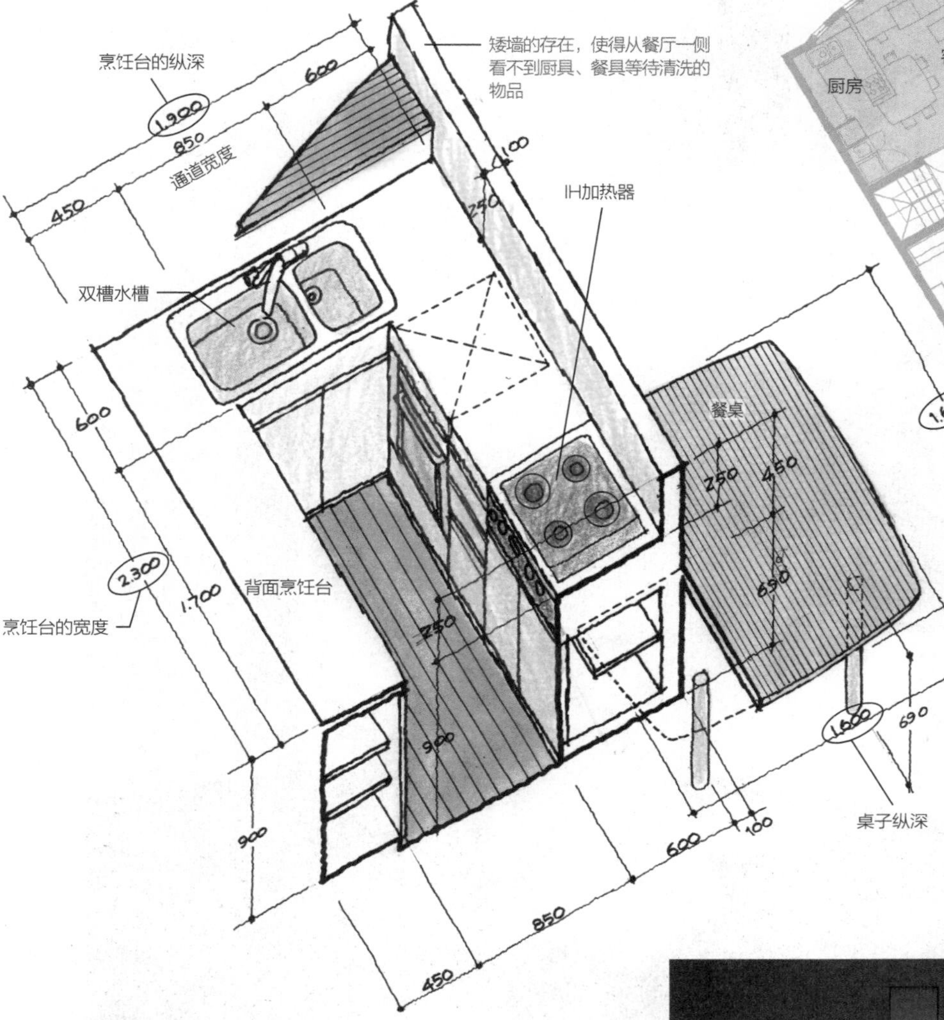

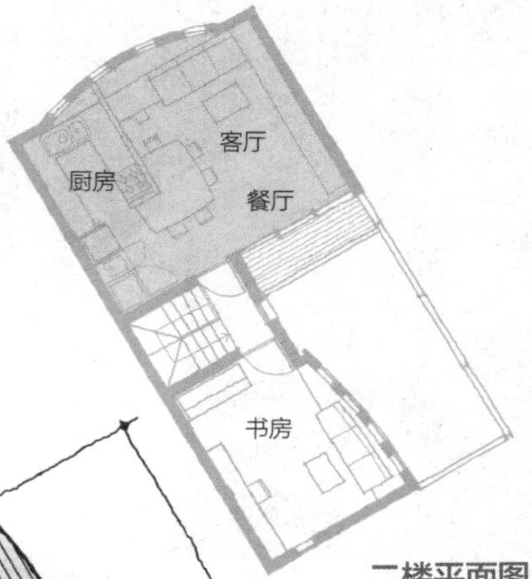

二楼平面图
S=1:200

烹饪台和餐桌的尺寸

本图清楚地表示出了烹饪台和餐桌尺寸的关系。由于桌子插入了烹饪台的一角，所以从烹饪到配菜的流程畅通无阻

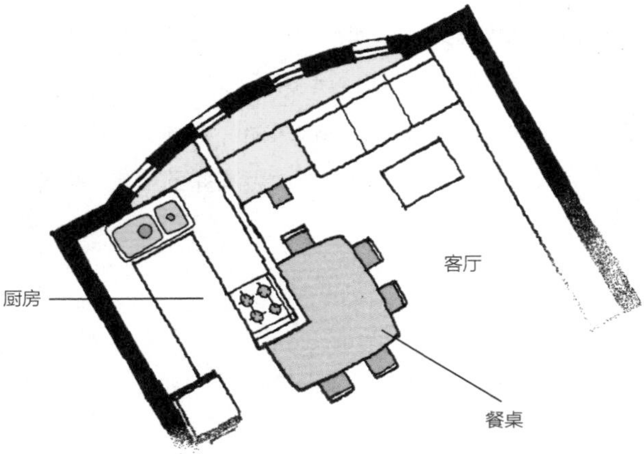

LDK平面图　S=1:100

排烟罩里装入了照明灯具，从功能上将其融入了内饰空间

26 让人放松的车厢式餐厅

从厨房看餐厅 右侧黄色的房间为洗漱间和卫生间

近来，家庭成员团聚的机会少了，用餐时说完话就散的家庭成员越来越多。随着住宅的日趋单间化，闷在各自房间做自己喜欢的事的情况越来越多。作为家庭成员团聚场所的客厅，其自身的存在价值可谓前途堪忧。所以和客厅功能相比，充实餐厅的功能也是思路之一。

这里介绍的菅野住宅的餐厅，宛如餐馆的包间一般沉稳。其高于客厅半层，被隔成45°角的隔间，向上看是高高的竖井，具有开放感。在可以俯看客厅的位置用餐，有着无比的快乐和舒畅感。无论走到房屋的什么地方，都会遇到坐在这张桌子旁的家庭成员，所以这里是房子的中心。

有趣的是餐厅的内部装饰，与其说是住宅，却令人想起餐馆的配色，其大胆发挥了宫胁风格的色彩使用本领。

每天都有餐馆气氛/菅野住宅

跃层餐厅的俯视图

在水平、垂直结构的设计中，在具有不同角度的餐厅，可以体味到些许非日常的感觉

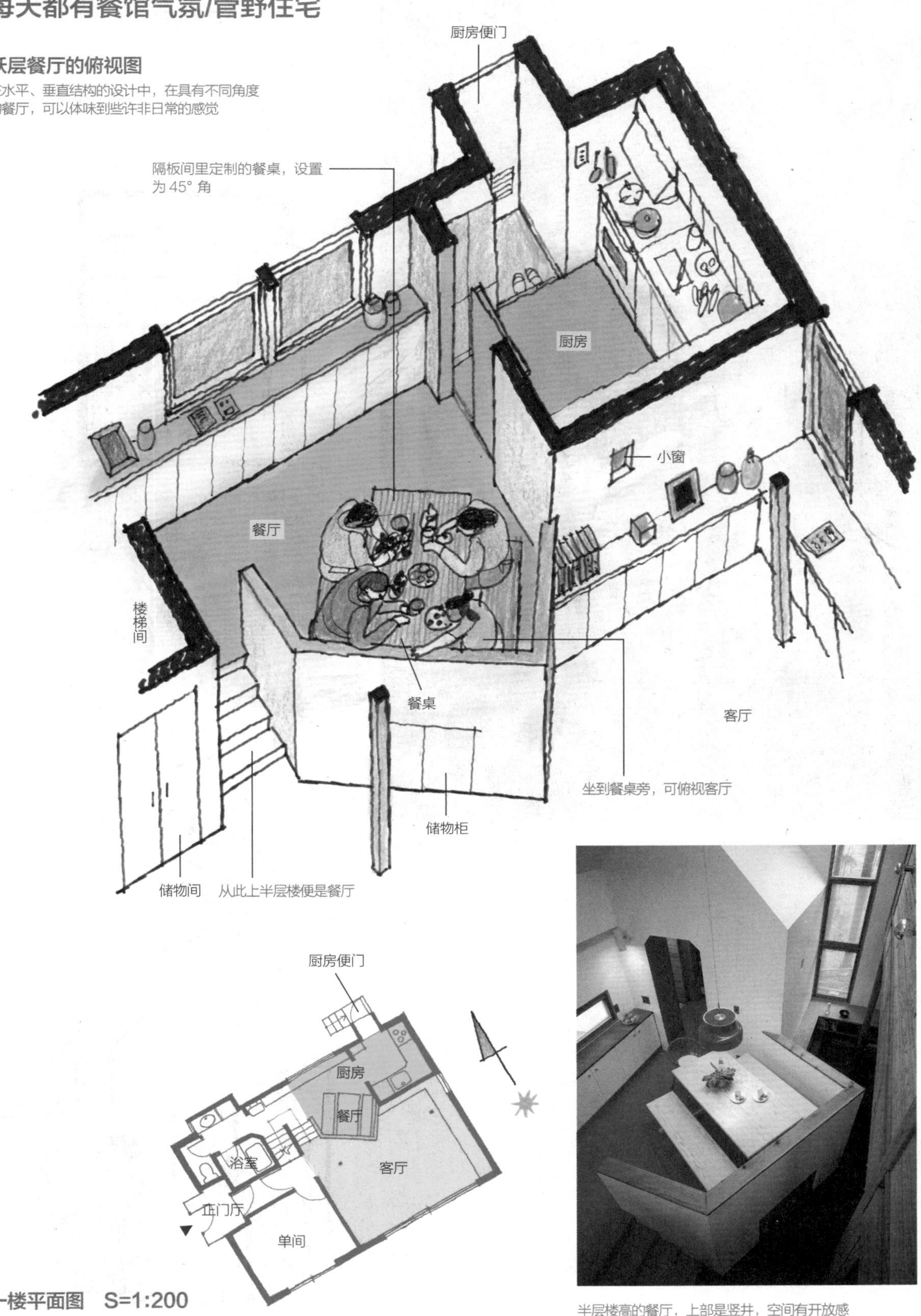

半层楼高的餐厅，上部是竖井，空间有开放感

27 厨房的两段式采光

分享光/前田住宅

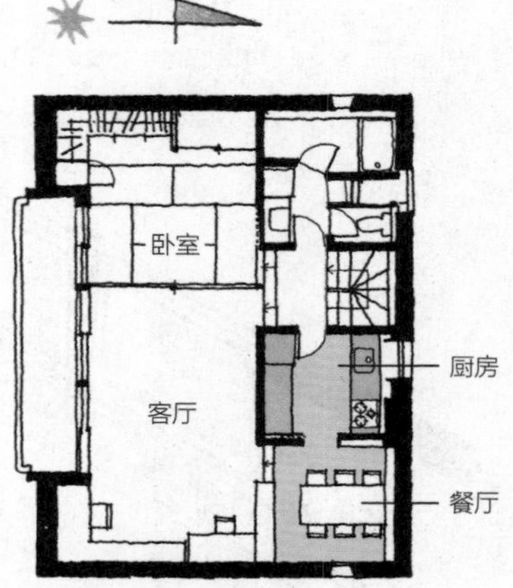

二楼平面图 S=1:200

从客厅下两级楼梯，便是DK（餐厅厨房）的地面。餐厅和厨房通过推拉门分开，餐厅与客厅通过地面高低来区分

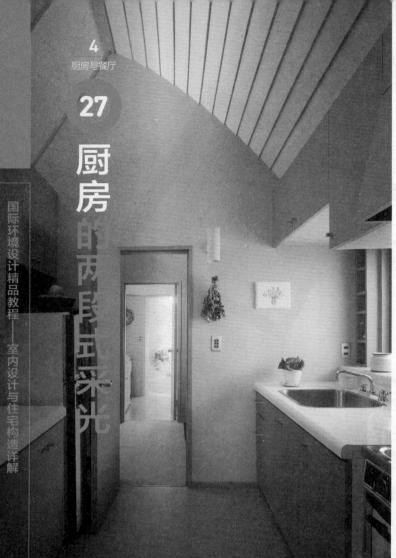

厨房 照片左上是室内天窗。从北侧的高处进入的光被分别分配给客厅和厨房

这间被称为圆筒箱子的住宅，顾名思义，其拥有圆筒形的屋顶。在其屋顶的北侧设有高侧光。光线从这里再分成两部分，分别分配给客厅和厨房。厨房由于受到来自北侧窗外的光和来自圆形天花板的漫射光的照射而足够明亮。

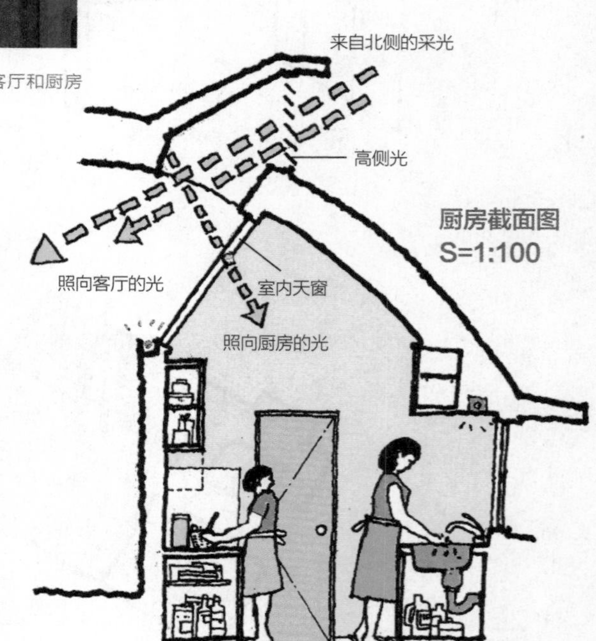

厨房截面图 S=1:100

28 餐桌与厨房操作台之间的高度差处理

在餐厅和厨房之间设置高度差的几种方法

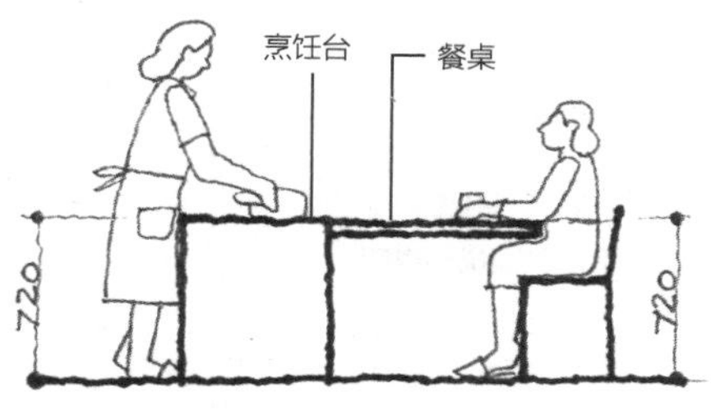

餐桌和烹饪台要与地面保持相同高度

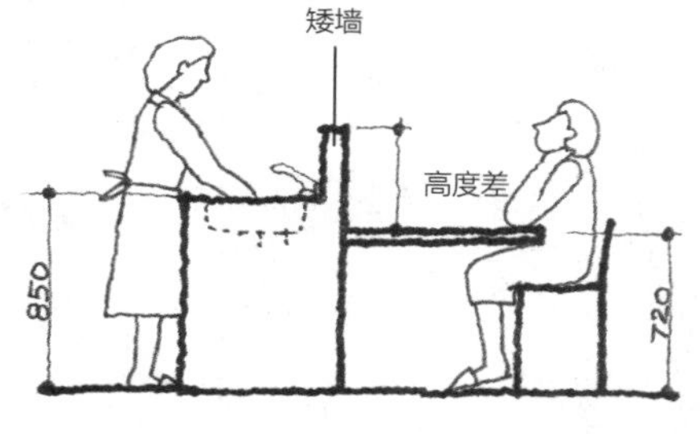

地面高度相同。取烹饪台的矮墙和餐桌的高度差

地面高度相同。取烹饪台和餐桌的高度差

在地面部分设置高度差，烹饪台和餐桌等高

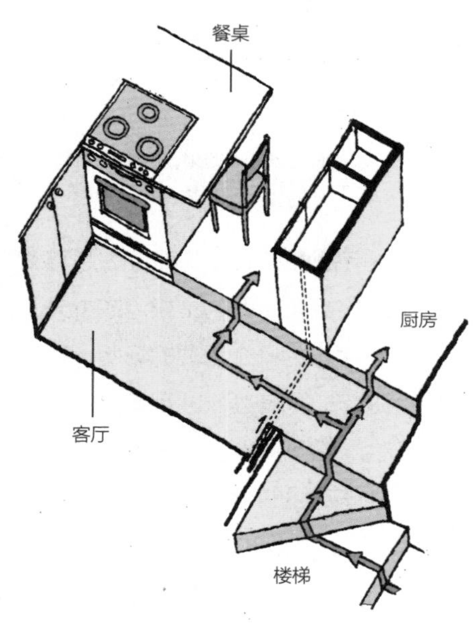

渡边住宅中餐厅和厨房高度差的处理

通常，烹饪台和餐桌的高度差约为 15cm。可将该高度差规划为一节台阶的高度

餐桌和烹饪台的高度不同，二者约有150mm的高度差。为消解此高度差，下面我们将介绍一个巧妙利用楼梯的方法。

左图的渡边住宅，是个利用楼梯的台阶来处理烹饪台和餐桌之间高度差的案例。在楼梯的尽头设置餐厅和厨房，这样的设计可以巧妙运用这种技巧。在设计时，要将楼梯每节台阶的高度定为150mm。如图所示，这个设计的创意就在于，从楼梯到厨房的地面，刚好低于二楼地面一个台阶的高度。

29 令人心旷神怡的厨房

高高兴兴洗餐具的伊藤明住宅

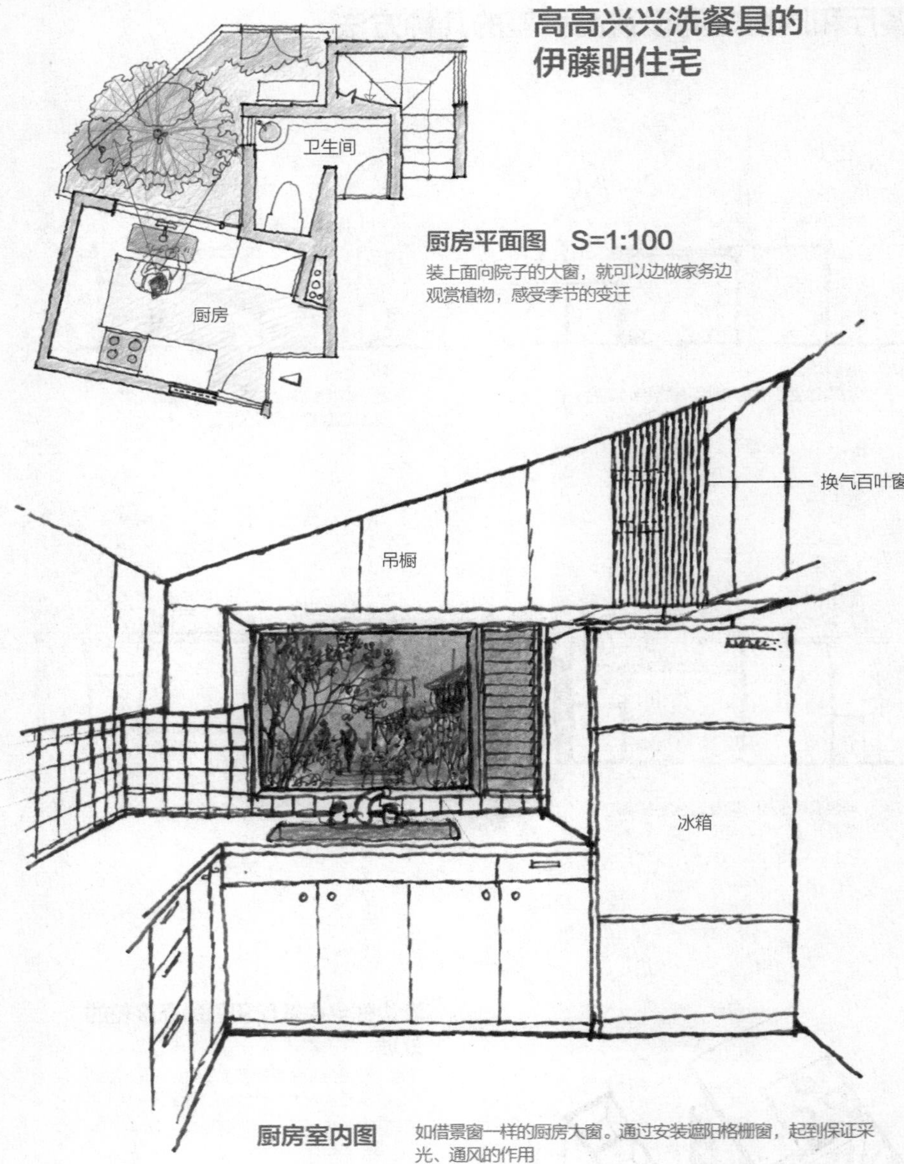

厨房平面图　S=1:100
装上面向院子的大窗，就可以边做家务边观赏植物，感受季节的变迁

厨房室内图　如借景窗一样的厨房大窗。通过安装遮阳格栅窗，起到保证采光、通风的作用

厨房容易变成一个令人感到憋闷的空间。被各种烹饪机器和餐具、储物柜等包围，追求并重视作业效率，无论如何都表现出一种封闭的氛围。

然而说到厨房的窗户，大家想到的一定是吊橱下面嵌有小格子的无趣小窗子。厨房作为女性的工作场所，有种被赶到黑暗处的感觉。削减储物空间，将水槽的前方开大，只要能让视野变得开阔，那么，无论是烹饪还是清洗餐具都会是一件乐事。

近来，不少重视厨房及餐厅的家庭，尝试把窗子设在东南方，以便沐浴着朝阳烹饪和吃早饭，以清爽的心情迎接一天的开始。

设计时应将住宅的餐厅和厨房定位为超越烹饪和用餐功能的空间，将其上升到主妇（或主夫）居住空间的地位，使之成为一个重要的场所，我认为这个时代已经到来了。同理睡眠，用餐也是人类生存不可缺少的行为。只要有个舒畅环境，就能烹饪出美味佳肴。右上图中的伊藤明住宅，在水槽前开设了一个面向院子的、宛如借景窗一样的大开口，视野非常开阔。这种窗子的好处在于不光是透景（眺望）好，还有采光的作用，能够让人体味院子的季节感，同时还可以随时确认植物的生长情况。

边看护家庭成员边做家务/船桥住宅

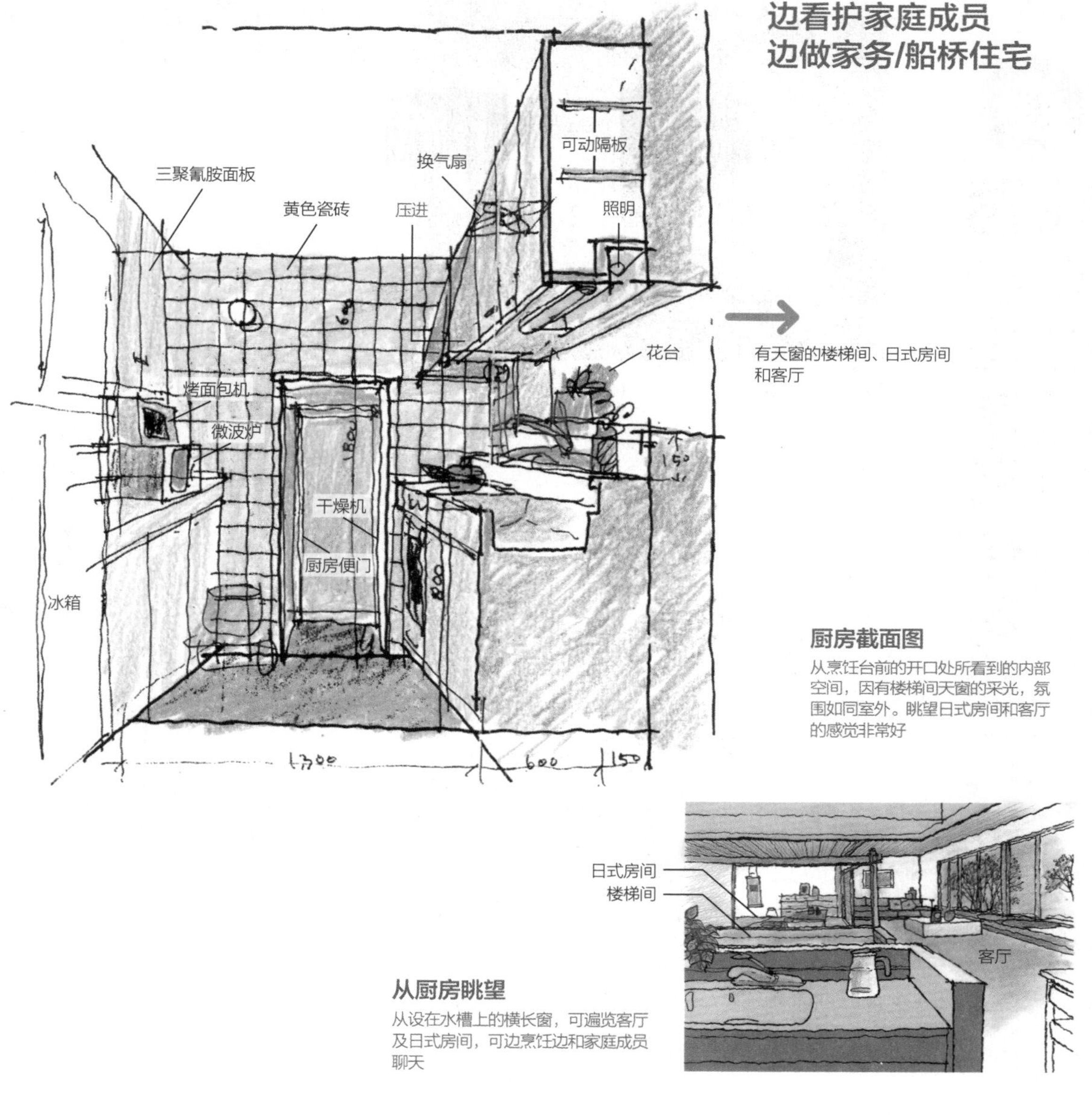

厨房截面图

从烹饪台前的开口处所看到的内部空间，因有楼梯间天窗的采光，氛围如同室外。眺望日式房间和客厅的感觉非常好

从厨房眺望

从设在水槽上的横长窗，可遍览客厅及日式房间，可边烹饪边和家庭成员聊天

在上图船桥住宅的厨房中，透景线的选取方法别具一格。由于建在密集地区，无论现在还是将来，室外基本无景色可言。即便硬是开设个开口部位，反而容易泄露隐私。于是，应立足于住宅的内部景色开设开口。透过带天窗的楼梯间可望见的日式房间及客厅，会随着太阳的移动而光影交错。从厨房眺望日式房间，宛如伫立的亭阁，连客厅里慵懒放松的家人也都成为了景色的一部分。另外，该厨房位于住宅的中心，所以可遍览所有家庭成员，从这个意义上讲，也可谓是理想的视野。

4

卧室

30

再小也想有个可关门的独立书房

靠书房和储物柜阻断杂音的富士道住宅

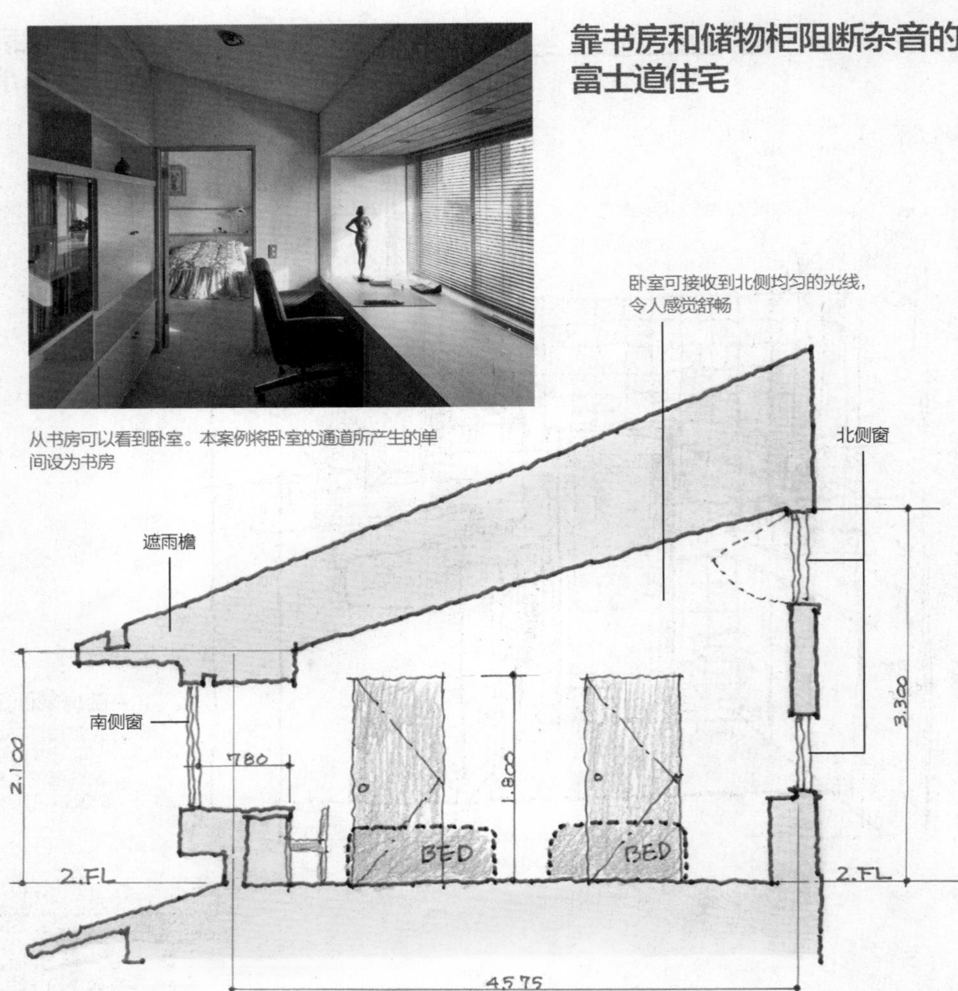

从书房可以看到卧室。本案例将卧室的通道所产生的单间设为书房

卧室截面图 柔和的光线从北墙高窗照入。南侧因受较深的遮雨檐遮挡，直射的日光无法射入

卧室是重要的空间，人生三分之一的时间都将在这里度过，因此不可马虎其事。卧室除了睡觉之外还是更衣的场所，对于女性来说还是化妆、整理仪容仪表的场所。富士道住宅采用了一楼为客厅等公共空间、二楼是卧室等私人空间的普通住宅设计。如右图所示，私人空间为书房和卧室，呈L形配置。该设计的独到之处在于将卧室的入口处设计成了单间的书房。

即使是夫妻关系，也要互相保守隐私，不能越界。普通住宅受面积的制约，多把书房设计在卧室的一角。如果是在入口处设一个书房，则可用门将其与卧室分隔开，成为一个安静的书房，再为卧室开一扇赏心悦目的大窗，通过斜坡的屋顶，可保证恰到好处的通风和采光。

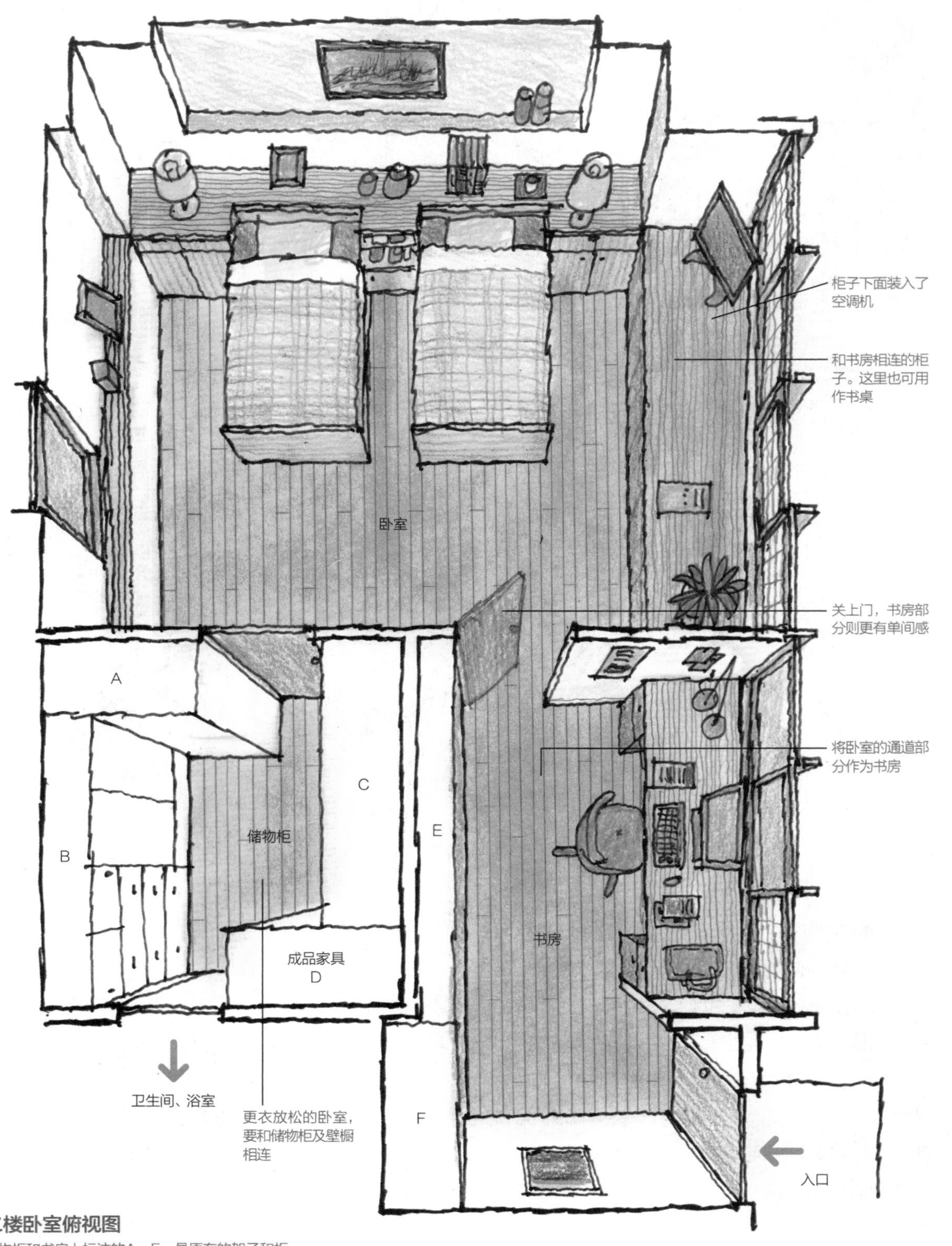

二楼卧室俯视图

储物柜和书房上标注的A～F，是原有的架子和柜橱等家具。为充分利用起来，又将其重新设计

31

空中卧室里的舒适睡眠

回归童心/石津别墅

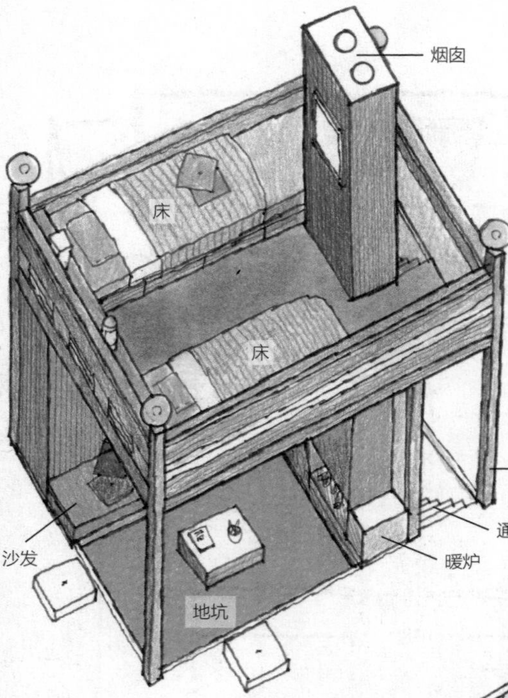

眺望楼轴测图

浮在空中的床具有浮游感，可给人带来好心情

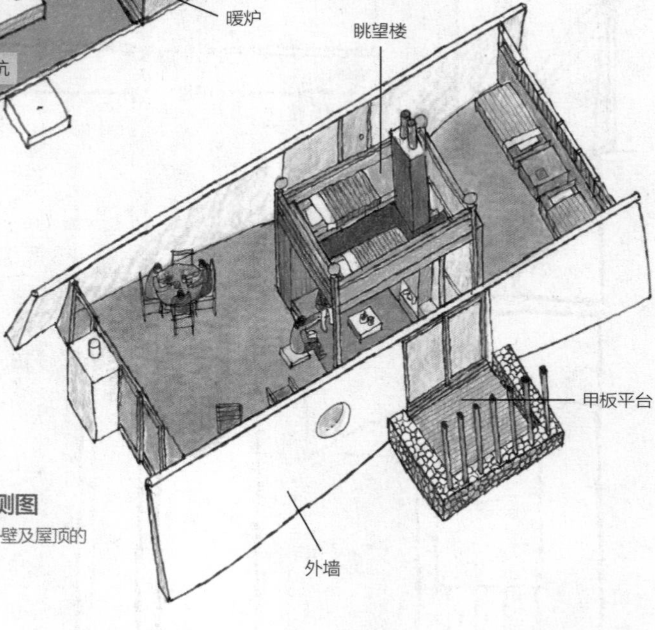

一楼部分的轴测图

中央的眺望楼不与外壁及屋顶的结构体相连

石津别墅是房主的第二处房产。为此，卧室也需要装点得能够让人享受非日常的生活乐趣。

该卧室搭有眺望楼，因此，床呈浮在空中的状态。而且，巨大的屋顶就像是一个扣过来的船底，一眼望去，就能感受到这是个非日常性的空间。如果说没啥大惊小怪，睡上一觉在哪都一样，那么就是对它的侮辱。醒来时体会漂浮感带来的快感和异域空间的惊异都很刺激。决定卧室好坏的不只是睡得是否舒服，起床时的舒适度也很重要。

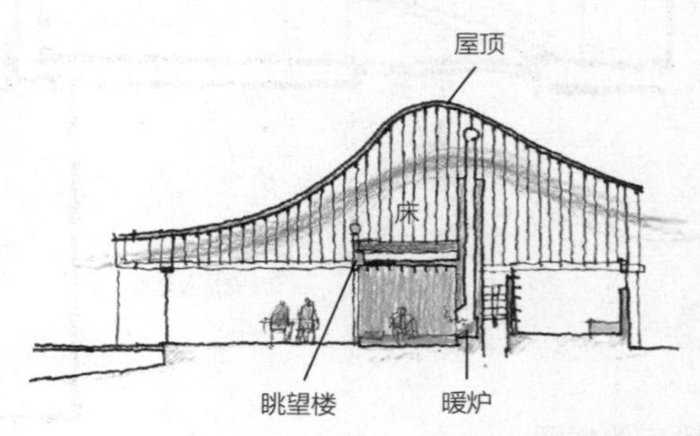

截面图

床置于眺望楼上，不与屋顶、墙壁相接，所以构成具有漂浮感的卧室

32 卧室带衣柜和洗漱间的卧室

所有关乎身体的准备工作都在卧室完成/崔宅

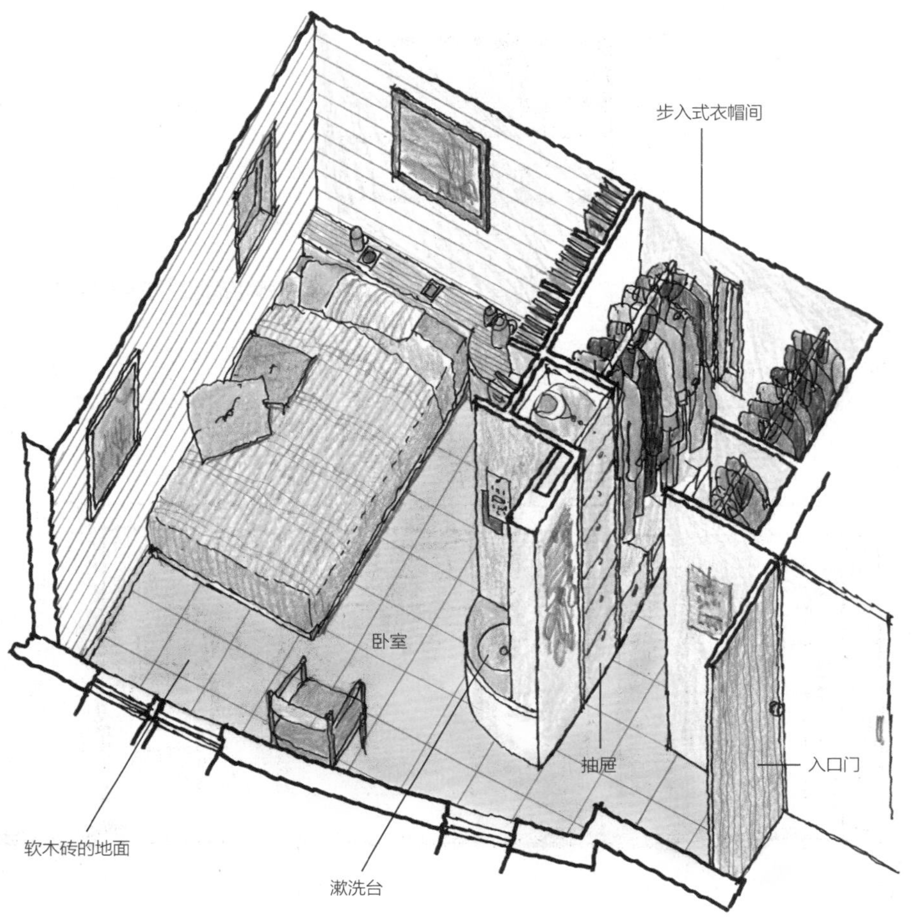

卧室俯视图

床的一侧的墙壁设有书柜和漱洗台，显然这个卧室不仅仅是睡觉的空间

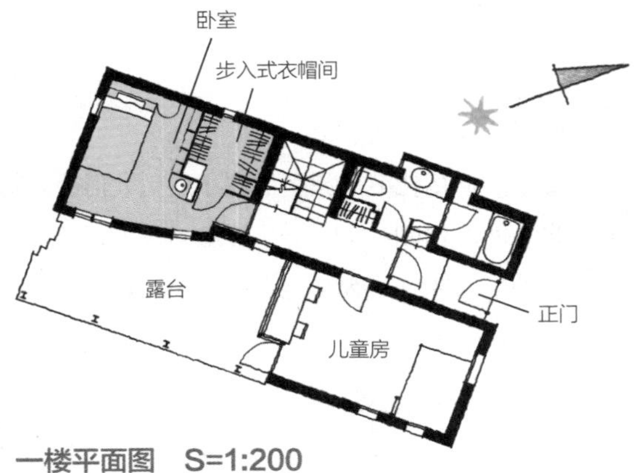

一楼平面图　S=1:200

该设计将私人空间集中于一楼。相对于露台，卧室被设计得较为封闭，露台则是孩童专用的外部空间

此卧室是为女医师设计的私人空间。卧室中装有漱洗台的设计，是照顾到医生受职业影响而养成的洗手习惯。这样，早晨洗脸时就不会和孩子们头碰头，沏口茶、洗洗衣物也都很方便。此外，还设有放置睡前读物的书架、简易的壁橱，更具功能性。

33

卧室虽小却很丰富

丰富而狭小的横尾住宅

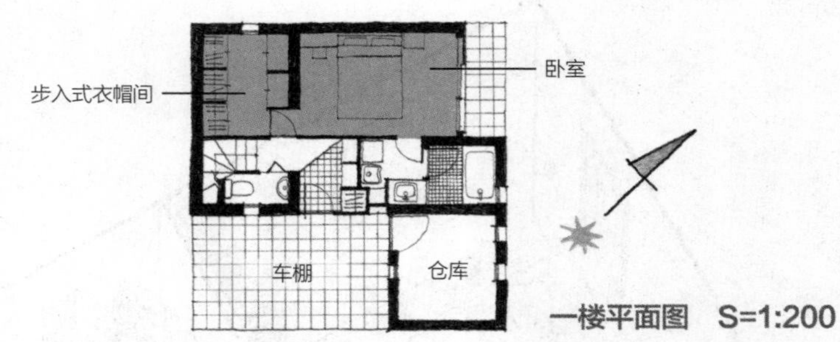

一楼平面图 S=1:200

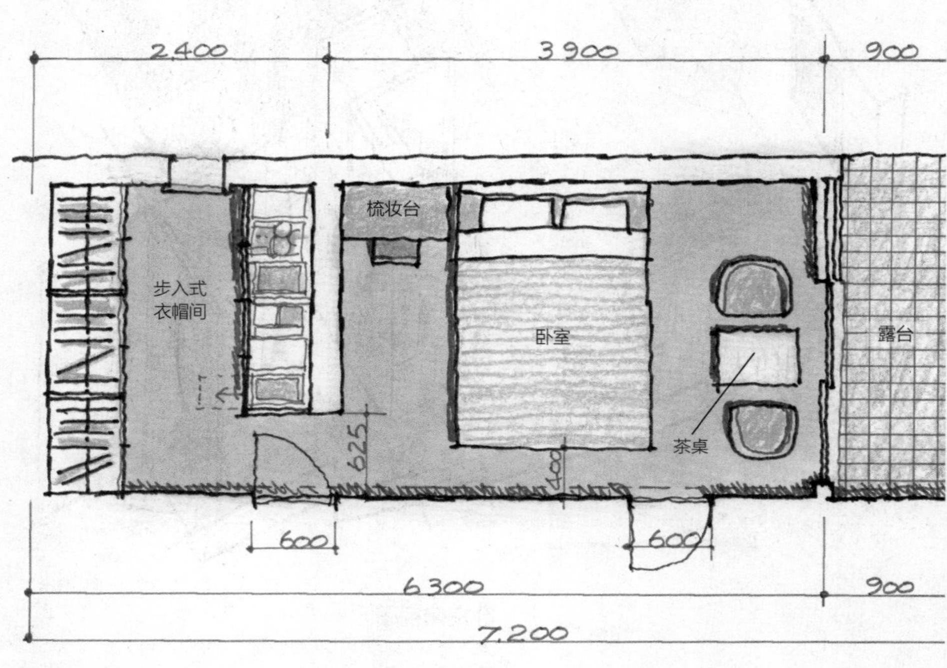

卧室平面图 虽然狭窄，却设有露台、步入式衣帽间。出入口及门框等均设计为最小宽度

近年来日本土地的价格高涨，宅基地小，住宅也随之变小。这样，无论怎样节约那些无用的空间，都不能避免各居室的面积均受到影响。虽说住宅的舒适性不光取决于面积的大小，但生活中必须尽可能不要增设多余的东西。

住宅狭窄，通常的解决办法是将其设为日式房间，一室多用。不限定房间的用法，白天作茶水间，夜里则变成铺被睡觉的卧室。如果设计为西式房间，放置床之后，狭窄的空间就越发狭窄。把床紧贴墙壁，整理则变得异常困难。有时，人们需要结合空间而改变生活方式。

图中的横尾住宅是典型的狭小住宅，卧室带露台、步入式衣帽间和梳妆台，还有供夫妇聊天的茶桌。案例中的卧室虽然狭小却还留有富余空间。

让人安眠的森井住宅

34

带衣柜和书房的卧室

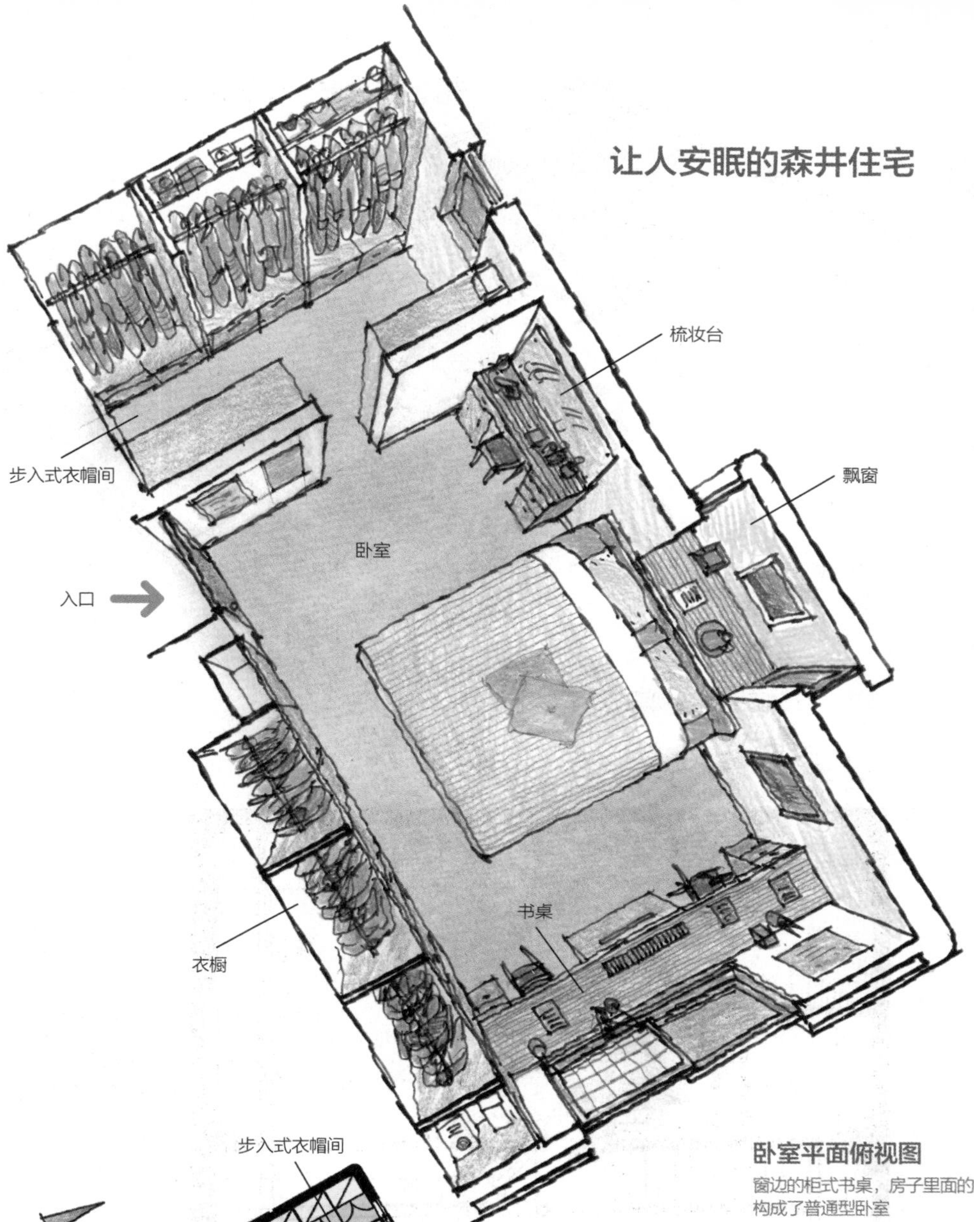

卧室平面俯视图

窗边的柜式书桌，房子里面的步入式衣帽间等构成了普通型卧室

一楼平面图 S=1:200

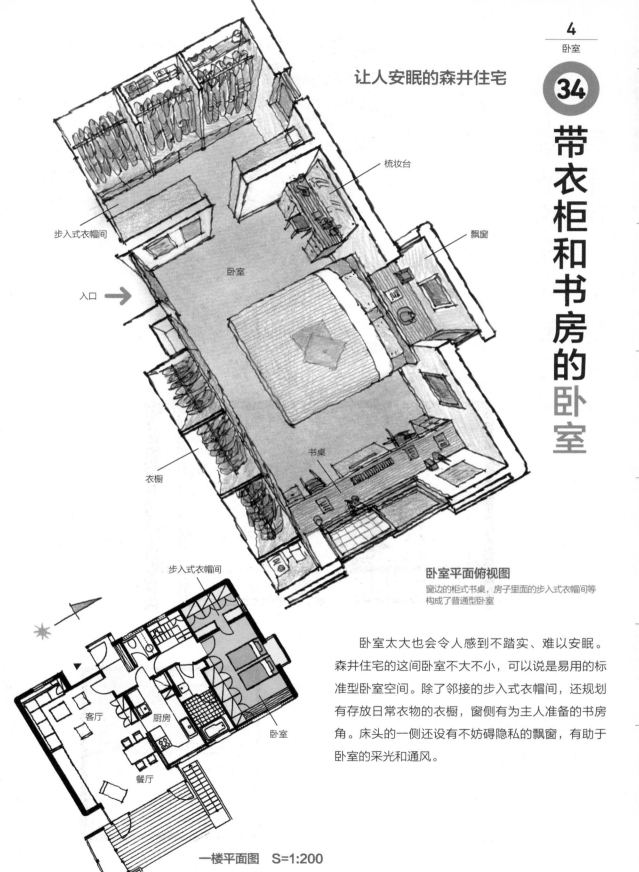

卧室太大也会令人感到不踏实、难以安眠。森井住宅的这间卧室不大不小，可以说是易用的标准型卧室空间。除了邻接的步入式衣帽间，还规划有存放日常衣物的衣橱，窗侧有为主人准备的书房角。床头的一侧还设有不妨碍隐私的飘窗，有助于卧室的采光和通风。

35

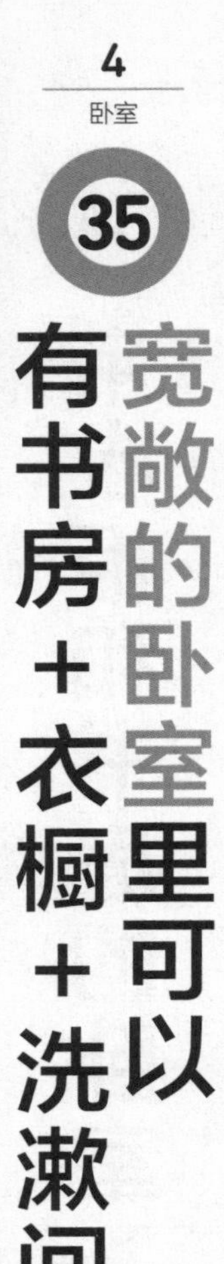

宽敞的卧室里可以有书房＋衣橱＋洗漱间

每日如同在饭店般生活的吉见住宅

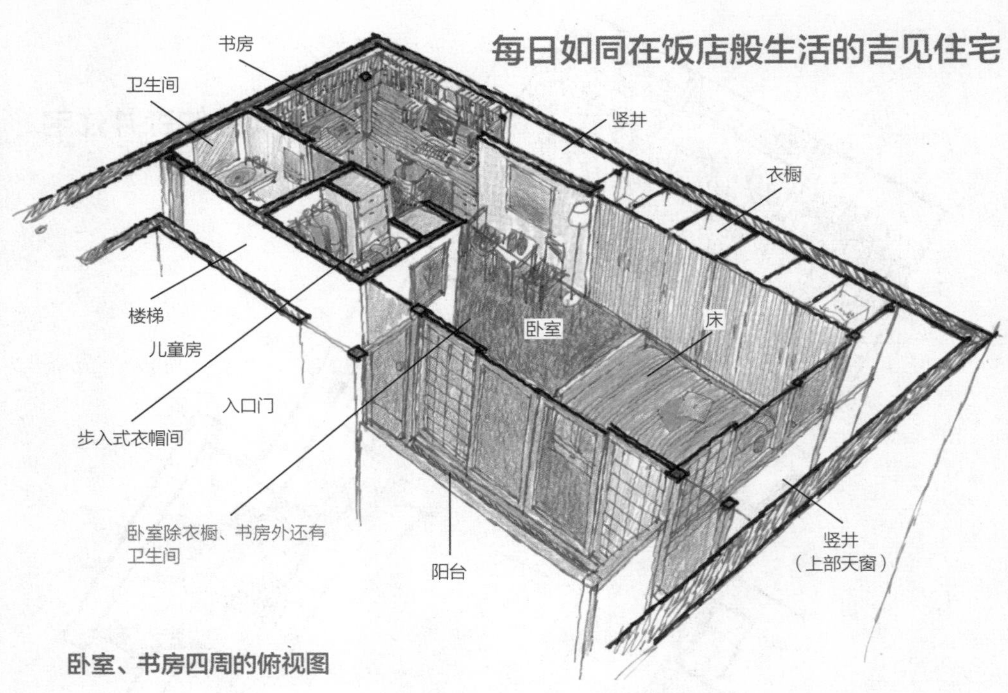

卧室、书房四周的俯视图

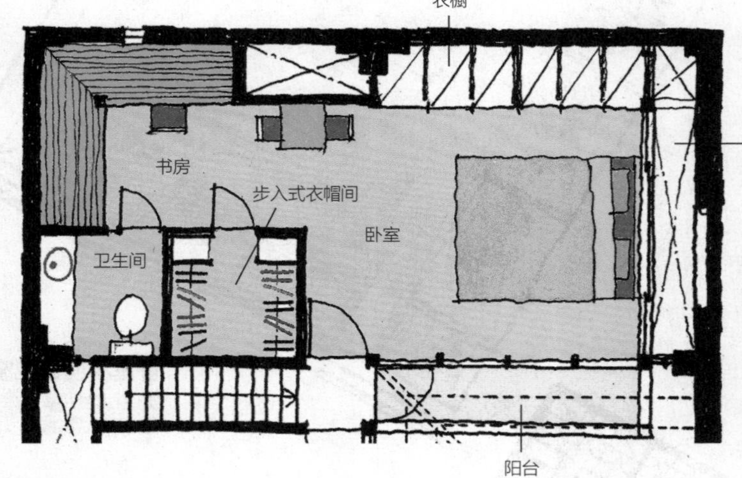

卧室、书房周围的平面图
S=1:100

这是一间三面有墙的房间，室内东侧设计了带有天窗的竖井，可以保障采光与通风

吉见住宅的私人空间，可以说是某种理想形态。L形设计，一边是儿童房，另一边则是夫妇的卧室。与其说是卧室，倒不如说是夫妇的专用生活空间更合适。如图所示，房间内有阳台、足够的衣橱空间、书房角落，甚至还有卫生间。

通过天窗和竖井可保证房间的采光和通风，二者都极大地丰富了房间的内部空间，同时又保护了隐私，设计得非常巧妙。

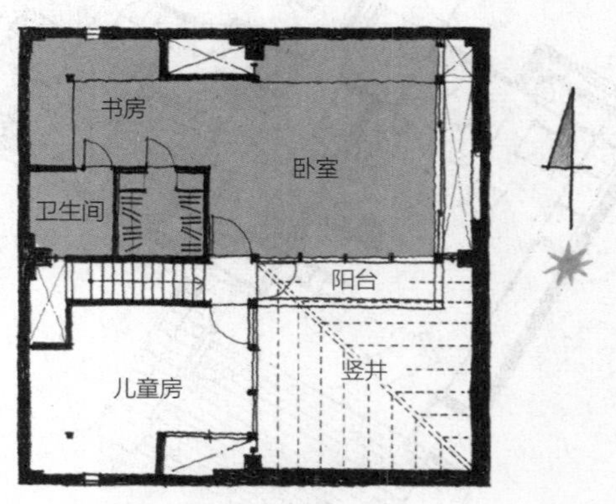

二楼平面图　S=1:200

36 老人房与洗漱间应近距离配置

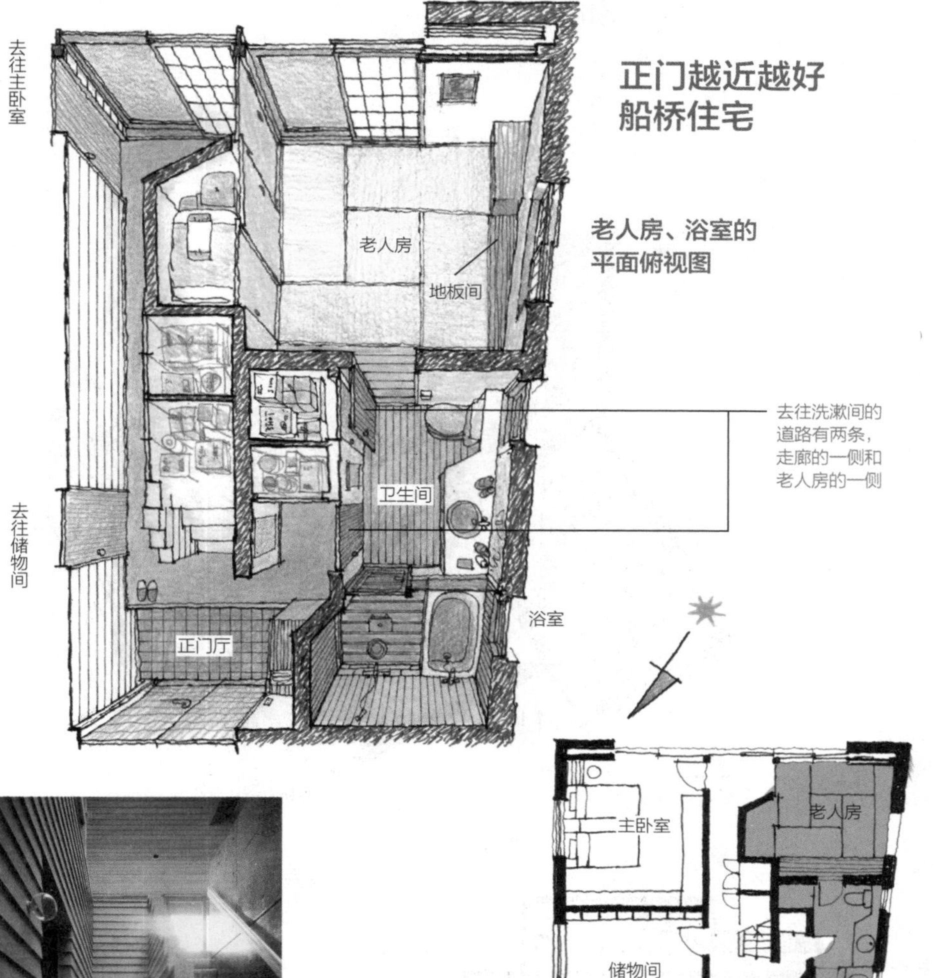

一楼平面图 S=1:200

左侧为主卧室、右侧和楼梯下有通向老人房的入口

命中注定，谁都会变老，人类真正的心情也许只有在自己变老后才能理解。设计时要尽可能地站在当事人的立场上考虑问题。人的弱点因人而异，所以必须在研究透彻后再设计老人的房间。

关于用水间，我们可以试想一下。年岁大了以后去卫生间会较为频繁，而且还行动迟缓，所以卫生间最好距离房间较近。浴室也如此，热水变凉则容易感冒，所以也是以近为好。如果上下楼梯有困难，最好考虑将用水处和老人房归在一起，以一楼为生活的基本点。

船桥住宅中将老人房设在一楼，邻接用水间。通常是从正门旁边经引道通向浴室及卫生间，也可从老人房的一侧直接出入。老人经常会在半夜醒来，走动会比较危险，所以要做必要的考虑。

儿童房内的立体设计比宽敞的平面设计更重要

靠高度来保证广阔度的长井住宅

儿童房轴测图

这张图是将长井家的 3 个儿童房按平面和截面组合起来所画出的立体图。各儿童房的面积较小，床设在储物阁楼上

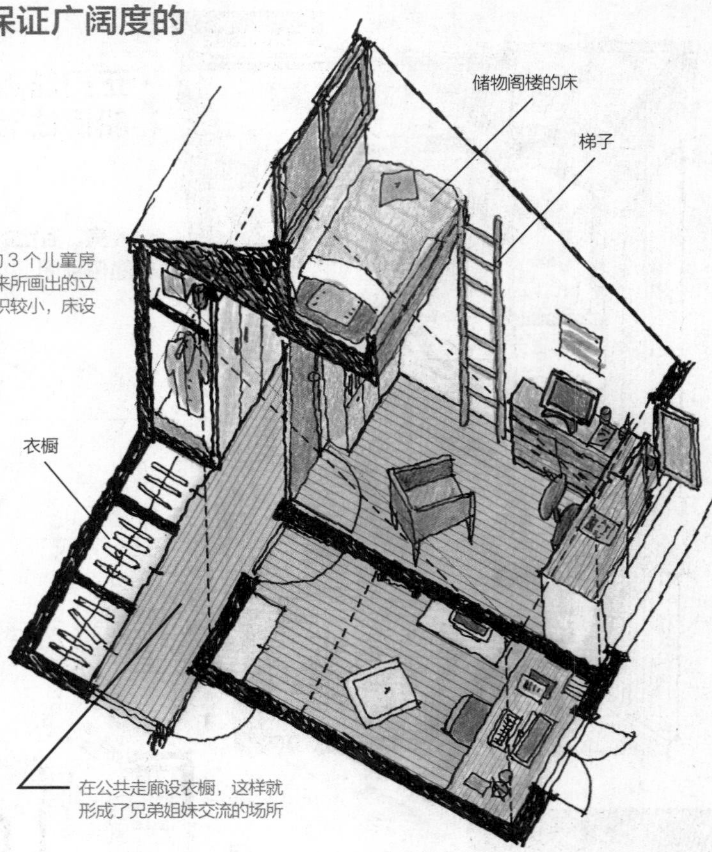

储物阁楼的床

梯子

衣橱

在公共走廊设衣橱，这样就形成了兄弟姐妹交流的场所

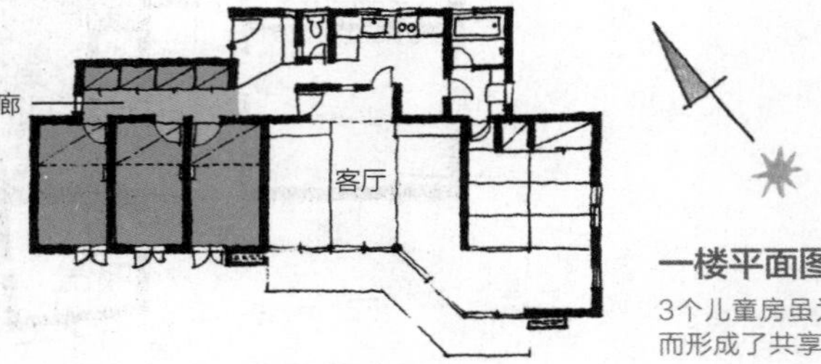

公共走廊

客厅

一楼平面图 S=1:300

3个儿童房虽为单间，但因带衣橱走廊的存在而形成了共享空间

爱玩是孩子的天性。好奇心和冒险心使孩子成长，所以不可以认为儿童房等同于学习房。当然学习不是坏事，和学习相比，兄弟姐妹间的生活、家庭成员的关爱和协调性的培养更重要。营造一个出色的学习房，上一所好大学，却培养出一个不顾他人感受的人则没有意义。为孩子建造了光照好且装有门锁、住着舒服的儿童房，结果却变成了闷在房间里不关心家庭成员、不与大家交流的地方，这种现象屡见不鲜。

儿童房以狭窄为佳。兄弟姐妹应该共享同一空间，这是宫胁先生的看法。长井住宅中，带有衣橱的公共走廊是孩子们的共享空间。岛田住宅中用于分隔房间的储物架并未完成，而是想随着他们的成长做下去。

平面上虽然狭窄，但空间的高度可以活用。屋顶里侧的狭窄空间，对于孩子来说也成为一个欢快的空间。

用储物柜分开的两个儿童房
岛田住宅

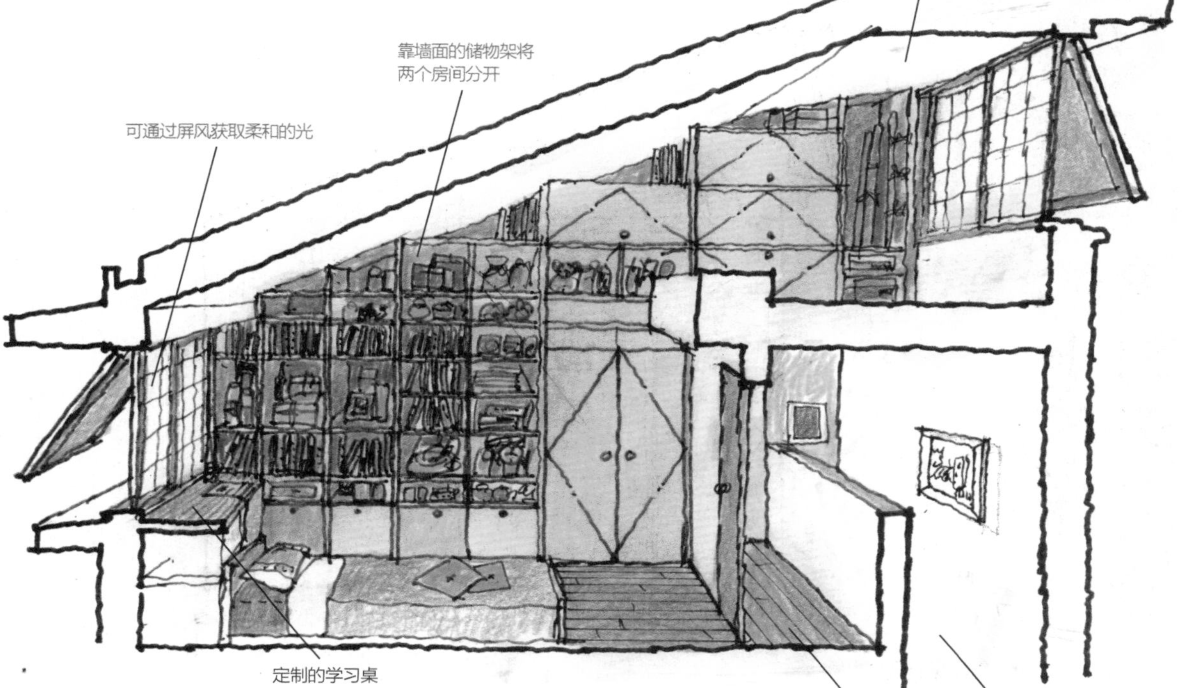

阁楼
靠墙面的储物架将
两个房间分开
可通过屏风获取柔和的光
定制的学习桌
走廊
楼梯

儿童房A–A'截面效果图

设计时，规划出了上图所示的储物架，实际上仅是对储物阁楼的储物架进行了加工，其他部分尚未完成

未完成的储物架
阁楼部分
儿童房
书架
衣橱
儿童房
书架
衣橱
A
A'
父母的卧室
浴室

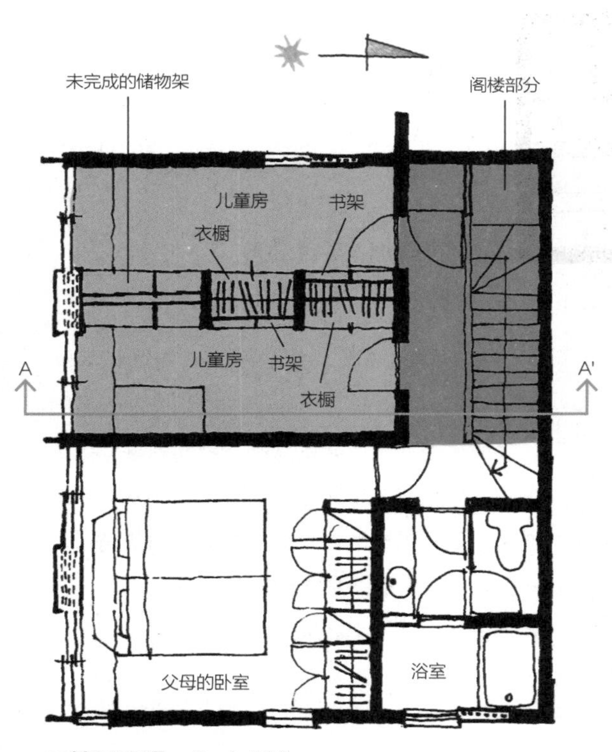

二楼平面图　S=1:100

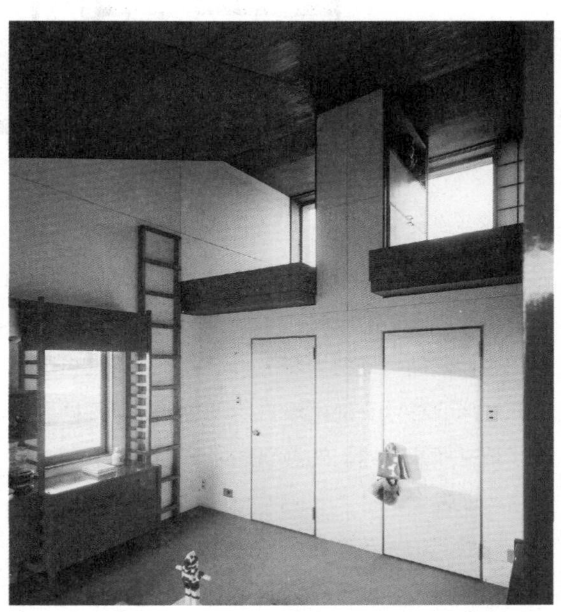

中央起隔断作用的储物架尚并未完成，计划随着孩子的成长，慢慢将其改为单间

38

错开的上下床可以培养手足情

巧妙分享同一个房间
早崎住宅

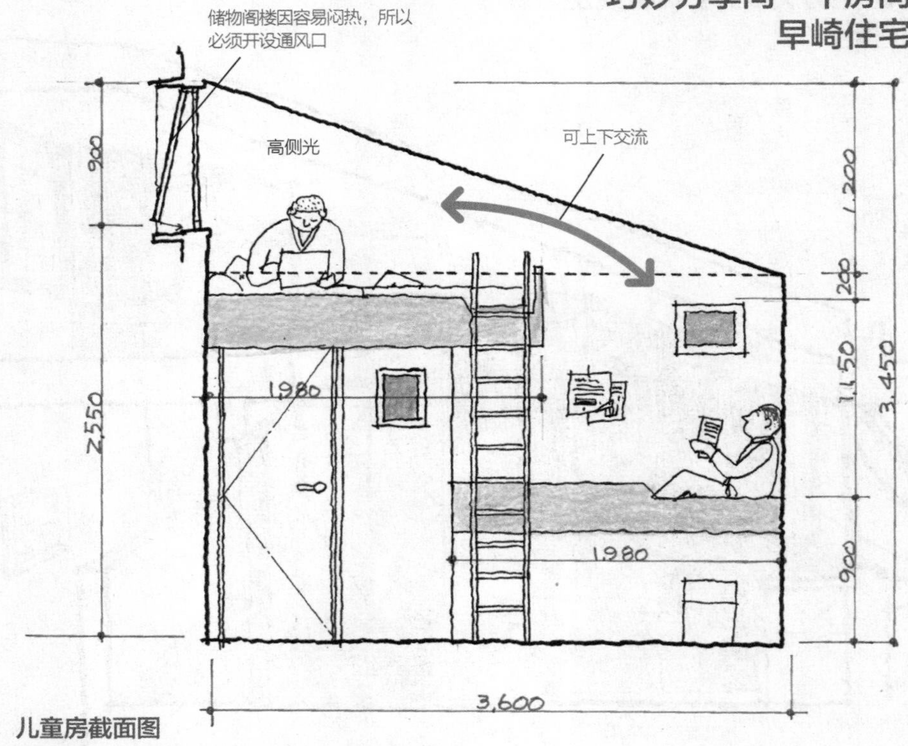

儿童房截面图

将储物阁楼部分设为床，是典型的宫胁风格。将两层床横向错开，这样就产生了上下关系

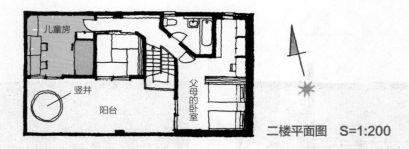

儿童房
竖井
阳台
父母的卧室

二楼平面图　S=1:200

早崎住宅的儿童房是为上小学和中学的兄弟俩设计的。构造可顺应屋顶的倾斜角度，充分利用天花板处的空间。图中两人共享一个狭窄的空间，而床则会自然而然地分为两级。但是，上下垂直重叠的双层床会导致交流困难，所以通过错开不同层次的床架来解决问题。如截面图所示，兄弟俩爬上床后就可以聊天。

斜坡式的天花板若是在高处开设窗户，则可获得有效的通风。而且作为北侧的高侧光，还可以充分采光。

随着孩子的成长，儿童房的储物量和房间大小都要变化。另外，还要根据同性和异性的不同情况，会在采用完全单间还是不做严格划分上犹豫不决。如何决定取决于父母的教育方针。早崎家是两个男孩，孩子成长后，可能要做适当的分隔，但宫胁先生似乎并不希望完全单间化。

北侧走高的顶棚内侧设有天窗，可确保稳定的采光，还可以轻易地排掉升到上层床的热气

儿童房俯视图

部分重叠又相互错开的两张床，兄弟间易交流

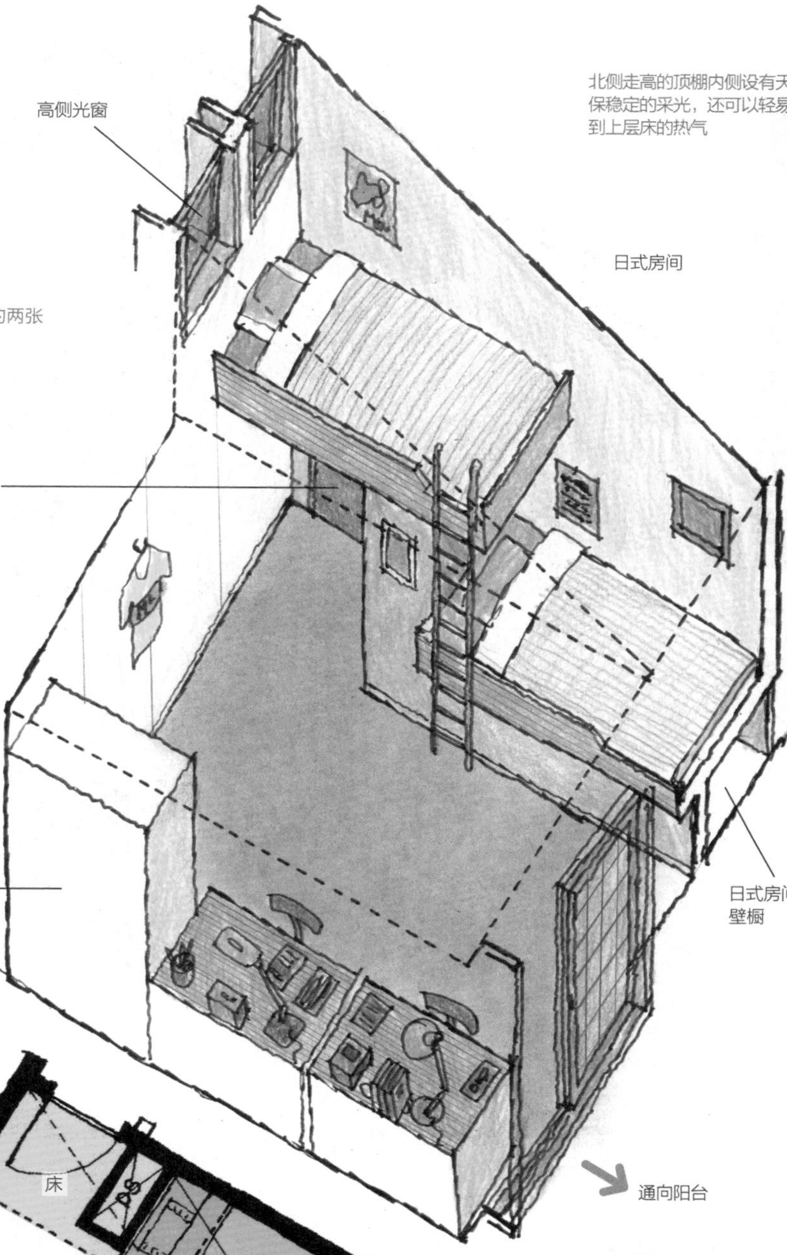

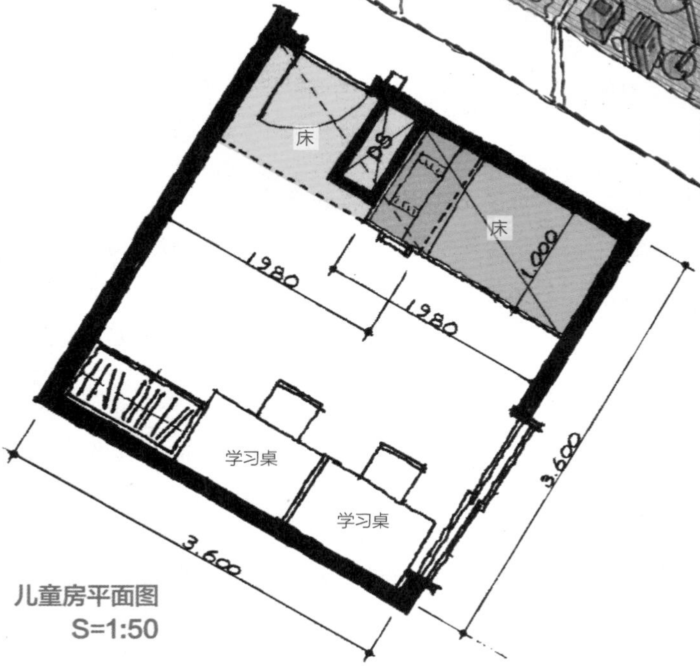

儿童房平面图
S=1:50

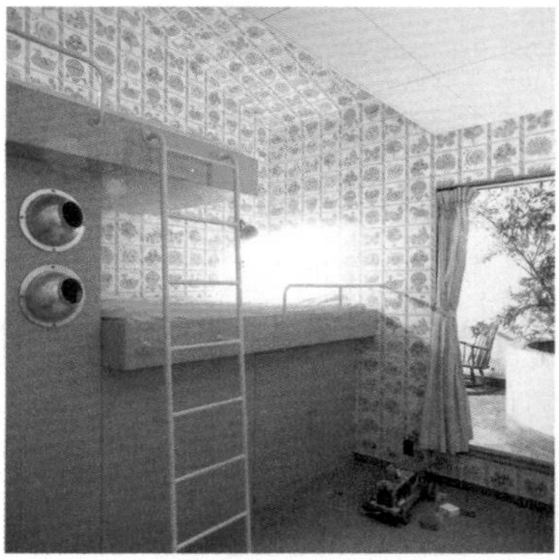

不同高度的两层床

第一层床的下面是相邻日式房间的壁橱

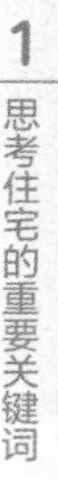

39 玩耍空间是培育手足情的共用空间

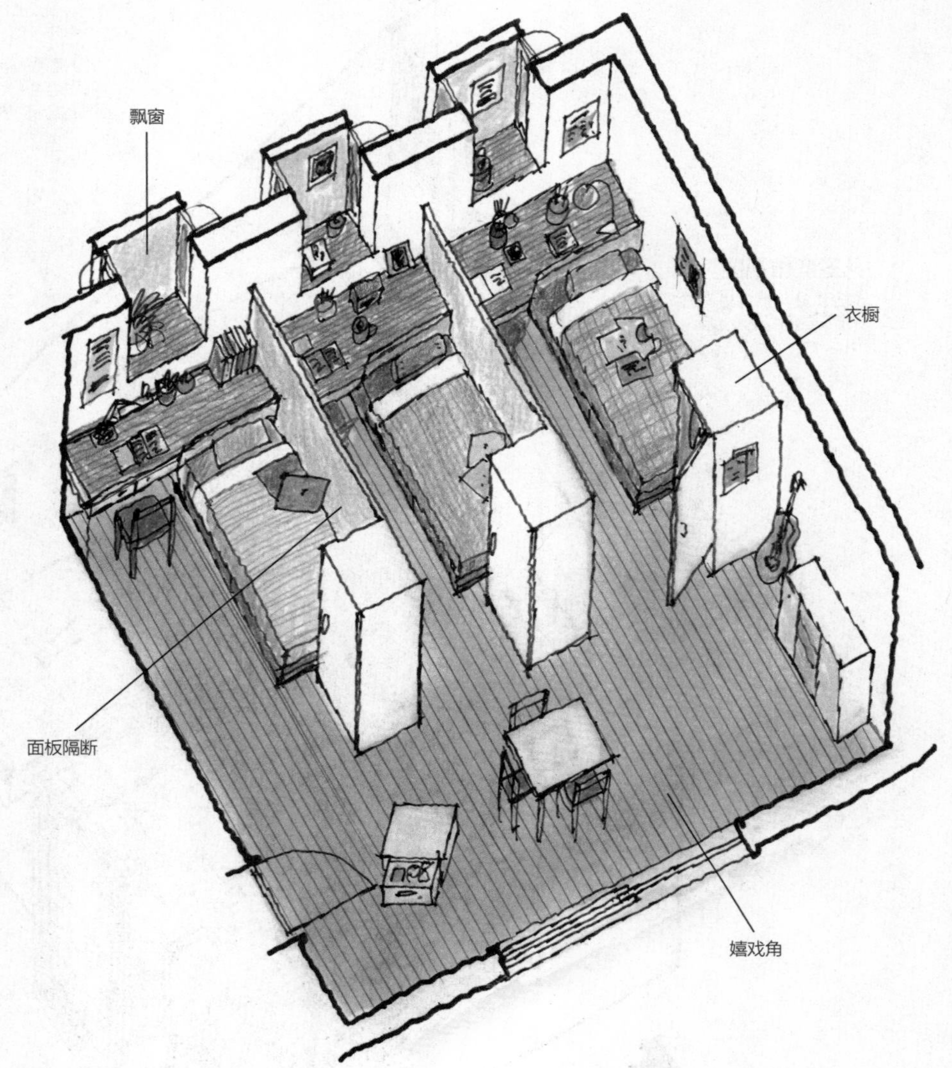

舒缓隔断的儿童房/三宅住宅 3人使用的单间。儿童各自的隐私领域，通过衣橱和低矮面板隔开

如何能让孩子沉静下来从容学习，给儿童房上锁、设置成单间都不是理想的办法。兄弟共用的场所，正是为共同生活培育协调性的场所，而且也是作为一个社会人生存和形成社会人格的场所。

相比儿童房，孩子学习的场所多在起居室和餐桌。坐在餐厅的孩子们，可以向厨房烹饪的妈妈探讨作业及寻解。

三宅住宅和植村住宅儿童房的共通之处在于3个孩子有个共享的空间。在三宅住宅中，可轻易地将单间分隔，从而获得广阔的共享空间，这样就形成了兄弟姐妹玩耍的场所。

孩子们成长起来后，不久便将独立离家而去。另外，成长的同时，房间分隔的方式也随之而变。为应对这种变化，最好将分隔板轻量化，将衣橱设计为可移动的形式。

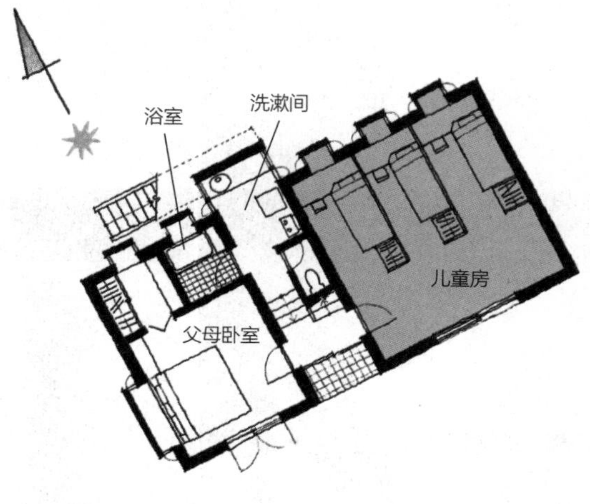

三宅住宅北侧的外观。一楼飘窗部分为儿童房

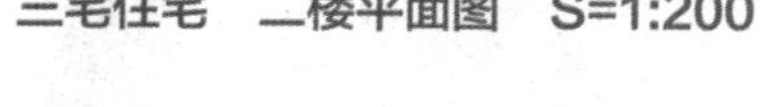

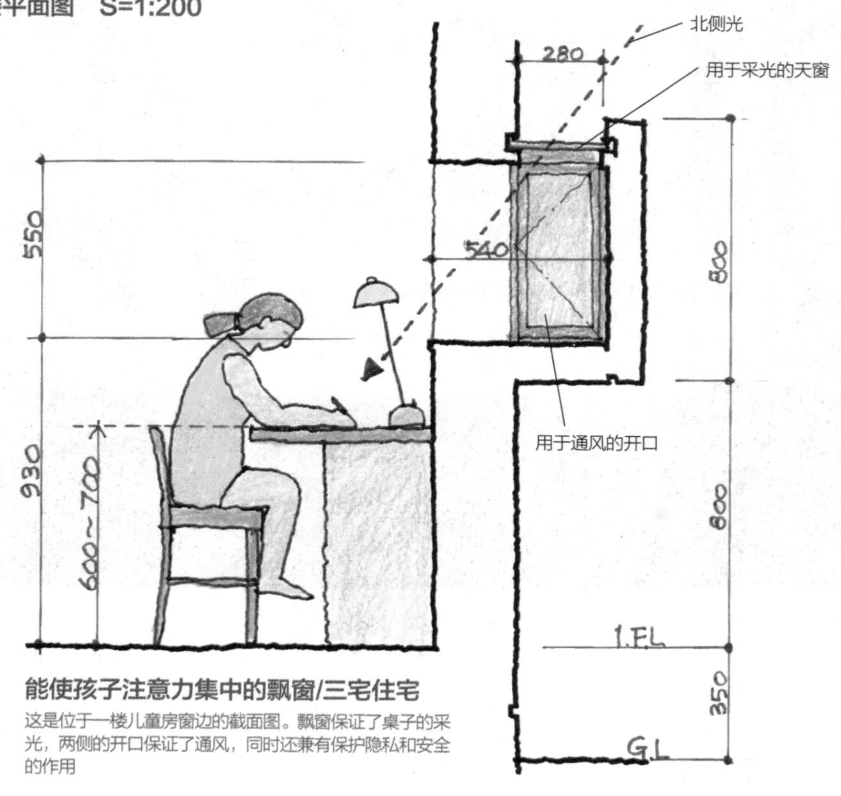

能使孩子注意力集中的飘窗/三宅住宅

这是位于一楼儿童房窗边的截面图。飘窗保证了桌子的采光，两侧的开口保证了通风，同时还兼有保护隐私和安全的作用

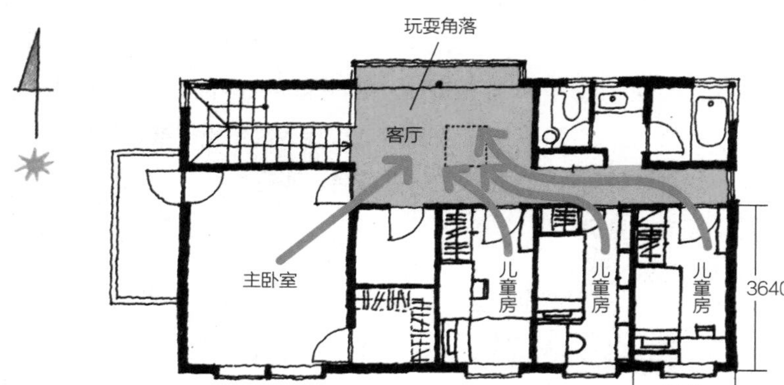

植村住宅　二楼平面图　S=1:200

从各个房间都便于到达客厅。不光是孩子，还包括父母在内的共享空间

40 可两人并排坐着学习的儿童房

开放感强的儿童房　从儿童房看露台。近前为两个孩子并排学习的桌子

崔宅的儿童房在一楼，因面向露台，居住环境可谓非常好。时常活动活动身体，对于孩子来说也是必要的。无论是从身体健康角度还是从精神健康的角度，运动在孩子的成长过程中都不可或缺。面向露台可让孩子在学习累了的时候，换换心情，运动起来。还可以养花种草、饲养动物，这种体验对于让孩子们学会重视生命是很必要的。面向儿童房的露台，不光便于采光和通风，而且在情操教育方面也将发挥有效作用。

另外，该儿童房面朝窗户定制了一个宽宽的桌子。足够两个人同时使用的宽度，意义在于让孩子产生一同分享桌子的意识。

任何事情上，兄弟姐妹间都应该互相帮助、互相谦让，培养这种关怀的意识，正是儿童房的作用。在崔宅，可让人想象出一幅哥哥关照弟弟做作业及二人在露台运动的画面。

美妙的儿童房/崔宅

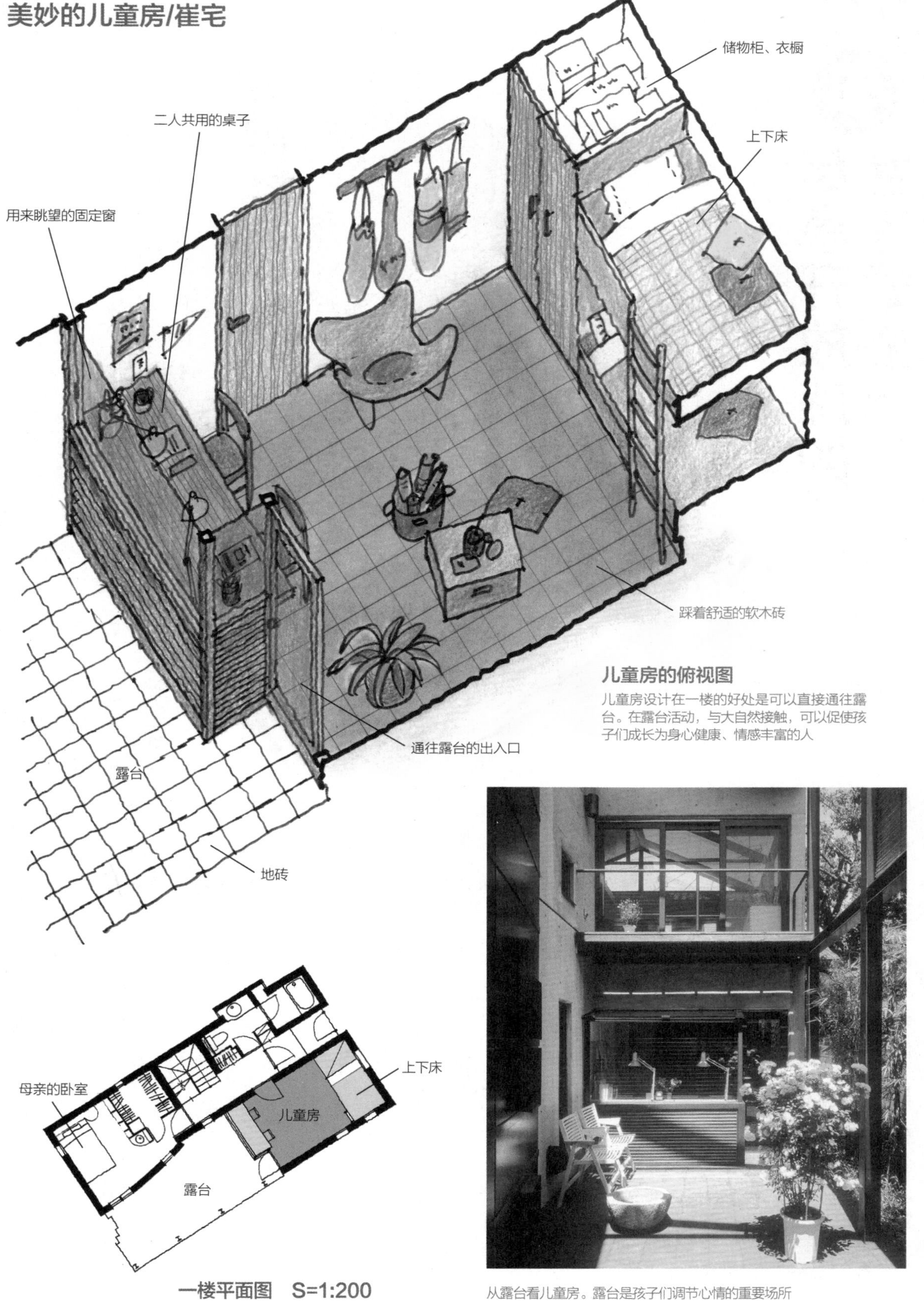

儿童房的俯视图

儿童房设计在一楼的好处是可以直接通往露台。在露台活动，与大自然接触，可以促使孩子们成长为身心健康、情感丰富的人

一楼平面图　S=1:200

从露台看儿童房。露台是孩子们调节心情的重要场所

41 尽享开放感的客厅式浴室

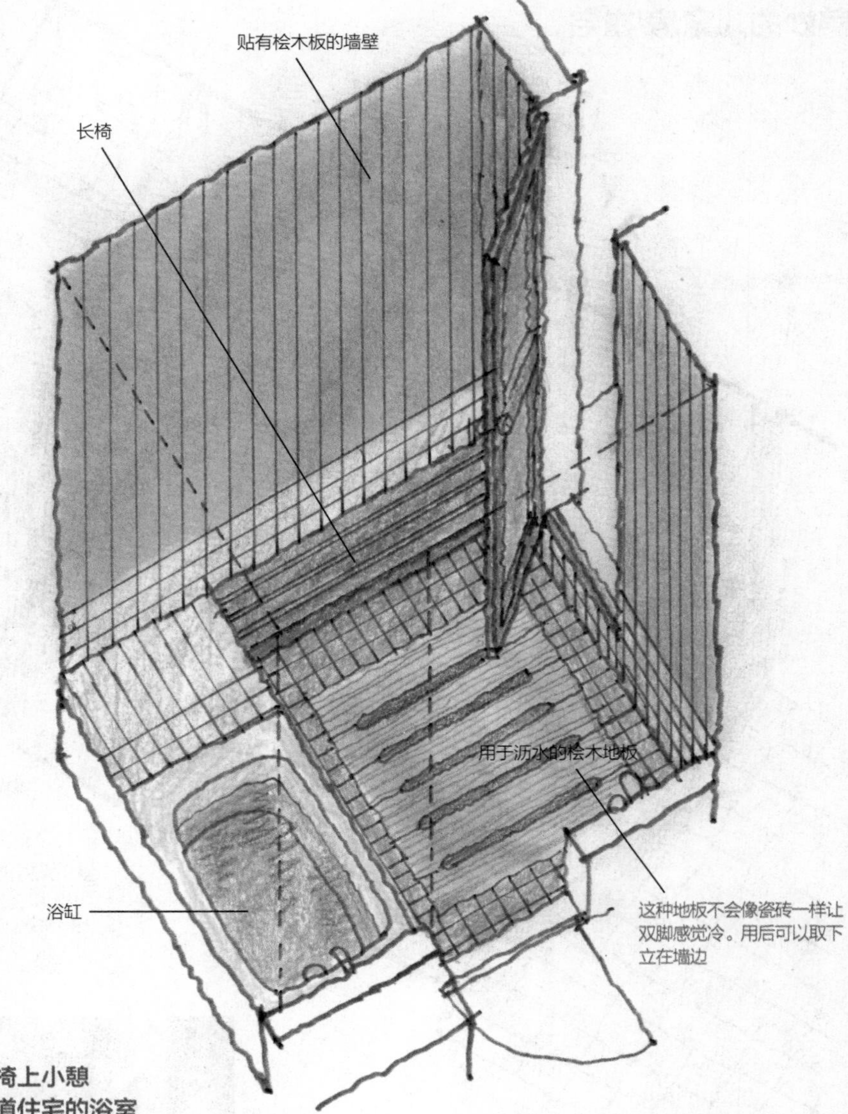
贴有桧木板的墙壁
长椅
用于沥水的桧木地板
浴缸
这种地板不会像瓷砖一样让双脚感觉冷。用后可以取下立在墙边

在长椅上小憩
富士道住宅的浴室

浴室必须是对身体很友善的环境，所以在墙壁贴上桧木板，地面铺满格栅板。为使木结构部分能长久保持，需要足够的通风，令浴室内充分干燥

对于人类来说沐浴是保持身体清洁、增进健康所不可或缺的，还有慰籍精神的作用。作为温暖多雨的国家，常为湿气所恼，因此日本人珍重洗浴习惯，并孕育出洗浴文化，日本甚至被称为“世界上最喜欢洗浴的民族”。一些国度的人们因为气候的原因，通过淋浴冲洗以爽身，而日本人则有泡浴缸的习惯。浸泡在热水中，可促进血液循环，每当入浴时，都期待身心皆得慰籍。

正因为浴室做了此般内部装修，采用芬芳宜人的桧木，自当胜过无机瓷砖。当然，这和桧木抗水性强的特性也有关系，但日久腐蚀则不可避免，维护上也颇费周折。即便如此，仍在浴室大胆地贴上桧木，足见主人是如何珍重沐浴的时光。不夸张地说，浴室可谓是人类体味开放感的又一个客厅。

富士道住宅
带长椅的浴室截面图

对于爱洗澡的人来说，在浴室里的长椅上休憩，是无上的乐趣

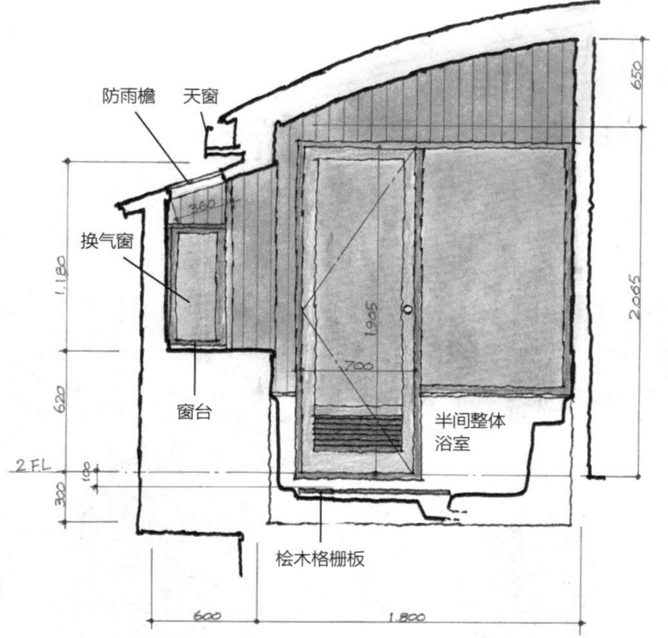

使木材部分保持干燥
桥爪住宅的浴室

为防湿，所以充分考虑到了采光和通风问题

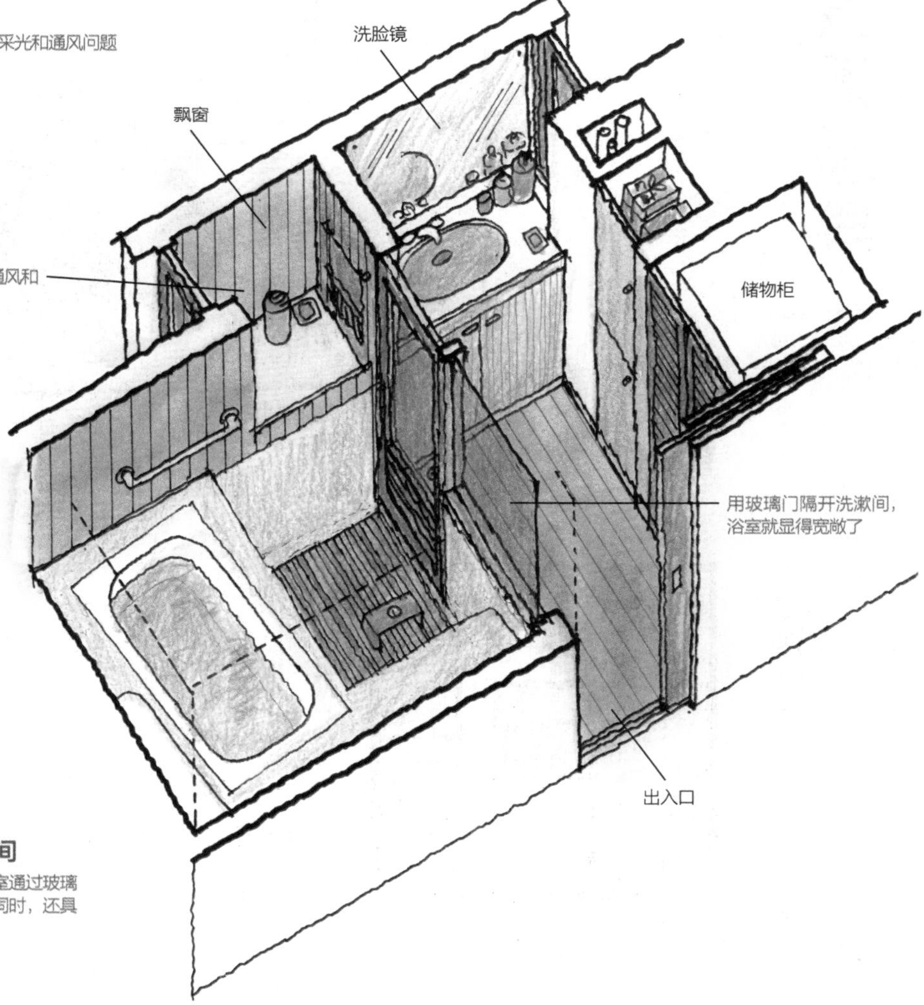

洗脸镜

飘窗

保护隐私，又可获得通风和采光的窗子

储物柜

用玻璃门隔开洗漱间，浴室就显得宽敞了

出入口

放松源于宽敞
桥爪住宅的浴室、洗漱间

本设计中，浴室和洗漱间、更衣室通过玻璃隔开，飘窗在满足采光和通风的同时，还具有保护隐私的功能

浴室让人感觉像露天温泉

遮阳格栅在夏日里架上苇帘和帐篷，可遮蔽强烈的日光；此外，爬满悬吊的花草，还可以让人体味季节感

用大块的玻璃隔起来，和阳台实现一体化

从容地遮蔽外部的视线

遮阳格栅

通过立起RC结构的墙壁来保护隐私

阳台

浴室和阳台截面图

大开的窗子面对着被墙壁围起来的阳台，形成明亮、开放的浴室

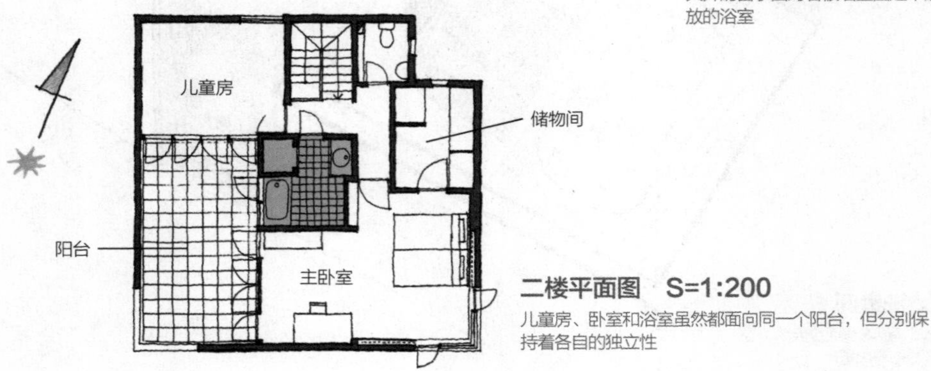

二楼平面图　S=1:200

儿童房、卧室和浴室虽然都面向同一个阳台，但分别保持着各自的独立性

阳台和浴室实现一体化/木村住宅

洗漱间·更衣室
洗漱区均可通过窗帘隔断的方式营造出纵深感
用来隔断的帘子
不带高度差的无障碍设计。为防止排水流进洗漱间，动了不少脑筋
浴缸

浴室是有隐私要求的空间，然而以体验开放感为由，喜欢露天沐浴的人却很多。一个有趣的现象是，裸身进入共用浴场及露天浴场，也算是日本独有的入浴文化。

穿上死板的制服，疲于工作，使得人们自然会想要返璞归真。也许是为了满足这种心理需求吧，最近类似露天浴场的浴室被运用到都市住宅之中。这个木村住宅的浴室就是让人在玩味此开放感的同时又能确保隐私的优秀案例。

木村住宅的二楼，是以浴室空间为中心的回遊式设计。浴室面向二楼阳台，但从同样面向阳台的儿童房和主卧室来看却是个死角，阳台被高墙隔断，所以外面看不到浴室内的情况。

这是一个无须担心外部视线，同时又能眺望蓝天、有真正露天感的浴室。

第
5
章

室内建造

5

室内建造

① 室内需要众多门窗的理由

门槛采用和外廊相同的桧木格栅板 木村住宅

客厅的门槛与外廊

外廊的沟槽和客厅的门槛采用同样的板条，使其看上去就如同外廊一般

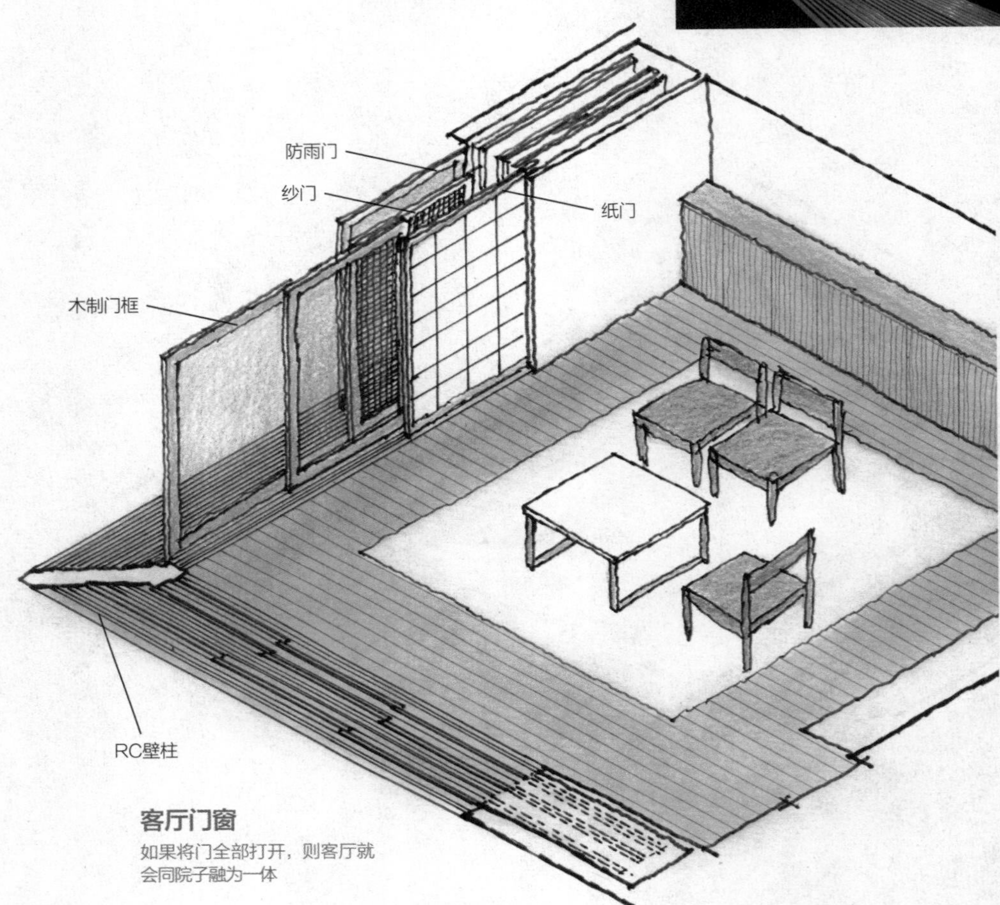

客厅门窗

如果将门全部打开，则客厅就会同院子融为一体

铝合金门窗是有着高气密性和耐腐蚀性的优良构件，但宫胁先生不大会用铝合金做门框，而是一贯遵循“门窗构件限于木制”这一思想。这是因为木材独特的气味和颜色，还有其温暖的质感，都给房子的外观和内部装饰以沉稳之感。

仔细观察上例中木村住宅开口部的轨道数和门窗暗箱的大小。门窗构件的数量是不是很让人吃惊呢？但仔细观察发现，其实不全都是门窗构件的轨道，还有一些近似轨道的格栅板。让格栅板的间隔与轨道的间隔相同，使得房间整体看上去就像是一个外廊。

不过即便不算格栅板部分，轨道还是比普通房子的轨道数量要多，防雨门用4根、玻璃门用3根、纱门用1根、纸门用3根，一共准备了11根轨道。要想把房间另两个边的开口都彻底打开，还是需要这么多种类的门窗构件和轨道。

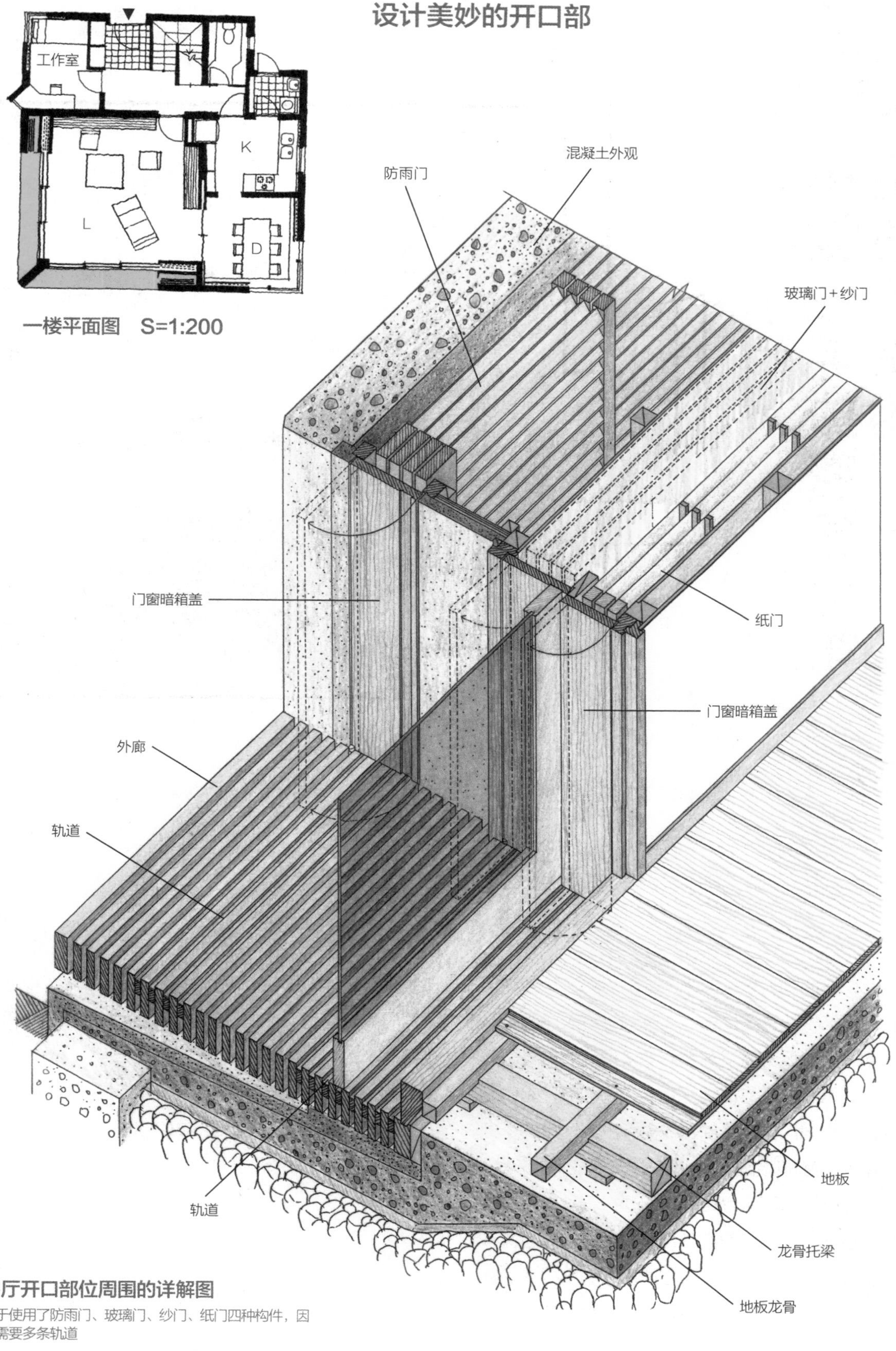

客厅开口部位周围的详解图

由于使用了防雨门、玻璃门、纱门、纸门四种构件，因此需要多条轨道

② 小型住宅或密集地带更适合采用飘窗

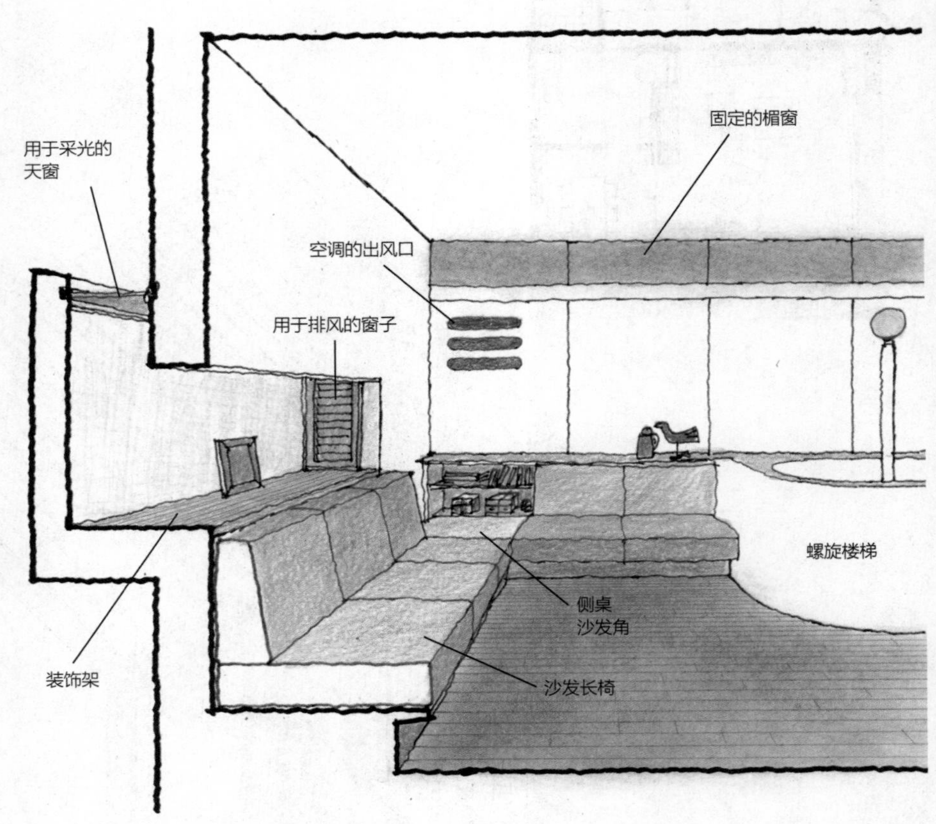

客厅飘窗截面图 / 佐川住宅 从沙发背后的飘窗进来的光线和风，令人感到舒服

窗户综合了采光、换气、眺望和隔音等多种功能，是建筑中的重要构件。大量阳光射入房间虽然有好的一面，但不同季节也会带来相反的效果。需要通风，需要开阔的视野，就要在建筑上开大口，但同时，相同比例的外部视线也能进入，也会有相反的作用。宫胁风格的飘窗就解决了这些问题。

墙壁伸到外面可遮挡邻家的视线，上部再开设天窗，可充分采光。而且，为了实现房间的通风，在两侧开设风口。这种开口方式对有隐私要求的卧室、儿童房、卫生间及浴室等来说最为合适。天窗是密封设计的固定玻璃，侧面的开口采用了玻璃单开门和纱窗门，或是用玻璃门、百叶门与纱窗门的组件等。

有光线从上部的玻璃照入，又有风从侧面吹来，开口部分的分工既明确又完美。

卧室的飘窗/中山住宅

从飘窗进来的光线使卧室变得沉稳

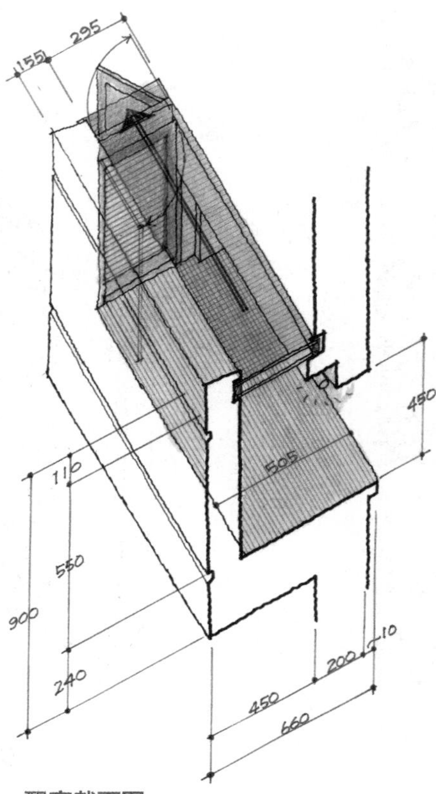

飘窗截面图

风从侧面来，光从上面来，还装入了夜间照明

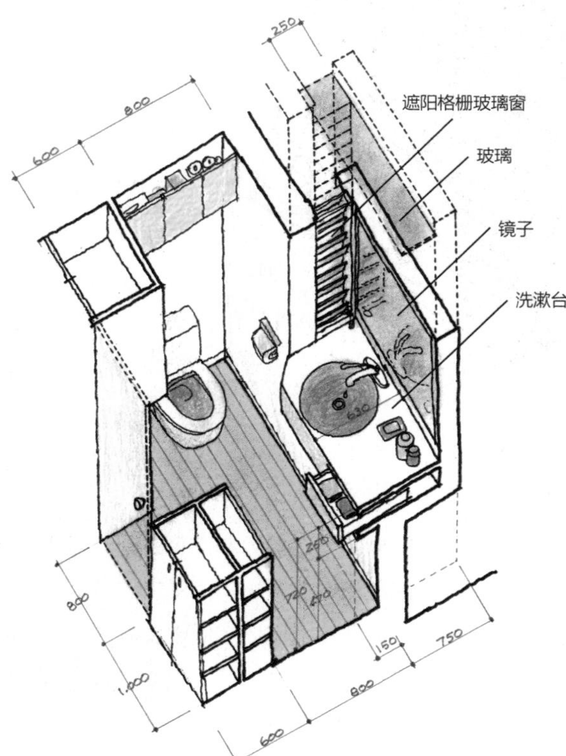

卫生间、洗漱间飘窗的截面图/崔宅

飘窗的两侧是遮阳格栅窗，用于采光和通风

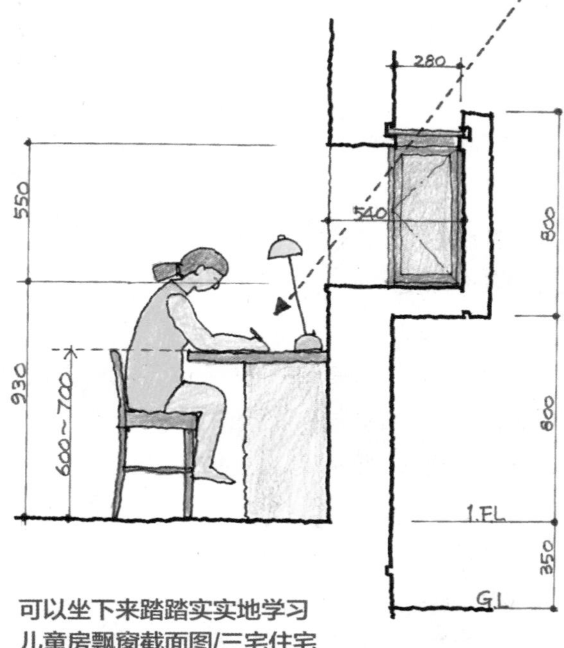

可以坐下来踏踏实实地学习
儿童房飘窗截面图/三宅住宅

保护隐私的同时，还可采光和通风

门绝对要木制的

客厅的装配构件（交错推拉）
河崎住宅

纸门玻璃门相错推拉，拉回纱门和防雨门

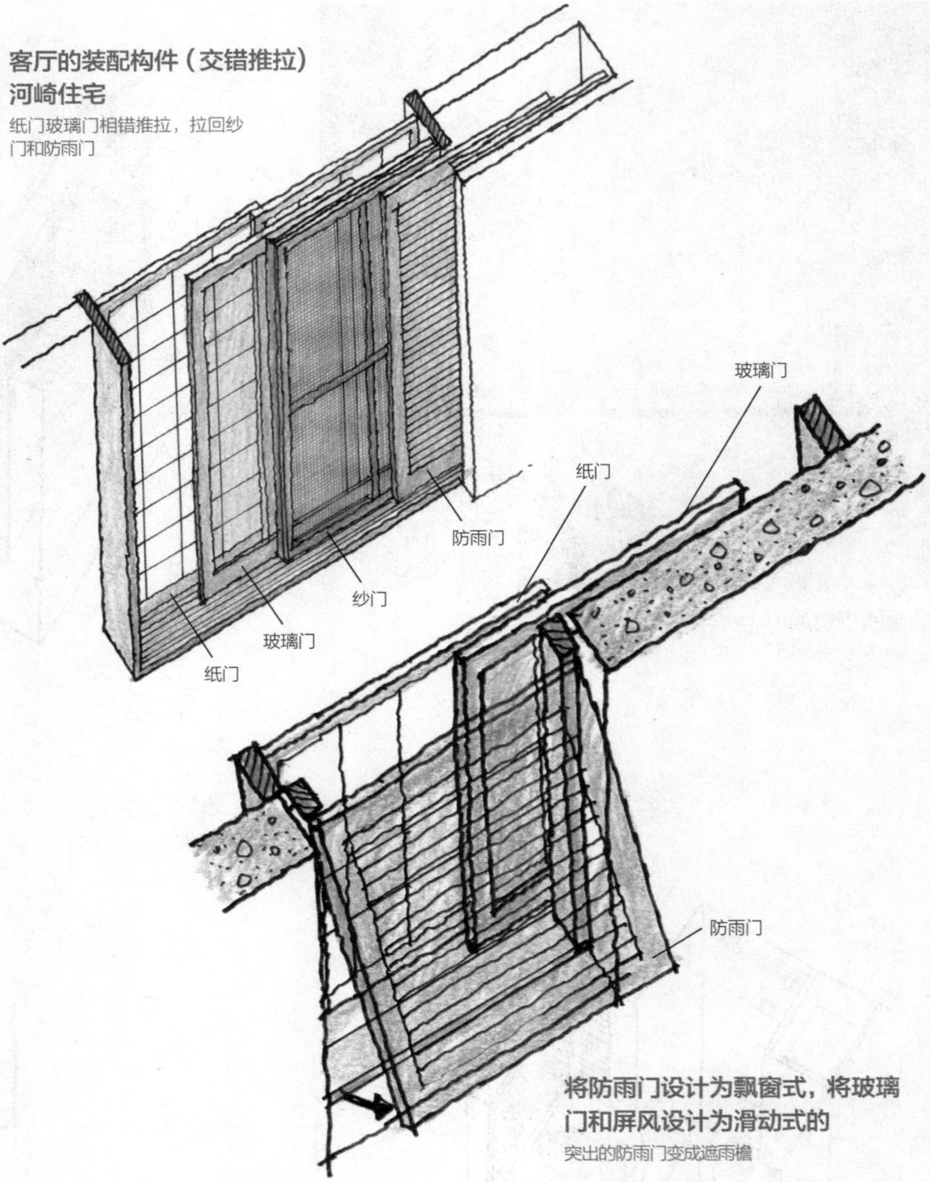

将防雨门设计为飘窗式，将玻璃门和屏风设计为滑动式的

突出的防雨门变成遮雨檐

从宫胁先生开口部的一开多用设计，可以解读出以下几种倾向：

要造大开口

在墙壁开口部加装相错的推拉门，则可开放的部分只有一半。宫胁先生试图使开口部能够完全开放，于是考虑安装能够收藏拉门的暗箱。

酷爱纸门

设计在纸门上的格子和通过纸射入的光线，如此美感是其他的装配构件所不具备的。宫胁先生造出的开口部位采用了纸门设计，在西式房间中也配置了屏风（见第174页）。

装配构件以木制为好

住宅中的房间当然要全部安装空调，因此对装配构件有着高气密性的要求。稍早前的日本，曾意识到需要些许缝隙来通风。在使用蜂窝煤和木炭取暖的时代，可起到换气的作用。但是宫胁先生不爱纠缠性能及缝隙通风之类的问题，他似乎更爱木材的质感、视觉及触感，更喜欢热情洋溢地将其导入居住空间。

客厅的装配构件（滑动门）/立松住宅

用于全面开放开口部位而使用的滑动门。为拉动屏风、玻璃窗、纱门、防雨窗这 4 类装配构件，需装置 8 根轨道

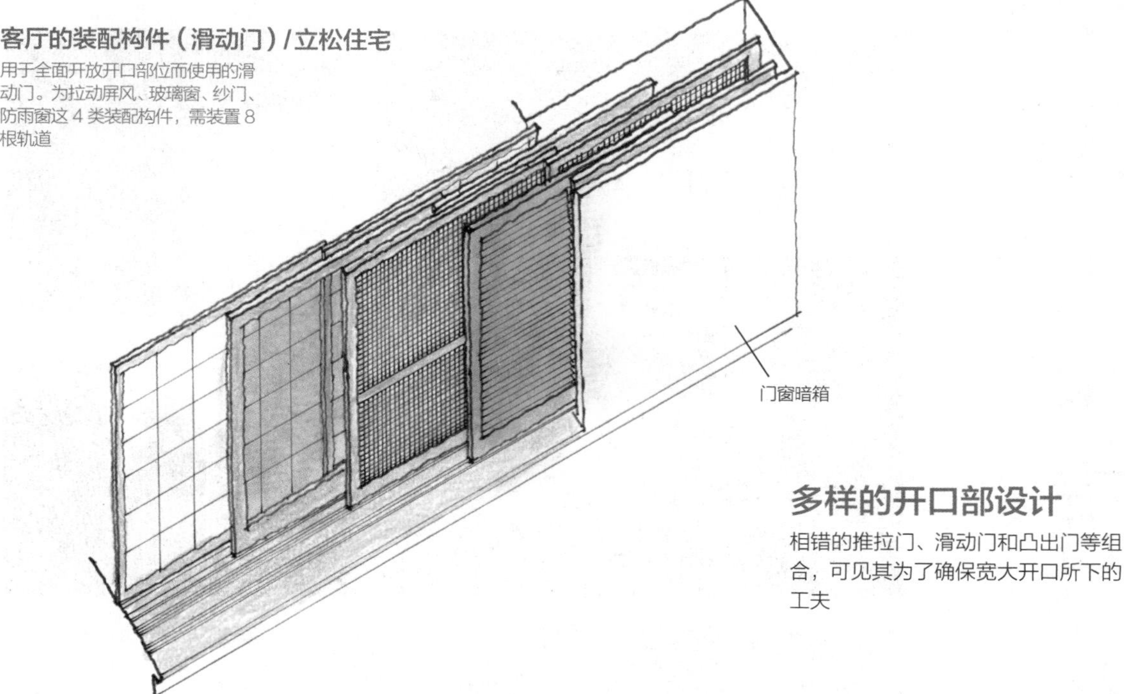

多样的开口部设计

相错的推拉门、滑动门和凸出门等组合，可见其为了确保宽大开口所下的工夫

立松住宅客厅装配构件的开闭方案

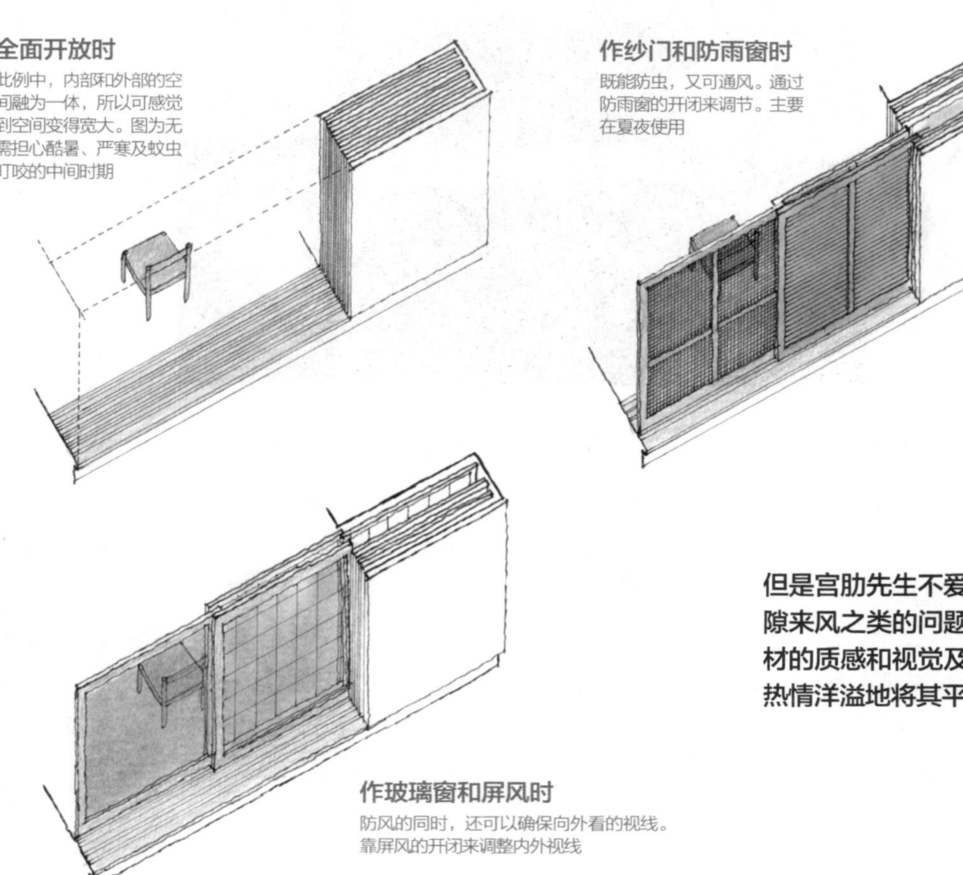

全面开放时

此例中，内部和外部的空间融为一体，所以可感觉到空间变得宽大。图为无需担心酷暑、严寒及蚊虫叮咬的中间时期

作纱门和防雨窗时

既能防虫，又可通风。通过防雨窗的开闭来调节。主要在夏夜使用

作玻璃窗和屏风时

防风的同时，还可以确保向外看的视线。靠屏风的开闭来调整内外视线

但是宫胁先生不爱纠缠性能及缝隙来风之类的问题，似乎更爱木材的质感和视觉及触感，更喜欢热情洋溢地将其平入居住空间。

纸门不是日式房间的专属

用玻璃的楣窗隔开的前田住宅

右侧连续的屏风。不论日式房间还是西式房间均适用（左上图）

客厅和日式房间在上部相连的立松住宅

从日式房间高窗的屏风处照入的光线宛如客厅的间接照明灯（右上图）

屏风漏进来光的岛田宅

每到夜间，屏风就会营造出灯笼般温暖的氛围（下图）

日文称作“障子”的构件，准确来说是指透光门或者纸门。在一般的建筑中，用作可移动的窗户和门。

自古以来，纸门就是日本的一种十分优秀的构件，在日式建筑中自然也是不可缺少的。在宫胁风格的住宅中，无论是日式还是西式房间，都会恰到好处地将这种纸门运用起来。

宫胁先生喜爱的是格状的、有序的形态，以及透过纸门流进房间的柔和光线，为室内营造出语言无法描述的氛围。而且，除了日式房间以外，宫胁先生还能将其和谐地融入西式房间。在改装西式房间时，换上推拉的纸门，就能切实理解这一点。无论是否只改了开口部分，空间本身都能关闭完好，这正是纸门不可思议的魅力。

宫胁先生是十分挑剔的，对那种需要换贴纸的纸门敬而远之，对偏爱窗帘的客户也不大喜欢。他认为不愿意认真爱护和打扫房间的人，是没有资格住在美丽空间中的。

第6章

思考街道的布局

① 住宅区内不可或缺公共区域

将绿地丰富的车棚建成公共区域的高须庭院式道路街区
因设计的绿地较多，使居住环境变得更好

宫胁先生在日本全国设计了不少优秀的住宅小区。为建造出漂亮、宜居的居住环境，要考虑的不仅是一幢楼房的宅基地和建筑，还要考虑到俯瞰整个住宅小区时的情形。另外，如果只考虑让住宅占据更多的面积，将宅基地划分得如同棋盘似的格子状，也许是合理的居住环境，但不能说这是良好的居住环境。

人们理想的居住环境是一种邻里间形成友好关系的社区，能过上安全且健康的生活，有绿地和有一片片美丽树林的小区。宫胁先生为了实现这种理想的居住环境，比起扩充个人用的宅基地，他更重视营造丰富的公共区域。公共区域指的是住宅区中人们共同使用的绿地及步行道路。

公共区域是住户间相互碰面的场所，同时也应该是孩子们安全玩耍的场所。孩子们在这里接触植物和小动物，学习什么是大自然，人们理想的设计方案应该能设计出这样的空间。

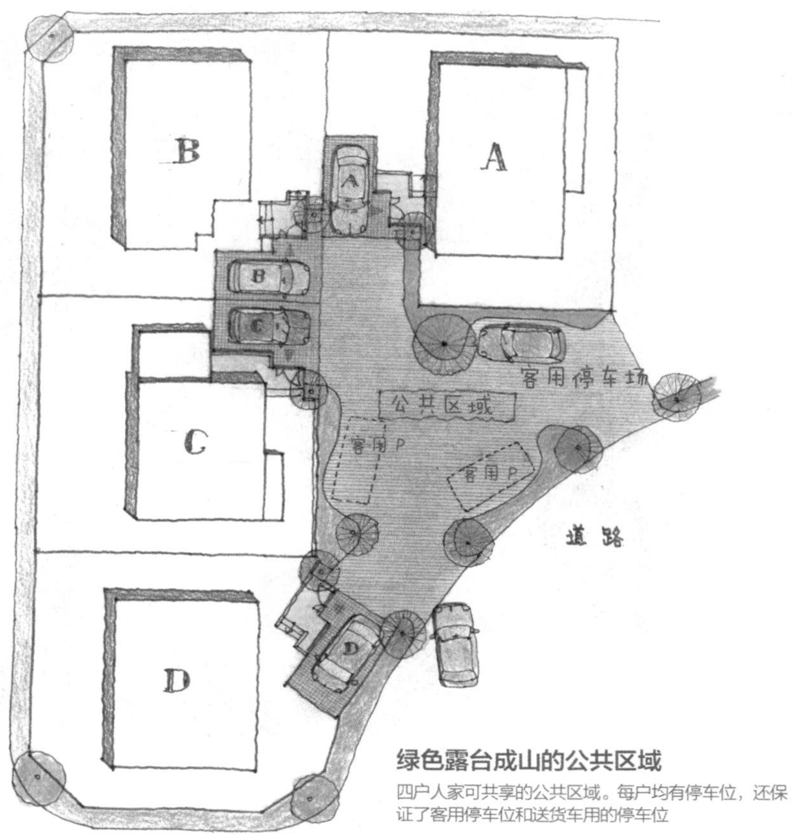

绿色露台成山的公共区域

四户人家可共享的公共区域。每户均有停车位，还保证了客用停车位和送货车用的停车位

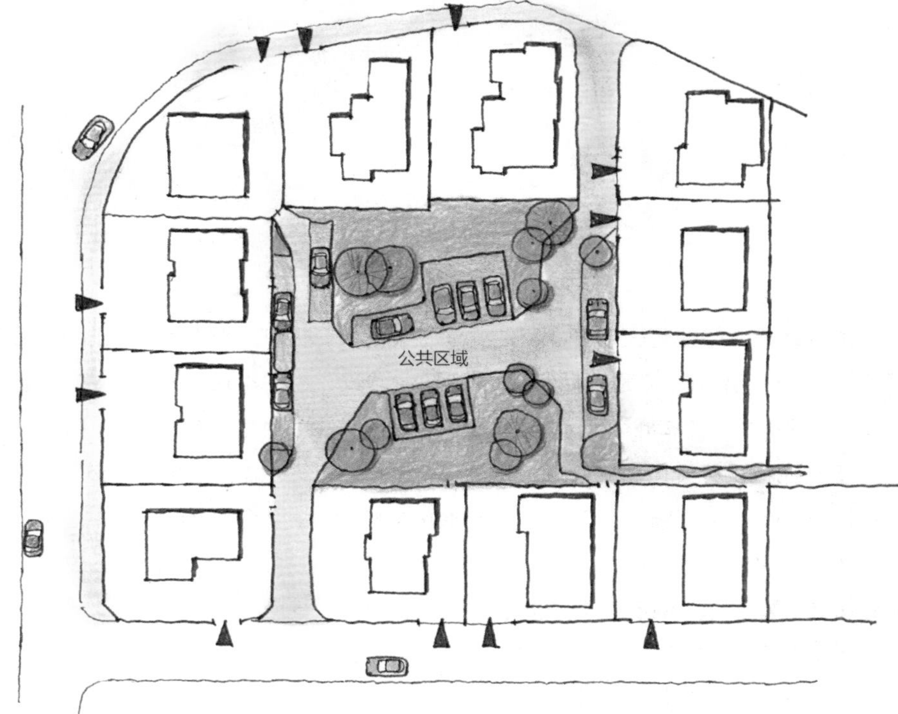

高须庭院式道路社区和公共区域

车棚没有设在各家宅基地内，而是设在了公共区域，以此形成社区意识

② 车棚是交流平台

人车共存住宅区的构想图

宫胁先生构想的住宅区草图

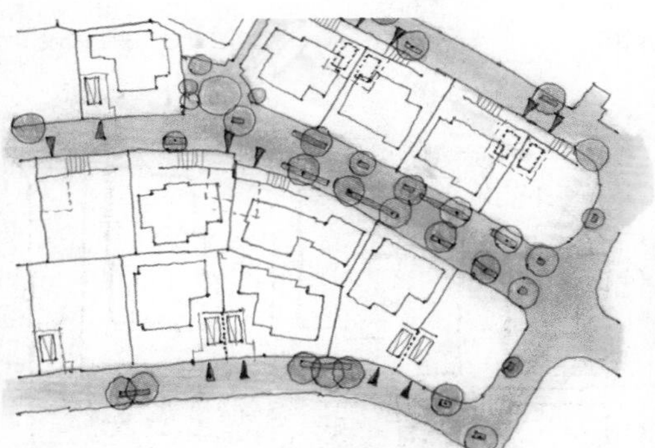

住宅地上有成排树木的高幡鹿岛台花园54号住宅区布局图

宽阔的林荫道是公共区域

为设计舒适的住宅区环境，宫胁先生巡视了不少国外的住宅佳作。在巡视后他意外发现了一个事实，小区中共用的车棚实际上成了人们交流的平台。于是他将这种共用车棚的形式稍加变化并融入自己的设计，使其更适合私有领地意识较强的日本，变成2～4户左右的住户间可交流的停车场。如上图所示，高幡鹿岛台花园54号的车棚中，两户之间没有设置隔断。

汽车已经成为我们当今生活中不可或缺的工具，但对人的安全和休憩空间构成威胁的，也是汽车。街道上一排排的住宅都配有车库，车库的卷帘门紧紧关闭，这样的街道真的美丽、宜居吗？我认为宫胁先生不单是将车棚视作停放汽车的地方，而是作为人与人的交流平台，力图从建筑上展现汽车社会的真正意义。

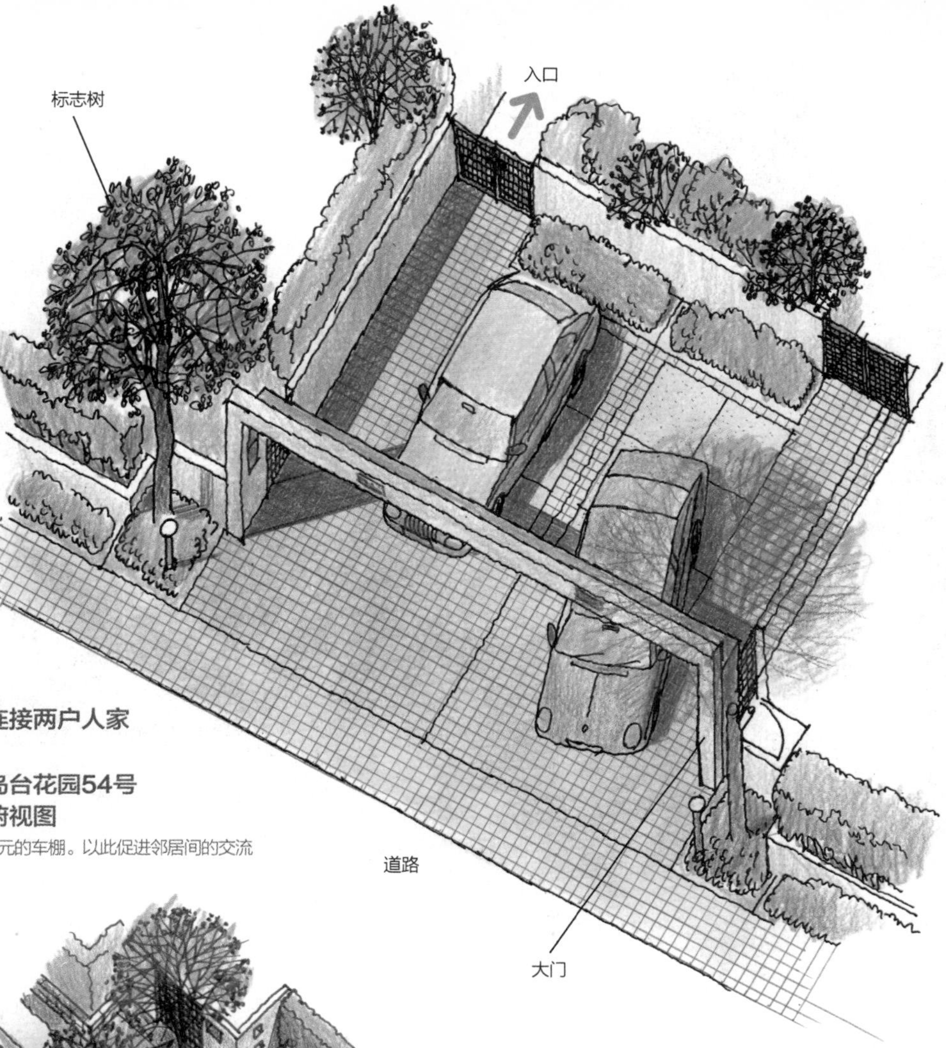

大门是连接两户人家的象征
高幡鹿岛台花园54号
车棚的俯视图

两户一个单元的车棚。以此促进邻居间的交流

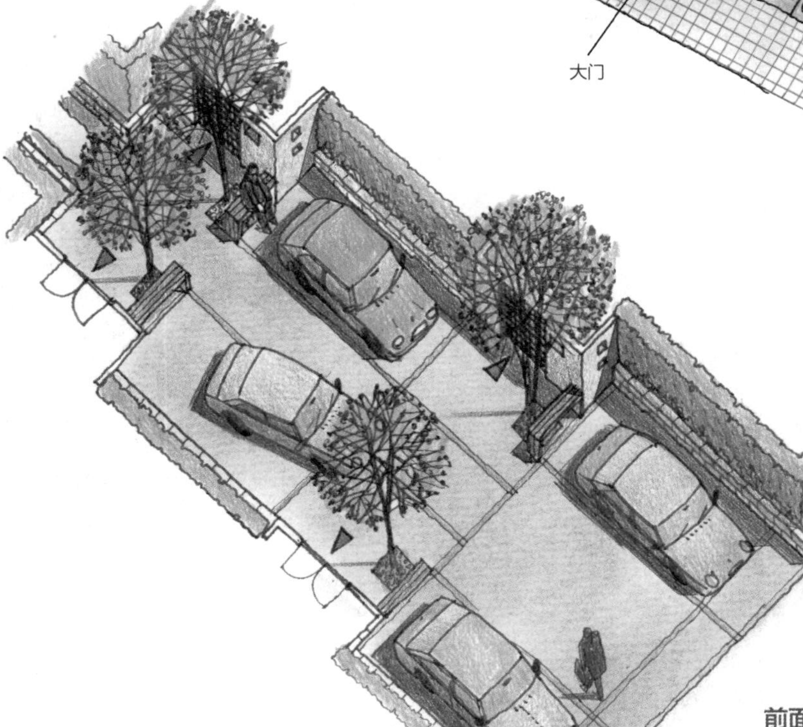

前面设计得比较宽敞，是为里面的车着想
公共区域中的安全行驶

四户人家的车棚设计在一起作为公共区域

③ 空着的车棚也让它发挥作用

车棚的外观

车棚顶部架起凉亭并爬满了植物，以此营造绿色丰富的街景

公共城星田B设计的也是两户车棚相邻，这一点与其他住宅区的方案没有区别。但车棚入口的框架是独立的，分界处采用低矮的植物将车棚之间隔开。这很符合日本人占有意识较强的特点。但在出入家门及清理汽车时，还有与邻居碰面的机会，这一点设计思想没有改变。

车棚顶部架有凉亭，植物爬满顶棚后不仅能遮挡阳光，在棚下还能享受室外烧烤的乐趣。不停车或者不用汽车的家庭也能尽可能将居住生活移到室外。从这一点能够看出设计者希望路边的气氛活跃起来，增加居民间交流机会的意图。

即便从街道景观的角度出发，车棚的设计也不可轻视。因为车棚上覆盖的植物所形成的绿荫也是美丽的，开花及结果的植物同样可以营造出美丽的景观。

采用凉亭打造社区个性和街景的公共城星田B

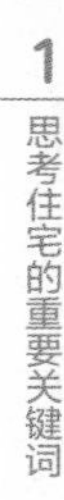

带车棚的停车位

在保持独立性的同时，还造就了树木成行的街道。作为家的门面是极重要的

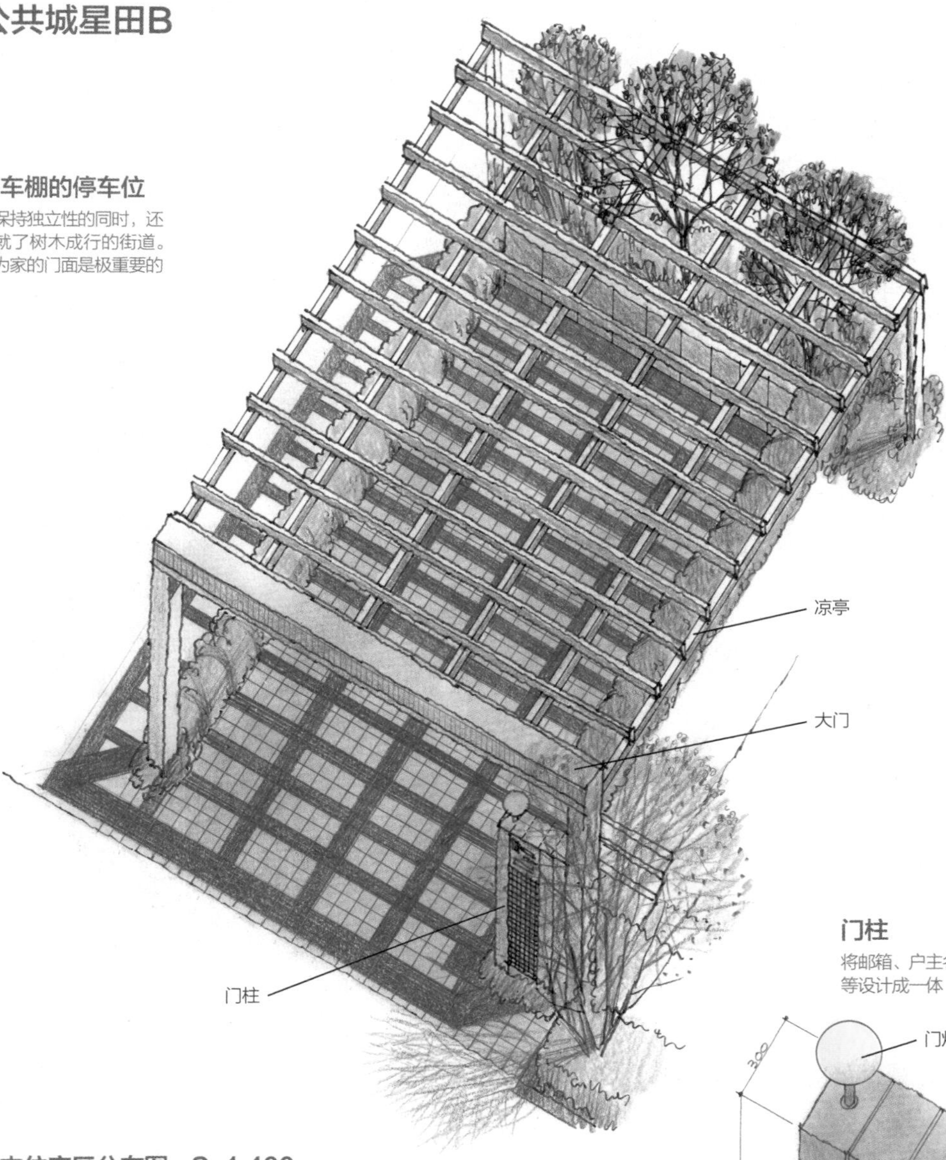

凉亭

大门

门柱

门柱

将邮箱、户主名、门灯和仪表箱等设计成一体

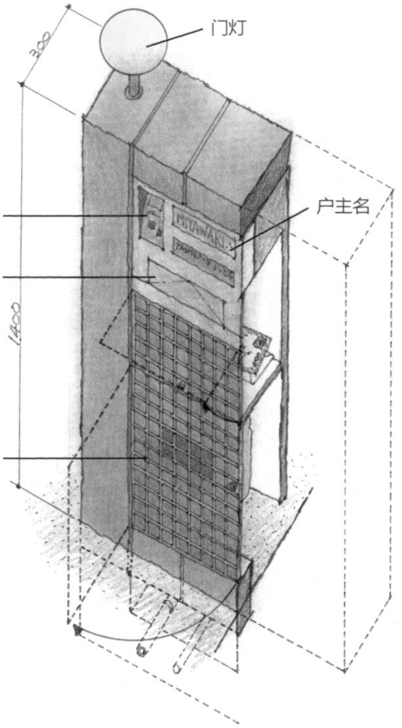

300

门灯

户主名

门铃

邮箱

1400

仪表箱

MIYAWAKI

基本住宅区分布图　S=1:400

两户一组的住宅区分布图。虽然让停车位相邻，设在中间的凉亭又使其保持了独立性

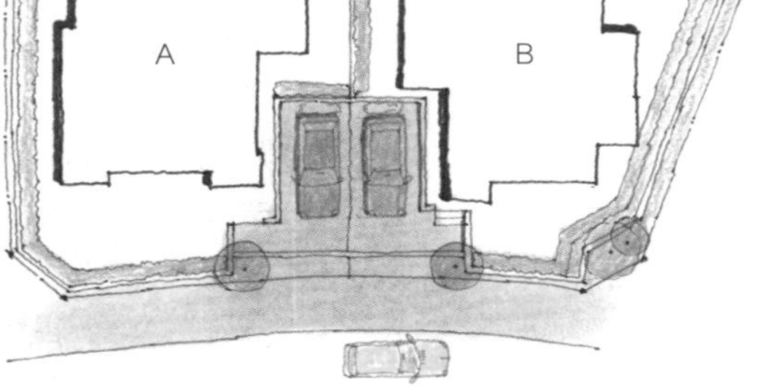

A

B